全国中等职业技术学校电子类专业教材

单片机基础及应用

（第二版）

人力资源社会保障部教材办公室组织编写

中国劳动社会保障出版社

简介

本书主要内容包括认识单片机、认识单片机开发软件、彩灯显示、LED 数码管显示器、键盘检测、定时/计数器应用和单片机综合应用等。

本书由谢浪清、李水明主编，刘冬梅参与编写；汤宇审稿。

图书在版编目(CIP)数据

单片机基础及应用/人力资源社会保障部教材办公室组织编写. —2 版. —北京：中国劳动社会保障出版社，2017

全国中等职业技术学校电子类专业教材

ISBN 978-7-5167-3140-6

Ⅰ.①单… Ⅱ.①人… Ⅲ.①单片微型计算机-中等专业学校-教材 Ⅳ.①TP368.1

中国版本图书馆 CIP 数据核字(2017)第 209743 号

中国劳动社会保障出版社出版发行

（北京市惠新东街 1 号　邮政编码：100029）

*

北京市艺辉印刷有限公司印刷装订　新华书店经销

787 毫米×1092 毫米　16 开本　17 印张　340 千字

2017 年 12 月第 2 版　　2022 年 12 月第 9 次印刷

定价：31.00 元

营销中心电话：400-606-6496

出版社网址：http://www.class.com.cn

http://jg.class.com.cn

前言

为了更好地适应全国中等职业技术学校电子类专业的教学要求，全面提升教学质量，人力资源社会保障部教材办公室组织有关学校的骨干教师和行业、企业专家，对全国中等职业技术学校电子类专业教材进行了修订和补充开发。此项工作以人力资源社会保障部颁布的《技工院校电子类通用专业课教学大纲（2016）》《技工院校电子技术应用专业教学计划和教学大纲（2016）》《技工院校音像电子设备应用与维修专业教学计划和教学大纲（2016）》《技工院校通信终端设备制造与维修专业教学计划和教学大纲（2016）》为依据，充分调研了企业生产和学校教学情况，广泛听取了教师对现行教材使用情况的反馈意见，吸收和借鉴了各地职业技术院校教学改革的成功经验。

教材体系

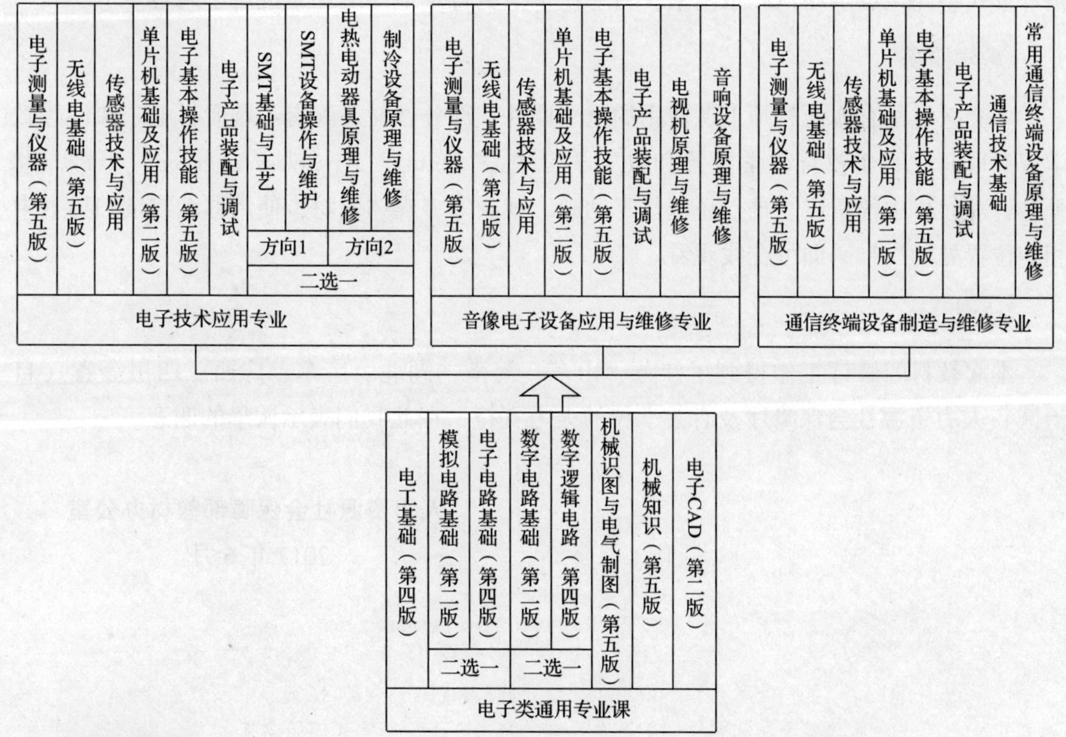

使用对象

电子技术应用专业、音像电子设备应用与维修专业、通信终端设备制造与维修专业中级、高级两个层次和以下 3 种学制：

- 初中毕业生 3 年学制培养中级工
- 高中毕业生 3 年学制培养高级工（中级阶段）
- 初中毕业生 5 年学制培养高级工（中级阶段）

编写特色

◆ **紧贴国家职业标准** 紧密贴合《中华人民共和国职业分类大典（2015 年版）》中对广电和通信设备电子装接工、广电和通信设备调试工、家用电器产品维修工、家用电子产品维修工等职业的职业能力要求，同时参照相关国家职业标准。

◆ **体现行业技术发展** 根据电子行业的最新发展，在教材中充实了电子产品表面贴装、数字电视维修、智能手机维修等方面的新技术，体现教材的先进性。

◆ **注重职业能力培养** 根据就业岗位对技能型人才所需能力的要求，进一步加强实践性教学内容。同时，在教材中突出对学生获取信息、与人交流、分析解决问题以及自学等职业能力的培养。

◆ **符合学生阅读习惯** 在教材内容的呈现形式上，尽可能使用图片、实物照片和表格等形式将知识点生动地展示出来，力求让学生更直观地理解和掌握所学内容。

教学服务

本套教材配有方便教师上课使用的电子课件，部分教材还配有习题册，电子课件等教学资源可通过职业教育教学资源和数字学习中心（http://zyjy.class.com.cn）下载。此外，针对教材中的重点、难点还制作了动画、视频等多媒体素材，使用移动终端扫描书中相应位置处的二维码即可在线观看。

致谢

本次教材的修订工作得到了江苏、山东、河南、湖北、广东、广西、四川等省（自治区）人力资源社会保障厅及有关学校的大力支持，在此我们表示诚挚的谢意。

人力资源社会保障部教材办公室

2017 年 6 月

目　录

课题一　认识单片机

智能家居、自动驾驶、智慧农业等智能控制系统走进人们的生活，给人们带来了巨大的方便。这些智能控制系统的核心部件之一就是单片机，它使得传统产品变得智能化，例如智能型电饭煲、智能型洗衣机、智能型窗帘等。如图 1—0—1 所示是常见的 STC 单片机芯片。

图 1—0—1　STC 单片机芯片

知识目标

➢ 了解 MCS－51 系列单片机的结构。
➢ 理解 MCS－51 系列单片机引脚功能，熟悉单片机应用领域。
➢ 熟悉 MCS－51 系列单片机最小系统电路。
➢ 掌握单片机复位电路的工作过程。

技能目标

➢ 能识别 MCS－51 系列单片机型号。
➢ 能制作单片机最小系统电路。

任务 1　认识单片机结构及应用

学习目标

1. 能识别 MCS－51 系列单片机型号。
2. 了解 MCS－51 系列单片机的结构。

3. 理解 MCS－51 系列单片机引脚功能。

4. 熟悉单片机的特点及应用。

单片机是各种自动控制、智能检测系统的核心部件，掌握其结构、功能和作用，对于设计符合需求的智能产品是十分必要的。本任务就来认识 MCS－51 系列单片机中常见的 STC89C51RC、AT89S51 等单片机芯片的型号、引脚，熟悉其引脚功能及应用。

一、认识单片机类型

1. 单片机概念

单芯片微型计算机简称单片机，它是在一块芯片上集成了中央处理器（CPU）、存储器、I/O 接口电路等功能部件而构成的一个完整的单芯片微型计算机，通常单片机被称为微型控制单元（MCU）。

2. 单片机的发展概况

单片机从诞生至今，不断推陈出新，许多大型企业也推出了具有各自特点的单片机。单片机的发展大致可划分为以下 4 个阶段。

（1）单片机诞生阶段（20 世纪 70 年代中期）

美国 Fairchild 公司研制的 F8 系列单片机和 Intel 公司研制的 3870 系列单片机为这一阶段的代表产品。

（2）单片机初级阶段（20 世纪 70 年代后期）

该阶段单片机的特点是资源少，性能低，品种少，功能单一。典型产品是 Intel 公司推出的 MCS－48 系列单片机和 Zilog 公司的 Z8 系列单片机。

（3）单片机成熟阶段（20 世纪 80 年代）

该阶段单片机具有存储容量较大，普遍包含串口、中断、定时器，寻址范围广等特点。典型产品有 Intel 公司研制的 MCS－51 系列单片机和 Motorola 公司研制的 MC6801 系列单片机。该时期单片机品种齐全，功能及性能大都可以满足应用需求。

（4）单片机全面发展阶段（20 世纪 90 年代至今）

单片机被广泛应用于各个领域，世界上许多大型企业都研制针对不同领域的单片机。目前，单片机除了 8 位机广泛应用之外，16 位机、32 位机也被广泛应用于各种智能产品中。单片机内部结构更加完美，片内外围功能电路越来越完善，并都在向低功耗、高性能方向发展。

3. 代表性单片机的特点

（1）MSP430 系列单片机

MSP430 系列单片机是由美国德州仪器（TI）公司推出的 16 位超低功耗、具有混合信号处理功能的单片机，该单片机多应用于电池供电仪器仪表中。

（2）Atmel 单片机

Atmel 公司推出的两大系列单片机分别为 AVR 系列单片机和 AT89 系列单片机。AVR 系列单片机是一款精简指令集的高速 8 位单片机，片内资源丰富，广泛应用于工业实时控制、仪器仪表、通信设备、家用电器等领域。AT89 系列单片机是 Atmel 公司推出的另一款 8 位高性能单片机，广泛应用于嵌入式控制领域中。

（3）PIC 系列单片机

PIC 系列单片机是由 Microchip 公司推出的单片机产品，包括 8 位、16 位、32 位单片机。PIC 系列单片机主要应用于工业控制领域中同步电动机的控制，以及消费电子、汽车电子、金融电子等领域。

（4）STC 单片机

STC 单片机是由宏晶科技有限公司推出的 MCS－51 系列单片机。它采用增强型 8051 内核，具有片内数据存储容量大、适用电压范围宽、功耗低、运行速度快等特点。STC 单片机被广泛应用于智能家居、仪器仪表等领域。

4. 单片机型号编码

各大公司生产的单片机都有自己的型号编码规则，用户依据单片机的型号编码可以很方便地了解单片机的性能、封装、适用范围等信息。例如，STC89 系列单片机的型号编码规则如图 1—1—1 所示。

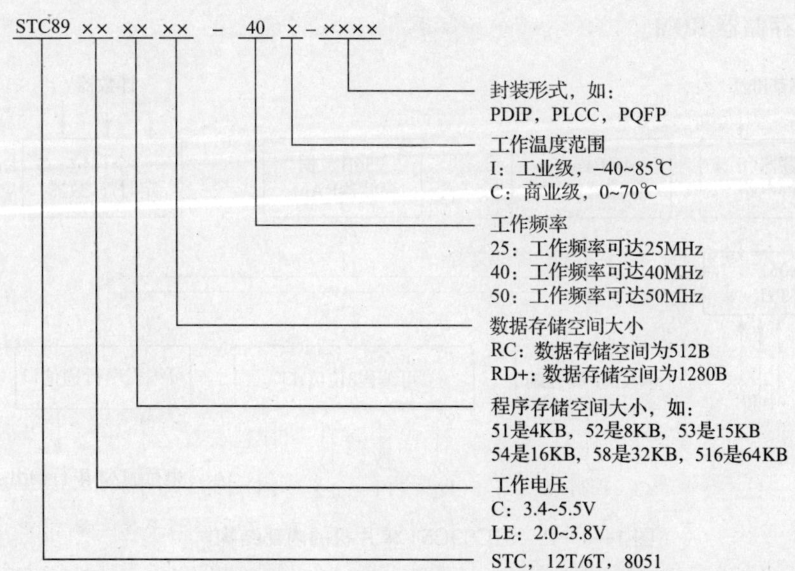

图 1—1—1 STC89 系列单片机的型号编码规则

二、MCS－51 系列单片机的结构

MCS－51 系列单片机是指由美国 Intel 公司生产的一系列单片机的总称。这一系列单片机包括很多品种，如 8031、8051、8751、8032、8052、8752 等，其中 8051 是最典型的产品，该系列其他单片机大多是在 8051 的基础上进行功能的增减和改变而来的，所以人们习惯用 8051 来称呼 MCS－51 系列单片机。因为 Intel 公司将 MCS－51 的核心技术授权给了很多公司，所以有很多公司都在生产以 8051 为核心的单片机，但其功能上会有些改变，以满足不同的需求。其中，美国 Atmel 公司开发生产的 89 系列单片机是 MCS－51 系列单片机最典型的产品。STC89C51 单片机在通用型 MCS－51 基础上有所改进，程序和引脚完全兼容传统 8051 单片机。下面以 STC89C51 单片机为例，介绍 MCS－51 系列单片机的结构。

1．STC89C51 单片机内部结构

STC89C51 单片机的内部结构如图 1—1—2 所示，主要包括以下几大部分：

（1）中央处理器 CPU，片内有振荡器和时钟电路。

（2）并行输入/输出（I/O）口。

（3）定时/计数器。

（4）全双工串行通信口。

（5）中断源。

（6）数据存储器 RAM。

（7）程序存储器 ROM。

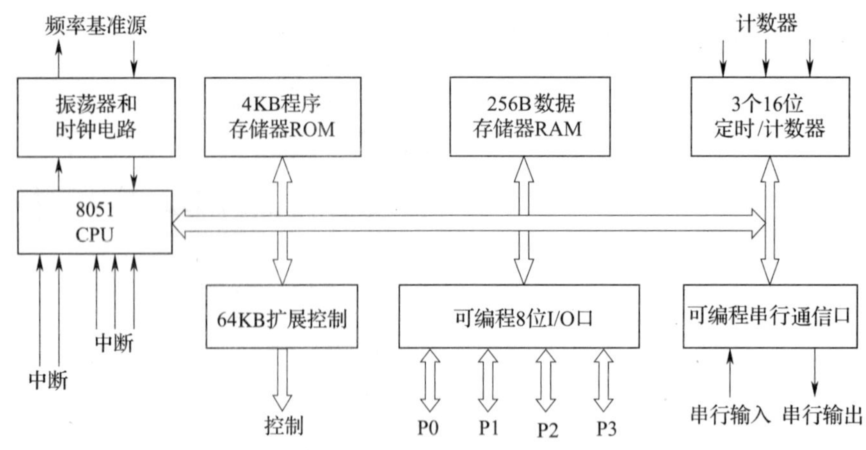

图 1—1—2　STC89C51 单片机的内部结构

2．中央处理器

STC89C51 单片机的中央处理器由运算器和控制器组成。

（1）运算器

主要功能是进行算术运算、逻辑运算、位处理等运算操作。运算器主要由算术逻辑运算器（ALU）、累加器（ACC）、程序状态字寄存器（PSW）等部件组成。

（2）控制器

主要功能是控制计算机各部分自动协调地工作，完成对指令的读取、译码和执行。控制器主要由时钟电路、定时与控制电路、程序计数器（PC）、堆栈指针（SP）、指令寄存器（IR）、指令译码器（ID）等部件组成。

3．单片机存储器体系结构

STC89C51 单片机的存储器分为两种：程序存储器 ROM 和数据存储器 RAM，且各自独立编址。

（1）程序存储器

程序存储器用于存放用户程序、数据、表格等数据信息，分为片内程序存储器和片外程序存储器。

STC89C51 单片机内部集成的 Flash 程序存储器容量为 4 KB，地址范围为 0000H ~ 0FFFH；片外可扩展空间为 64 KB，即片外程序存储器最大寻址范围为 0000H ~ FFFFH。由于单片机的程序存储器采用片内、片外统一编址，所以地址为 0000H ~ 0FFFH（即低 4 KB）的程序究竟是从片内还是片外程序存储器中读取，要通过外围引脚$\overline{EA}$的电平状态来区分。当$\overline{EA}$接高电平时，单片机使用片内程序存储器，如果地址超出片内程序存储器容量，会自动转向片外程序存储器；当$\overline{EA}$接低电平时，单片机使用片外程序存储器。STC89C51 单片机程序存储器的空间配置如图 1—1—3 所示。

（2）数据存储器

数据存储器也称为随机存取存储器，存储单元既可读又可写，用于存取程序运行时的中间结果数据等。

STC89C51 单片机数据存储器的空间配置如图 1—1— 4 所示。数据存储器 RAM 分为片内 RAM 和片外 RAM 两部分，片内 RAM 容量为 256 B，片外 RAM 可以扩展到 64 KB。片内 RAM 按功能划分为两部分：低 128 单元（单元地址 00H ~ 7FH）为数据存储区，高 128 单元（单元地址 80H ~ FFH）为特殊功能寄存器区。片内 RAM 的数据存储区又细分为工作寄存器区 00 ~ 1FH（共 4 组）、位寻址区 20H ~ 2FH（位地址 00H ~ 7FH）和数据缓冲区 30H ~ 7FH。

单片机的片内和片外数据存储器各自独立编址，通过程序指令可以访问片内和片外数据存储器。

1）工作寄存器区。STC89C51 单片机共有 4 组工作寄存器，每组 8 个寄存单元，共 32 个存储单元，各组都以 R0 ~ R7 作为寄存单元编号，通过程序状态字寄存器（PSW，位

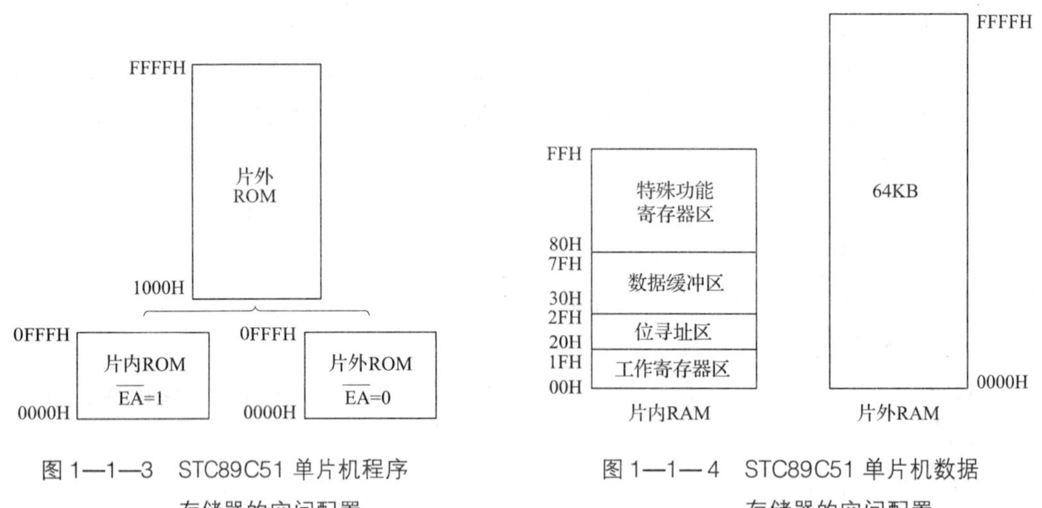

图 1—1—3　STC89C51 单片机程序存储器的空间配置

图 1—1—4　STC89C51 单片机数据存储器的空间配置

于特殊功能寄存器区）的 RS1、RS0 位来设定 R0 ~ R7 指向的地址单元。该寄存器常用来暂存中间结果，被称为工作寄存器。工作寄存器组的选择可参见表 1—1—1。

表 1—1—1　工作寄存器组的选择

RS1	RS0	寄存器组	片内 RAM 地址	通用寄存器
0	0	0 组	00H ~ 07H	R0 ~ R7
0	1	1 组	08H ~ 0FH	R0 ~ R7
1	0	2 组	10H ~ 17H	R0 ~ R7
1	1	3 组	18H ~ 1FH	R0 ~ R7

2）位寻址区。内部 RAM 的 20H ~ 2FH 单元，既可作为一般 RAM 单元使用，进行字节操作，也可以对单元中每一位进行位操作（如置 1、清零、取反等），因此把该区称为位寻址区。

3）数据缓冲区。数据缓冲区又称为用户 RAM 区，单元地址为 30H ~ 7FH。数据缓冲区的使用没有任何规定或限制，在程序设计中常把堆栈开辟在此区中。

4）特殊功能寄存器区。单片机内部 RAM 的高 128 单元是供给专用寄存器使用的，其单元地址为 80H ~ FFH。用户不能将该区用作数据存储使用。特殊功能寄存器用于控制和管理单片机的并行 I/O 口、串行通信口、定时/计数器、中断系统等功能模块的工作，用户在编程时可以给其设定值。特殊功能寄存器的分布见表 1—1—2。

表 1—1—2　　特殊功能寄存器的分布

序号	特殊功能寄存器符号	名称	字节地址	复位值
1	A（或 ACC）	累加器 ACC	E0H	00H
2	B	寄存器 B	F0H	00H
3	DPH	数据指针 DPTR 高字节	83H	00H
4	DPL	数据指针 DPTR 低字节	82H	00H
5	IE	中断允许控制寄存器	A8H	00H
6	IP	中断优先级控制寄存器	B8H	×000 0000B
7	P0	P0 口寄存器	80H	FFH
8	P1	P1 口寄存器	90H	FFH
9	P2	P2 口寄存器	A0H	FFH
10	P3	P3 口寄存器	B0H	FFH
11	PCON	电源控制寄存器	87H	00×× ×000B
12	PSW	程序状态字寄存器	D0H	00H
13	SBUF	串行发送数据缓冲器	99H	×××× ××××B
14	SCON	串行控制寄存器	98H	00H
15	SP	堆栈指针	81H	07H
16	TCON	定时/计数器控制寄存器	88H	00H
17	TL0	定时/计数器 0（低字节）	8AH	00H
18	TH0	定时/计数器 0（高字节）	8BH	00H
19	TL1	定时/计数器 1（低字节）	8CH	00H
20	TH1	定时/计数器 1（高字节）	8DH	00H
21	TMOD	定时/计数器工作方式寄存器	89H	00H

- 累加器 ACC。累加器 ACC（简称累加器 A）是一个具有特殊用途的 8 位寄存器，是 CPU 最常使用的专用寄存器，用于存放操作数或存放运算的结果。在汇编指令中，多数指令需要通过累加器 A 进行。
- 寄存器 B。寄存器 B 是一个 8 位的寄存器，除了算术运算指令的乘法指令和除法指令中需要用到外，也可以作为工作寄存器使用。
- 程序状态字寄存器（PSW）。程序状态字寄存器是一个 8 位寄存器，用于存放程序运行的状态信息。PSW 寄存器的位定义见表 1—1—3。

表 1—1—3　　PSW 寄存器的位定义

D7	D6	D5	D4	D3	D2	D1	D0
CY	AC	F0	RS1	RS0	OV	-	P

CY：进位标志位，可被硬件或软件置位或清零。

AC：辅助进位标志位。

F0：用户通用状态标志位。

RS1、RS0：当前工作寄存器区选择位。

OV：溢出标志位

-：保留位。

P：奇偶标志位。

说明

PSW 寄存器各位的具体使用方法将在本书的后续章节中详细介绍。

● 数据指针寄存器（DPTR）。DPTR 是一个 16 位寄存器，可作为一个 16 位寄存器 DPTR 使用，也可以作为两个独立的 8 位寄存器 DPH 和 DPL 使用。数据指针寄存器 DPTR 主要用于存放 16 位访问地址，使用 DPTR 寄存器可访问 64 KB 范围的数据存储器和程序存储器。

● 堆栈指针 SP。堆栈是一个主要用来保存临时数据、局部变量和中断/子程序的返回地址的特殊存储区域。堆栈指针 SP 是一个 8 位专用寄存器，指向内部 RAM 中的栈顶位置，使用堆栈遵循“先进后出”原则。SP 复位后初始值为 07H。为了合理使用内部的 RAM，堆栈一般设置在 RAM 中的 30H ~ 7FH 地址空间内。

● 程序计数器 PC。PC 是一个独立的 16 位计数器，不属于特殊功能寄存器，不可以访问，用于存放下一条将要执行的指令地址，执行完成一条指令后，PC 内容自动加 1，通过转移、调用、返回等指令可以改变 PC 的内容。

三、MCS - 51 系列单片机的封装及引脚功能

1. 单片机的封装

目前单片机的种类繁多，各个企业推出了适合于相关领域的封装。MCS - 51 系列单片机比较主流的封装形式有 PDIP、PLCC 和 LQFP 三种。例如，STC89C52RC 单片机包含有 PDIP40、PLCC44、LQFP44 封装，如图 1—1—5 所示。

2. 单片机引脚功能

PDIP40 封装的 STC89C51 单片机共有 40 个引脚，如图 1—1—6 所示。其引脚可以划分为以下四大类：

a）

b）

c）

图 1—1—5　STC89C52RC 单片机的封装

a）PDIP40 封装　b）PLCC44 封装　c）LQFP44 封装

（1）电源引脚

V_{CC}（40 脚）：电源正极。

GND（20 脚）：电源负极，接地。

（2）时钟引脚

XTAL1（19 脚）：内部时钟电路反相放大器输入端，接外部晶振一个引脚。当直接使用外部时钟源时，接外部时钟源的输入端。

XTAL2（18 脚）：内部时钟电路反相放大器输出端，接外部晶振一个引脚。当直接使用外部时钟源时，该引脚悬空。

（3）控制引脚

RST（9 脚）：复位脚/备用电源输入端。当 RST 引脚出现持续两个机器周期以上的高电平时，单片机实现复位操作。

引脚	序号	序号	引脚
P1.0	1	40	V_{CC}
P1.1	2	39	P0.0(AD0)
P1.2	3	38	P0.1(AD1)
P1.3	4	37	P0.2(AD2)
P1.4	5	36	P0.3(AD3)
P1.5	6	35	P0.4(AD4)
P1.6	7	34	P0.5(AD5)
P1.7	8	33	P0.6(AD6)
RST	9	32	P0.7(AD7)
(RXD)P3.0	10	31	$\overline{EA}/V_{PP}$
(TXD)P3.1	11	30	ALE/$\overline{PROG}$
($\overline{INT0}$)P3.2	12	29	$\overline{PSEN}$
($\overline{INT1}$)P3.3	13	28	P2.7(A15)
(T0)P3.4	14	27	P2.6(A14)
(T1)P3.5	15	26	P2.5(A13)
($\overline{WR}$)P3.6	16	25	P2.4(A12)
($\overline{RD}$)P3.7	17	24	P2.3(A11)
XTAL2	18	23	P2.2(A10)
XTAL1	19	22	P2.1(A9)
GND	20	21	P2.0(A8)

图 1—1—6　PDIP40 封装的 STC89C51 单片机引脚

$\overline{EA}/V_{PP}$（31 脚）：片外程序存储器选择输入端/编程电源端。当 $\overline{EA}$ 引脚为低电平时，访问片外程序存储器；V_{PP} 端是片内 Flash 存储器编程时允许电源 +12 V 的输入端。

ALE/$\overline{PROG}$（30 脚）：地址锁存/EEPROM 编程脉冲。

$\overline{PSEN}$（29 脚）：外部程序存储器读选通信号。当 CPU 读取外部存储器时，$\overline{PSEN}$ 为低电平，开始对外部程序存储器进行读操作。

（4）I/O 引脚

P0 口（32 ~ 39 脚）：既可作为输入/输出口，也可作为地址/数据复用的总线口。当作为 8 位的准双向输入/输出口时，由于 P0 口内部无上拉电阻，所以必须外接上拉电阻；当作为地址/数据复用总线时，为低 8 位地址线［A0 ~ A7］/数据线［D0 ~ D7］，无须外接上拉电阻。

P1 口（1 ~ 8 脚）：作为 8 位准双向输入/输出口，内部带上拉电阻。

P2 口（21 ~ 28 脚）：既可作为 8 位准双向输入/输出口，内部带上拉电阻，也可作为高 8 位的地址总线［A8 ~ A15］。

P3 口（10 ~ 17 脚）：可作为 8 位准双向输入/输出口，内部带上拉电阻。除此之外，P3 口还具有第二功能，见表 1—1—4。

表 1—1—4　P3 口的第二功能

引脚	第二功能	功能说明
P3.0	RXD	串口数据接收端
P3.1	TXD	串口数据发送端
P3.2	$\overline{\text{INT0}}$	外部中断 0
P3.3	$\overline{\text{INT1}}$	外部中断 1
P3.4	T0	定时/计数器 0 的外部输入端
P3.5	T1	定时/计数器 1 的外部输入端
P3.6	$\overline{\text{WR}}$	外部数据存储器写脉冲
P3.7	$\overline{\text{RD}}$	外部数据存储器读脉冲

四、单片机特点及应用

1. 单片机特点

（1）体积小、成本低

由于单片机体积小，便于产品化，因此广泛应用在各种智能化产品中。

（2）存储结构上程序存储器和数据存储器分开

ROM 和 RAM 严格分开存放，单片机采用哈佛结构，程序、固定常量和数据表格存放在 ROM 中，暂存的数据变量存放在 RAM 中。

（3）功能丰富

单片机芯片内部集成了丰富的接口，可以满足不同领域的需求，例如串口、I/O 口、中断等功能。

（4）抗干扰能力强、功耗低

单片机适用的电压范围比较宽、电流小、功耗低。

2. 单片机应用领域

单片机在工业控制、智能仪器仪表和智能家居等方面得到了广泛应用。

(1) 工业控制领域

单片机被广泛应用于工业控制中，例如生产线的自动控制、数控机床、工业机器人等。

(2) 智能仪器仪表领域

单片机的智能检测替代了传统的机械化仪器仪表，例如数字式万用表、数字式示波器、温湿度检测仪表等自动智能检测仪表中。

(3) 智能家居领域

单片机被广泛应用于智能家居的控制领域，例如智能型洗衣机、智能型电饭煲、智能型窗帘等智能家居设备中。

任务实施

1. 绘制单片机引脚图

LQFP 和 PDIP 封装的 STC89C51RC 单片机引脚图如图 1—1—7 所示，抄绘该引脚图，并查阅用户手册，分别绘制 LQFP 和 PDIP 封装的 AT89S51 单片机引脚图。

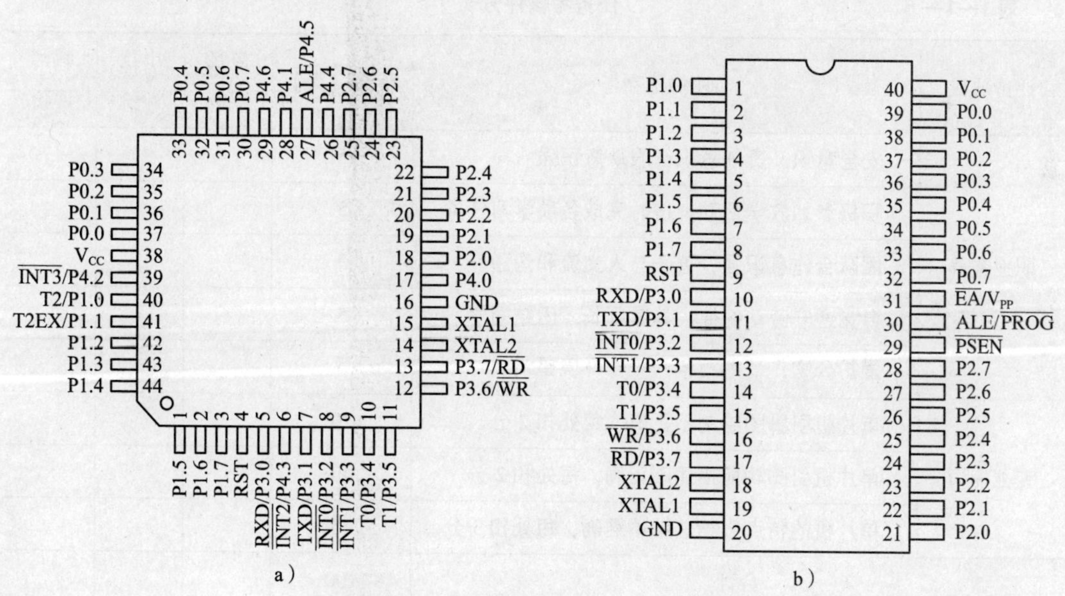

图 1—1—7 STC89C51RC 单片机引脚图

a) LQFP44 封装引脚图 b) PDIP40 封装引脚图

说明 STC89C51RC 是宏晶科技有限公司推出的一款 MCS－51 系列单片机，其引脚与传统单片机 AT89S51 通用，但在其基础上增加了定时器、中断源等。

2. 识别单片机引脚功能

参考用户手册，识别所绘单片机引脚图中各个引脚的功能，并列表说明 STC89C51RC 单片机和 AT89S51 单片机相比有哪些不同。

3. 体会单片机主要特点及用途

查阅单片机相关资料，了解 STC89C51RC 单片机的特点与用途，并进行展示说明。

职业能力培养

单片机生产厂家根据用户的不同需求推出了众多系列型号的单片机，试在指导教师帮助下，小组讨论如何选择单片机的系列型号，并做主题发言，介绍选定型号的单片机的特点、参数和应用场合等。

任务评价

根据任务考核评分表（见表 1—1—5）进行任务评价。

表 1—1—5　　任务考核评分表

评价项目	评价标准	配分（分）	自我评价	小组评价	教师评价
职业素养	安全意识、责任意识、服从意识强	5			
	积极参加教学活动，按时完成各项学习任务	5			
	团队合作意识强，善于与人交流和沟通	5			
	自觉遵守劳动纪律，尊敬师长，团结同学	5			
	爱护公物，节约材料，工作环境整洁	5			
专业能力	单片机引脚图绘制不正确，每处扣 2 分	20			
	单片机引脚功能描述不正确，每处扣 2 分	40			
	单片机的特点归纳总结不准确，每处扣 3 分	15			
合计		100			
总评	自我评价×20%＋小组评价×20%＋教师评价×60%＝	综合等级	教师（签名）：		

注：学习任务考核采用自我评价、小组评价和教师评价三种方式，考核分为 A（90～100）、B（80～89）、C（70～79）、D（60～69）、E（0～59）五个等级。

任务2　单片机最小系统制作

学习目标

1. 掌握 MCS－51 系列单片机最小系统电路。
2. 掌握单片机复位电路的工作过程。
3. 能设计并制作单片机最小系统电路。

任务引入

单片机是一块集成度很高的芯片，但由于晶振、开关等电路无法集成到芯片上，所以要使单片机正常工作还需要添加一些外围电路。本任务是用 STC89C51RC 单片机设计并制作单片机最小系统。

相关知识

单片机最小系统是指在最少外围电路条件下，能使单片机正常工作的电路系统。如图1—2—1 所示是 STC89C51 单片机最小系统电路，主要包括时钟电路、复位电路和电源电路。

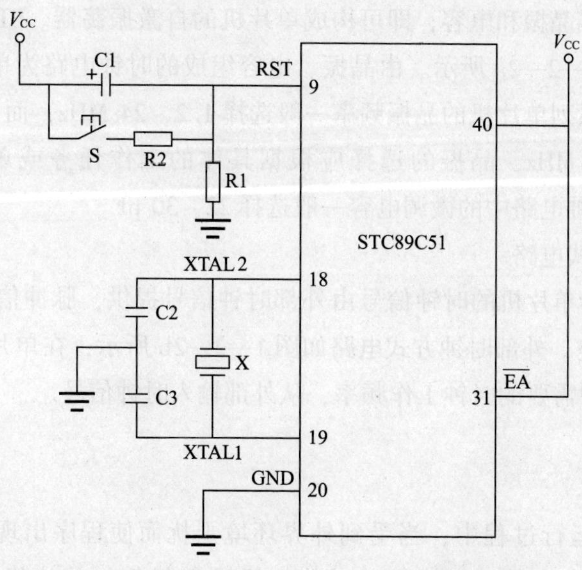

图 1—2—1　STC89C51 单片机最小系统电路

一、时钟电路

时钟电路为单片机提供工作时需要的时钟信号。单片机在时钟信号控制下按时间顺序执行指令，单片机各个部件都采用统一时钟信号才能正常工作。例如，定时/计数器需要时钟提供计数脉冲，串口需要根据时钟产生定义的通信波特率。时钟的频率影响着单片机的运行速度。

根据单片机产生时钟方式的不同，STC89C51 单片机时钟电路可分为内部时钟方式和外部时钟方式。单片机时钟电路如图 1—2—2 所示。

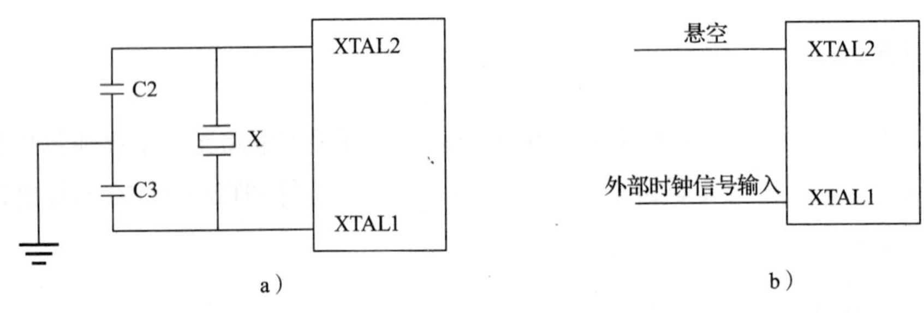

图 1—2—2　STC89C51 单片机时钟电路

a）内部时钟方式　b）外部时钟方式

1. 内部时钟方式电路

STC89C51 单片机内部时钟电路中集成高增益反相放大器。在单片机的 XTAL1 和 XTAL2 引脚两端连接晶振和电容，即可构成单片机的自激振荡器。STC89C51 单片机内部时钟方式电路如图 1—2—2a 所示。由晶振、电容组成的时钟电路为单片机提供统一的时钟信号。MCS－51 系列单片机的晶振频率一般选择 1.2～24 MHz，而 STC89C51 单片机最高频率可以选择 48 MHz，晶振的选择应根据具体的工作任务或单片机型号来决定。STC89C51 单片机时钟电路中的微调电容一般选择 22～30 pF。

2. 外部时钟方式电路

外部时钟方式指单片机的时钟信号由外部时钟信号提供，脉冲信号由 XTAL1 引脚输入，XTAL2 引脚悬空。外部时钟方式电路如图 1—2—2b 所示，在单片机时钟信号频率工作范围内，根据用户需要的时钟工作频率，从外部输入时钟信号。

二、复位电路

单片机系统在运行过程中，当受到外界环境干扰而使程序出现异常，或者上电时要使单片机处于初始状态时，都需要对单片机进行复位。单片机复位是指使单片机进行初始化，PC 指向 0000H 地址开始执行程序，单片机特殊功能寄存器刷新在默认状态。对单片机进行复位操作，只需在单片机的 RST 引脚上保持 2 个机器周期以上的高电平即可。复位操作对一些特殊功能寄存器值有影响，但不影响片内 RAM 存放的内容。在复位有效期间，控制信号 ALE、$\overline{PSEN}$输出高电平。单片机复位电路包括上电复位和按键复位两种形式。

1．上电复位形式

如图 1—2—3a 所示，单片机系统在接上电源瞬间，电容 C 初始状态没有电荷，电容两端电压不能突变，这时单片机的 RST 端电压等于电源电压，单片机复位。随着电源给电容充电，电阻上的电压逐渐减小，最后为 0 V，单片机正常工作。这一过程称为上电复位。

2．按键复位形式

如图 1—2—3b 所示，将按键并联在电容的两端，当按下按键时，单片机 RST 引脚连接到电源，为高电平，单片机复位。松开按键，单片机正常工作。

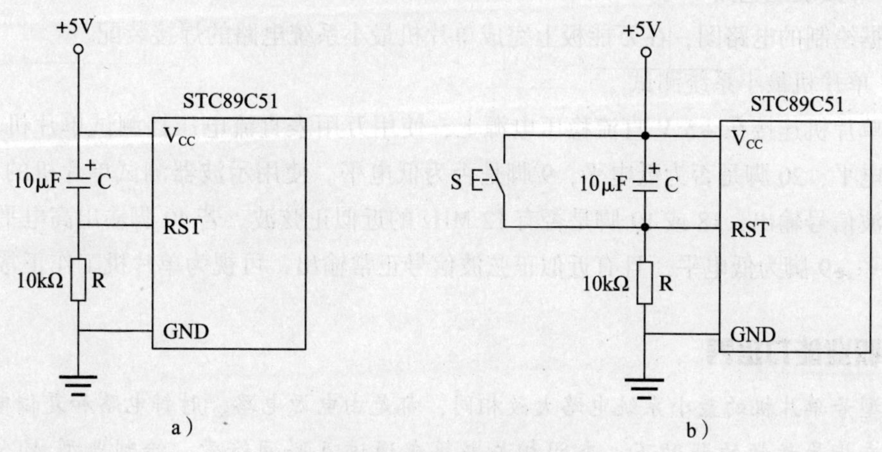

图 1—2—3　复位电路

a）上电复位电路　b）上电和按键混合复位电路

三、电源电路

STC89C51 单片机采用 5 V 电源供电。单片机电源 V_{CC}引脚连接到 +5 V，通常在电源接口处连接 0.1 μF 滤波电容，为单片机提供稳定电源。

任务实施

1．绘制单片机最小系统电路图

根据 STC89C51RC 单片机用户手册提供的信息，绘制单片机最小系统电路图。

2．列出制作单片机最小系统的元器件清单

根据绘制的单片机最小系统电路图，列出所需元器件清单，见表 1—2—1。

3. 检测元器件

用电子仪器仪表检测表1—2—1所列清单中元器件质量的好坏。

表1—2—1　　参考元器件清单

序号	元器件名称	型号	数量
1	单片机	STC89C51RC	1
2	瓷片电容	22 pF	2
3	电解电容	10 μF，16 V	1
4	电阻	10 kΩ，1/4 W	1
5	晶振	12 MHz	1
6	电源	5 V	1
7	万能板	10 cm×10 cm	1

4. 焊接装配电路

依据绘制的电路图，在万能板上完成单片机最小系统电路的焊接装配。

5. 单片机最小系统测试

将单片机连接在+5 V直流稳压电源上，使用万用表直流电压挡测试单片机40脚是否为高电平，20脚是否为低电平，9脚是否为低电平。使用示波器测试单片机的30脚是否有方波信号输出，18或19脚是否有12 MHz的近似正弦波。若40脚输出高电平，20脚为低电平，9脚为低电平，且有近似正弦波信号正常输出，可视为单片机工作正常。

职业能力培养

各型号单片机的最小系统电路大致相同，都是由电源电路、时钟电路和复位电路组成的。试在指导教师的帮助下，查阅相关书籍或通过互联网检索，绘制典型AT单片机、PIC单片机、AVR单片机、MSP430单片机的最小系统。

任务评价

根据任务考核评分表（见表1—2—2）进行任务评价。

表1—2—2　　任务考核评分表

评价项目	评价标准	配分（分）	自我评价	小组评价	教师评价
职业素养	安全意识、责任意识、服从意识强	5			
	积极参加教学活动，按时完成各项学习任务	5			
	团队合作意识强，善于与人交流和沟通	5			
	自觉遵守劳动纪律，尊敬师长，团结同学	5			
	爱护公物，节约材料，工作环境整洁	5			

续表

<table>
<tr><th colspan="2">评价项目</th><th>评价标准</th><th>配分（分）</th><th>自我评价</th><th>小组评价</th><th>教师评价</th></tr>
<tr><td rowspan="8">专业能力</td><td>绘制电路图</td><td>单片机最小系统电路图绘制不正确，每处扣1分</td><td>5</td><td></td><td></td><td></td></tr>
<tr><td>元器件检测</td><td>不会用电子仪器仪表检测元器件质量好坏，每个扣2分</td><td>6</td><td></td><td></td><td></td></tr>
<tr><td rowspan="3">整体焊接及组装</td><td>元器件位置、引脚焊接错误，每个扣3分</td><td>15</td><td></td><td></td><td></td></tr>
<tr><td>焊接粗糙、拉尖、有焊锡残渣，每处扣2分</td><td>6</td><td></td><td></td><td></td></tr>
<tr><td>元器件虚焊、漏焊、松动、有气孔，每处扣2分</td><td>8</td><td></td><td></td><td></td></tr>
<tr><td rowspan="3">电路功能测试</td><td>电子仪器仪表使用方法不正确，扣5分</td><td>5</td><td></td><td></td><td></td></tr>
<tr><td>测试项目不符合任务要求，每漏测1项扣1分</td><td>5</td><td></td><td></td><td></td></tr>
<tr><td>技术指标未达标，每项扣5分</td><td>25</td><td></td><td></td><td></td></tr>
<tr><td colspan="3">合计</td><td>100</td><td></td><td></td><td></td></tr>
<tr><td colspan="2" rowspan="2">总评</td><td rowspan="2">自我评价×20%+小组评价×20%+教师评价×60%=</td><td>综合等级</td><td colspan="3" rowspan="2">教师（签名）：</td></tr>
<tr><td></td></tr>
</table>

注：学习任务考核采用自我评价、小组评价和教师评价三种方式，考核分为A（90~100）、B（80~89）、C（70~79）、D（60~69）、E（0~59）五个等级。

思考与练习

1. 简述单片机的特点和典型应用。
2. 简述STC89系列单片机的型号编码规则。
3. MCS-51系列单片机内部包含哪些主要功能部件？它们的作用分别是什么？
4. MCS-51系列单片机存储器空间在物理结构上是如何划分的？
5. 绘制AT89S51单片机最小系统的组成框图。
6. 简述STC89C51RC单片机复位电路的工作过程。

课题二　认识单片机开发软件

单片机应用系统由硬件和软件两部分组成，在硬件基础上单片机完成的各种控制功能是通过软件编程来实现的，但单片机并不能直接识别用户编写的汇编语言或 C 语言的源程序，必须通过编译器将写好的程序编译为机器代码（二进制码），才能写入单片机，实现各种控制。Keil 软件是目前最流行的开发 MCS－51 系列单片机的软件，它支持众多不同公司的 MCS－51 架构的芯片，集编辑、编译、仿真等于一体，受到广大单片机学习者的青睐。

在编写程序后，测试程序是否达到设计要求一般有两种方法。一是采用 Proteus 仿真软件测试，它可以在没有单片机实际硬件的条件下，使用计算机利用 Proteus 虚拟硬件平台进行源代码仿真调试，来模拟硬件电路的执行效果，从而完成虚拟仿真，实现单片机系统的软、硬件协同设计。利用 Proteus 仿真软件进行程序测试，可以大大节省开发时间和成本。二是用单片机开发板进行测试，将 Keil 软件编译后的目标代码通过程序烧录软件下载写入单片机芯片，通电观察运行效果，从而验证程序的正确性和控制功能。

本课题从实例入手，介绍单片机开发所必备的常用软件 Keil μVision4 软件、Proteus 仿真软件等以及单片机开发板的使用方法。

知识目标

- 掌握 Keil 开发软件的安装方法。
- 掌握用 Keil 开发软件编写程序的方法。
- 掌握 Proteus 仿真软件的安装和使用方法。
- 熟悉单片机开发板的使用方法。
- 掌握单片机在线编程软件的使用方法。

技能目标

- 能使用 Keil 开发软件编写程序。
- 能用 Proteus 仿真软件绘制原理图并装载程序进行仿真调试。
- 能使用单片机在线编程软件下载运行单片机程序。

任务 1　Keil 开发软件的应用

1. 掌握 Keil 开发软件的安装方法。

2. 能使用 Keil 开发软件编写程序。

单片机完成各种控制功能是通过编程来实现的，例如，要用单片机控制一个发光二极管点亮，需要先打开 Keil μVision4 软件，把程序写进去，再编译成机器代码，最后写入单片机实现控制。

Keil μVision4 软件是基于 Windows 平台的单片机开发环境，它集编辑、编译、仿真等于一体，是单片机初学者学习 MCS－51 系列单片机编程最流行的软件之一。本任务将通过完成点亮一个发光二极管程序的编写及仿真，熟练掌握 Keil μVision4 软件的使用方法。

一、Keil μVision4 的安装方法

本书以 Keil C51 Version 9. 02a 版本为例，介绍 Keil μVision4 的软件安装过程。

[Keil.4].c51v90...

图 2—1—1　Keil μVision4 安装程序图标

1. 单击图 2—1—1 所示 Keil μVision4 安装程序图标，运行安装程序。

2. 进入图 2—1—2 所示的 Keil μVision4 安装启动画面后，单击“Next”按钮。

3. 进入图 2—1—3 所示最终用户许可协议界面中，勾选同意协议前面的复选框，然后单击“Next”按钮。

4. 选好安装目标文件夹，再单击“Next”按钮，如图 2—1—4 所示。一般不建议安装到系统盘。

5. 在输入客户信息对话框中，输入客户的姓名、公司以及电子邮件地址，如图 2—1—5 所示，然后单击“Next”按钮。

6. 进入安装状态，可看到安装进度条，如图 2—1—6 所示。

7. 安装完成后，出现如图 2—1—7 所示界面，单击“Finish”按钮完成安装。

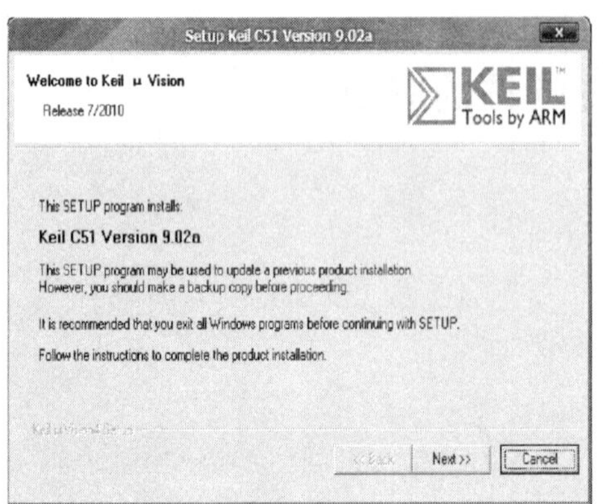

图 2—1—2 Keil μVision4 安装启动画面

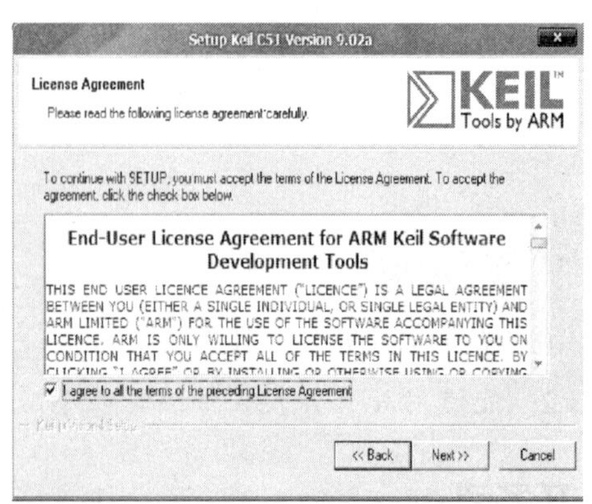

图 2—1—3 最终用户许可协议界面

图 2—1—4 选择安装目标文件夹

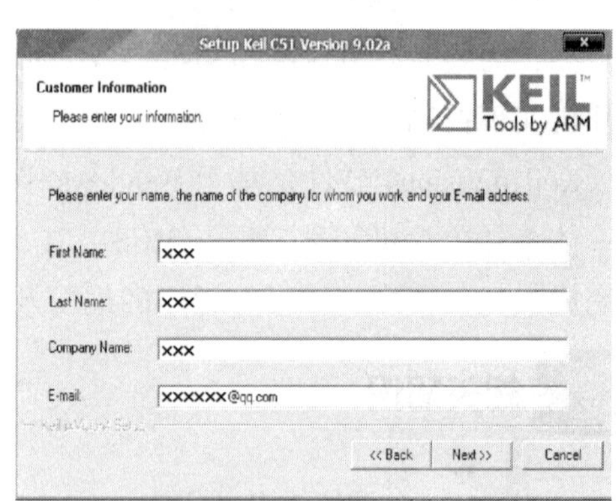

图 2—1—5 输入客户信息对话框

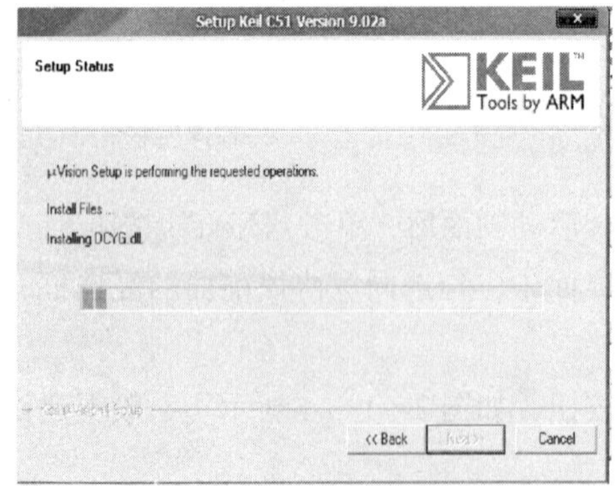

图 2—1—6 安装进度对话框

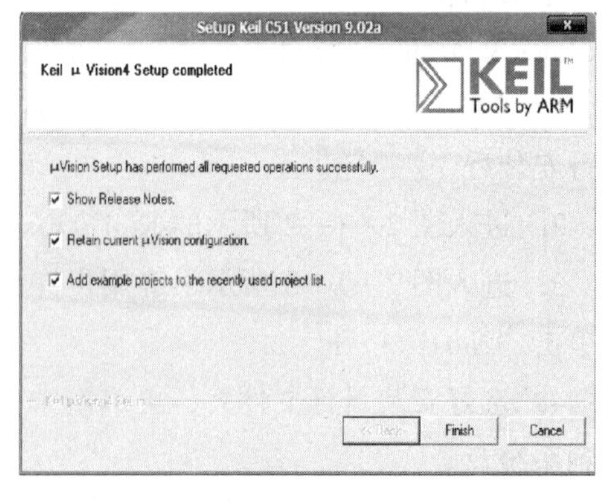

图 2—1—7 安装完成对话框

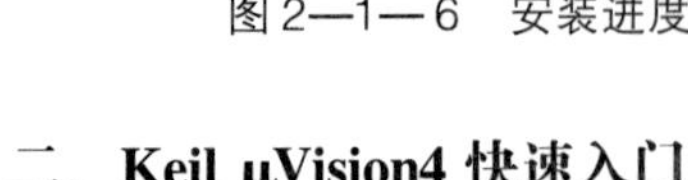

二、Keil μVision4 快速入门

1. Keil μVision4 软件工作界面

Keil μVision4 软件工作界面如图 2—1— 8 所示。

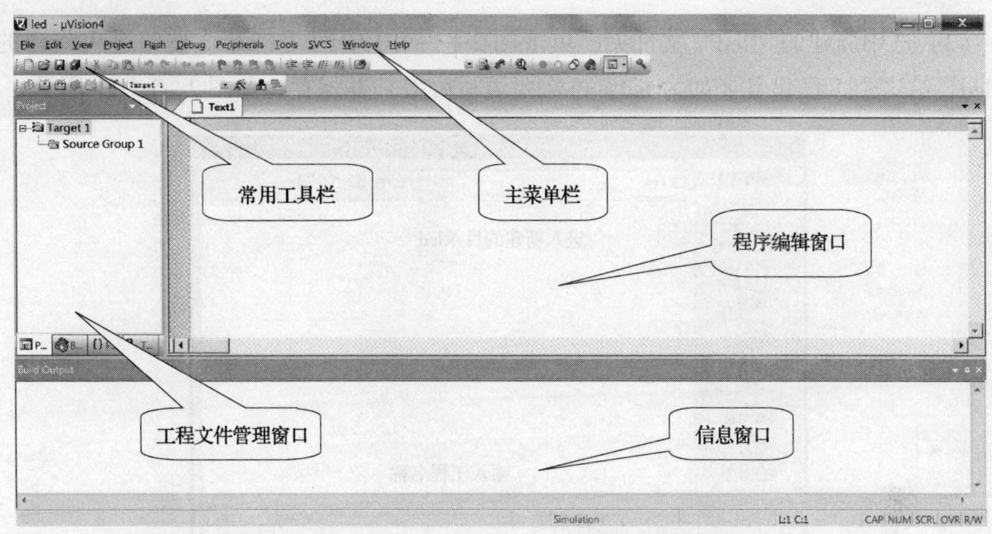

图 2—1—8　Keil µVision4 软件工作界面

2. 建立工程项目文件

（1）单击菜单栏【Project】→【New µVision Project】，如图 2—1—9 所示。

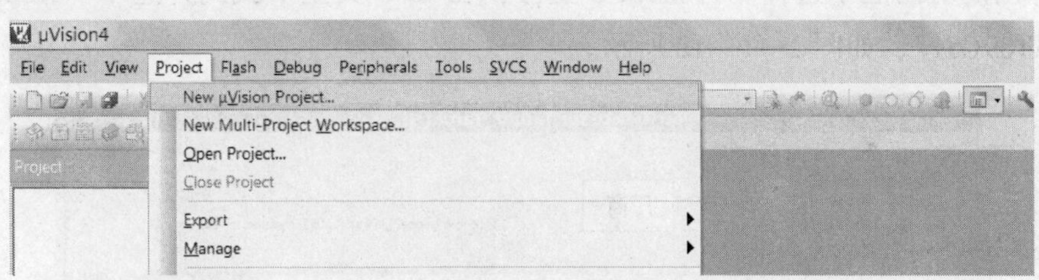

图 2—1—9　新建工程菜单

（2）在弹出的对话框中选择一个路径，新建一个空文件夹，把工程文件放到里面，以避免和其他文件混在一起，如创建一个名为“led”的文件夹，如图 2—1—10 所示。

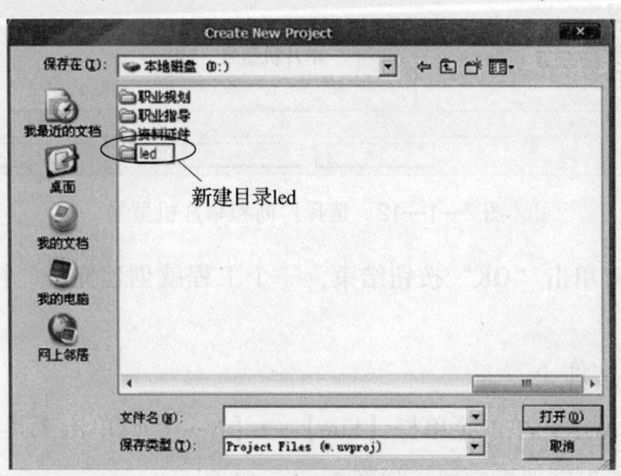

图 2—1—10　新建工程目录

(3) 选中新建的“led”文件夹，单击图 2—1—10 中的“打开”按钮进入新建的目录 led，给这个工程起名（如为 led，不需要填写后缀）并保存，如图 2—1—11 所示。

图 2—1—11　新建工程名称

在弹出的对话框中选择单片机 CPU 型号，在 CPU 类型下找到并选中“Atmel”下的选项“AT89C51”，如图 2—1—12 所示。

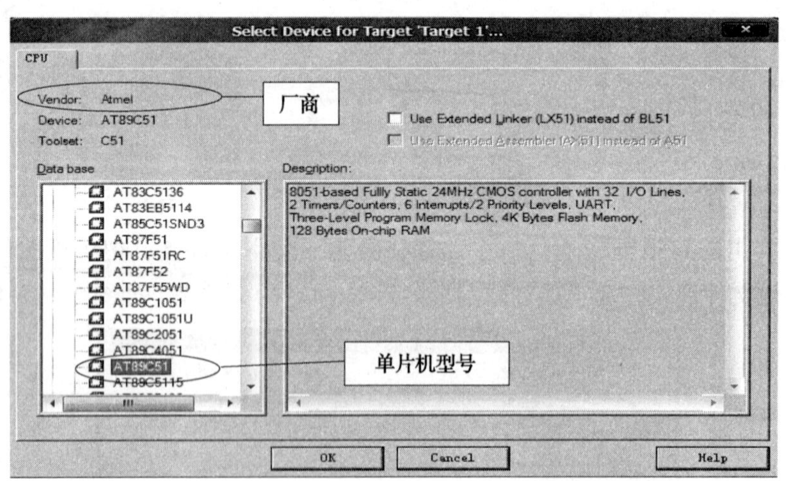

图 2—1—12　选择厂商和单片机型号

(4) 用鼠标左键单击“OK”按钮结束，一个工程就创建完毕。接下来需要建立一个源程序文件。

3. 新建源程序文件

如图 2—1—13 所示，单击菜单栏【File】→【New】或单击工具栏 按钮，新建一个文本文件，即出现程序编辑窗口，如图 2—1—14 所示。

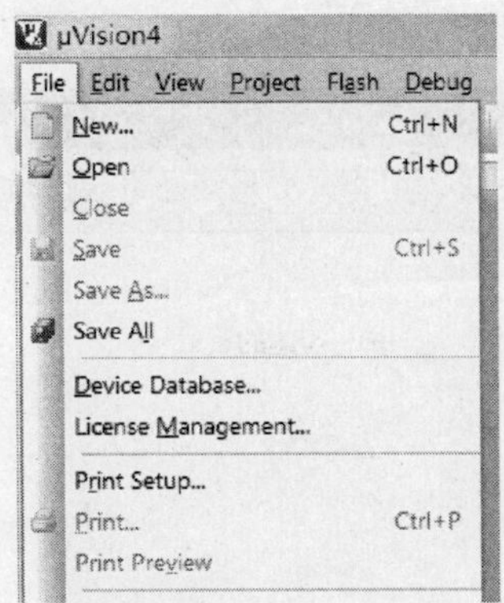

图 2—1—13　新建源程序文件

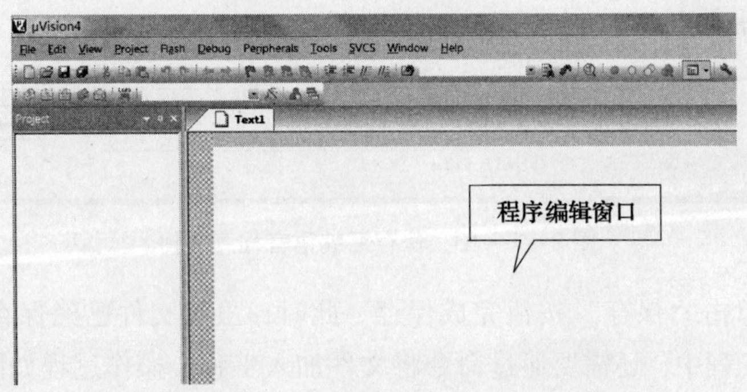

图 2—1—14　新建源程序文件的程序编辑窗口

4．编写源程序

在程序编辑窗口中输入汇编语言程序，界面显示如图 2—1—15 所示。

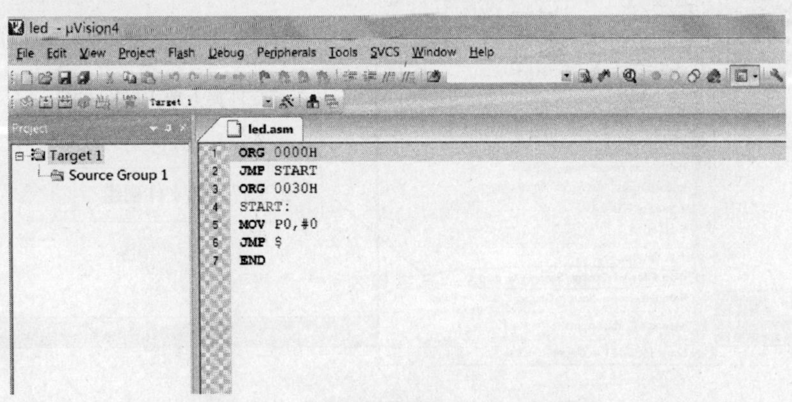

图 2—1—15　输入汇编语言程序界面

5．添加源程序到工程文件

编写好源程序后，将该文件保存到工程文件中，文件后缀名为“. asm”，如图 2—1—16 所示。

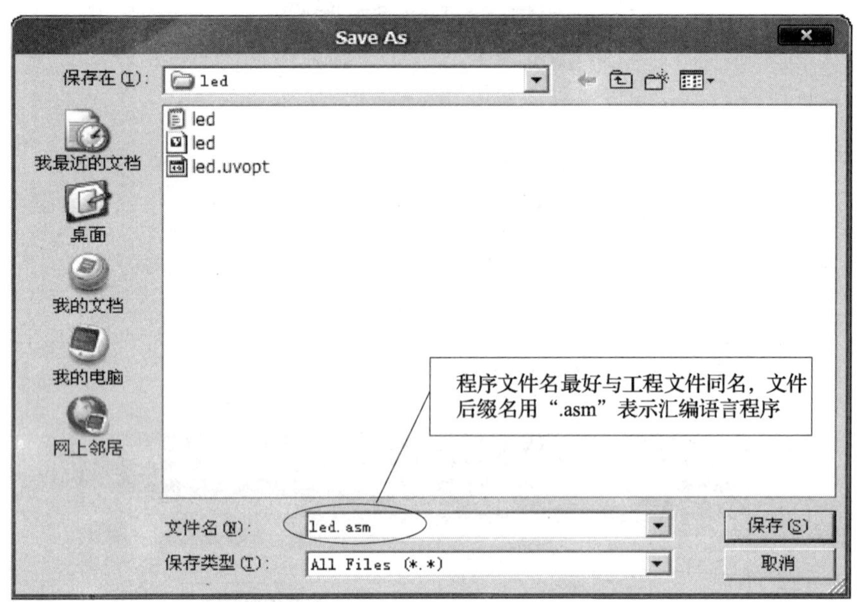

图 2—1—16　保存汇编语言程序文件

用鼠标左键单击“保存”按钮完成保存。此时，虽然文件已经保存在工程文件中，但并没有加入到工程中，还需要通过命令将文件加入工程，操作过程如图 2—1—17 至图 2—1—19 所示。

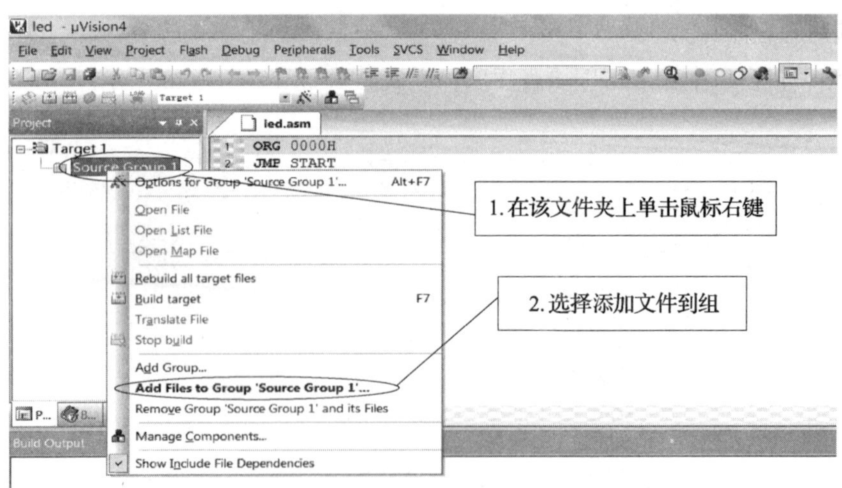

图 2—1—17　选择添加文件的菜单

6. 编译程序

即创建能烧写到 EEPROM 中运行的十六进制文件，产生可执行文件供 Proteus 仿真运行使用。

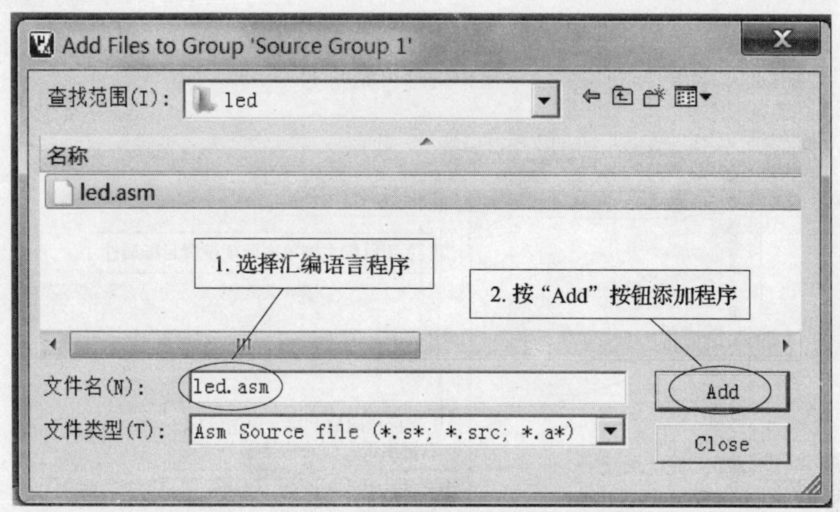

图 2—1—18　选择并添加程序文件到工程中

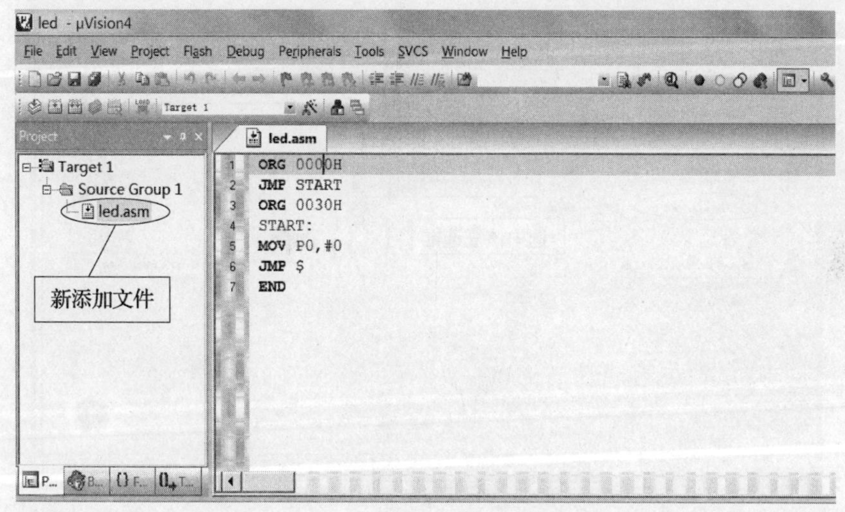

图 2—1—19　查看已添加的程序文件

（1）设置目标文件属性

在编译前，先要设置目标文件属性。将光标移至最上层目录“Target 1”，用鼠标右键单击此项设置目标属性，或直接单击目标属性图标，如图 2—1—20 所示。

然后在弹出的对话框中选择“Output”选项卡进行设置，当选项卡中的“Create HEX file”复选框被选中后，如图 2—1—21 所示，Keil 软件每次编译后都会生成十六进制的可执行 hex 文件。

用鼠标左键单击“OK”按钮保存设置。设置完目标属性后，就可以进行编译了。

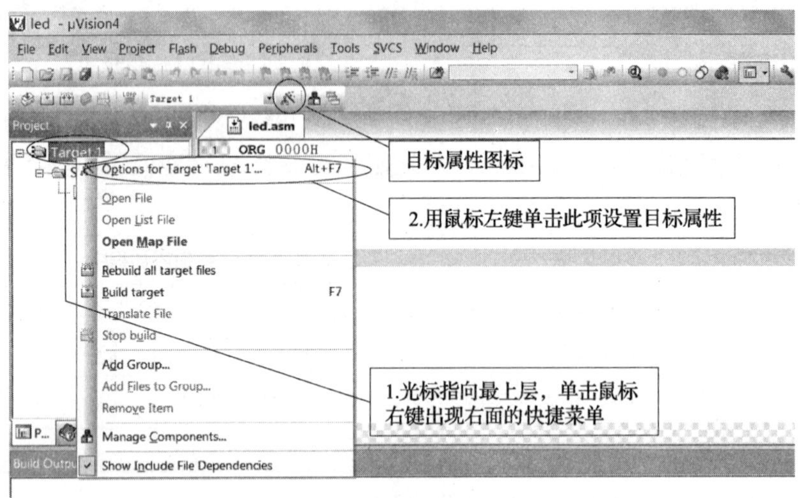

图 2—1—20　设置目标文件属性

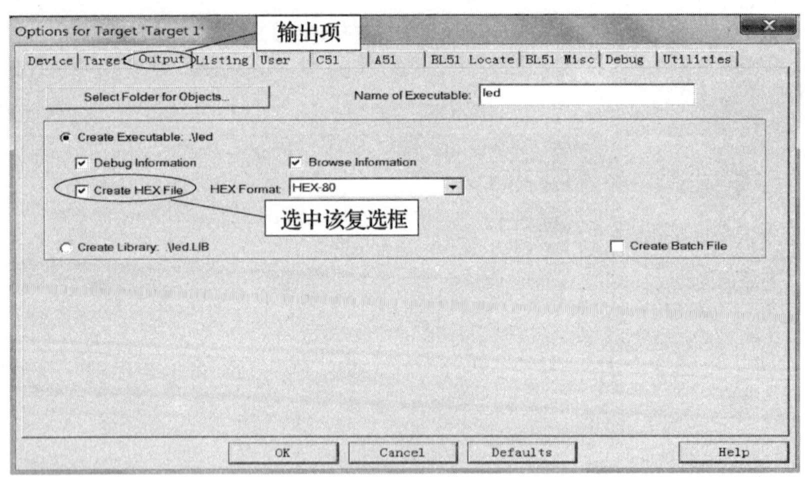

图 2—1—21　设置生成可执行 HEX 文件

（2）编译源程序

单击工具栏中的 按钮，进行源程序编译链接，也可以通过菜单选择【Project】→【build target】选项实现程序编译链接。

编译当前文件——对工程中选定的源程序文件进行编译。

编译目标——对工程中的源程序文件（新文件或修改过的文件）编译链接并生成可执行目标文件。

重新编译所有目标——对工程中的所有源程序文件（无论是否新文件）编译链接并生成可执行目标文件。

（3）查看编译结果

执行编译源程序后，在“Build Output ”窗口中可以看到编译的信息。如果编译成功，“Build Output”窗口会显示编译成功的信息，如图 2—1—22 所示，并在工程目录下生成对应的目标文件。

Build Output

```
Build target 'Target 1'
linking...
Program Size: data=8.0 xdata=0 code=53
"led" - 0 Error(s), 0 Warning(s).
```

图 2—1—22　编译成功界面

如果编译出错，Keil 软件将在“Build Output”窗口中显示错误和警告信息，如图 2—1—23 所示。可双击错误提示，找到错误所在的程序行，进行程序修改，修改后再编译。

Build Output

```
Build target 'Target 1'
assembling led.asm...
led.asm(2): error A45: UNDEFINED SYMBOL (PASS-2)
Target not created
```

图 2—1—23　编译错误提示

7. 程序调试

用鼠标左键单击工具栏中的“调试模式/编辑模式切换”按钮 进入调试模式，也可通过菜单栏【Debug】→【Start/Stop Debug Session】（见图 2—1—24a）或者快捷键 Ctrl + F5实现（若再按一次该按钮，则又切回到程序编辑状态）。调试运行窗口如图 2—1—24b 所示。

Keil 软件提供了单步调试、运行到光标处、连续运行、断点调试等多种调试方式，用户可根据需要选择合适的命令（如选择菜单【Debug】→【Step】/【Step over】/【Run to Cursor line】/【Run】或利用调试快捷按钮）调试程序，也可以设置断点后，连续执行程序进行调试。如程序运行到中间想从头再来，只要按 按钮即可。常用调试快捷按钮的说明见表 2—1—1。

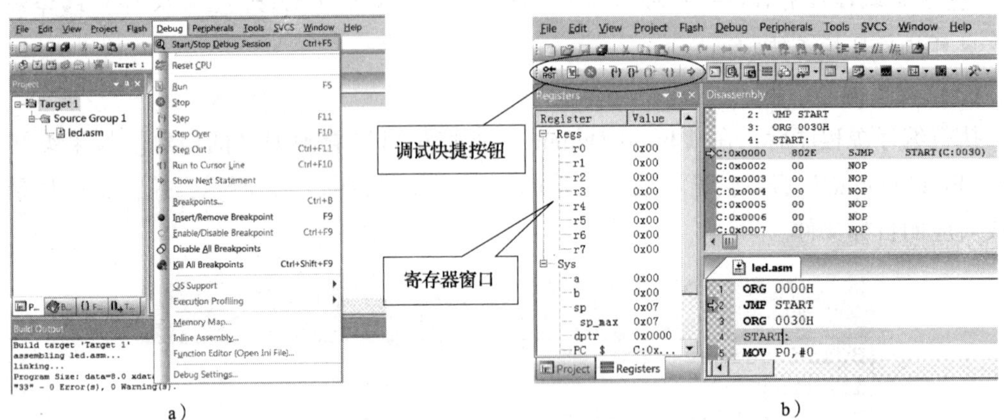

图 2—1—24　调试运行窗口

表 2—1—1　　常用调试快捷按钮的说明

符号	命令	功能	符号	命令	功能
RST	Rst	复位		Step	指令单步
	Run	连续运行		Step over	函数单步
	Stop Running	暂停		Run to Cursor line	运行到光标处

说明　断点的设置与清除方法如下：

（1）用鼠标双击

在需要设置断点的行的最前面，双击鼠标左键，即可设置或清除断点。

（2）用命令或命令按钮

先将光标移到需要设置断点的行，然后单击菜单【Debug】→【Insert/Remove Breakpoint】命令或工具栏中的相应按钮，即可设置或清除断点。

8．存储器的查看和修改

在调试程序时，经常需要查看存储器的内容。在调试模式下，单击【View】→【Memory Window】命令，就会显示或隐藏存储器窗口。存储器窗口包含 4 个标签，即有 4 个存储器空间（Memory）。在第一个存储器空间（Memory1）的 Address 栏内输入 c:0，即可看到从 0000H 开始的一段程序存储内容。同理，在其他存储器空间的 Address 栏内分别填入 x:0、d:0、i:0，就可以查看外部数据存储器空间、直接寻址的片内存储空间

（包括片内 00～7FH 的 RAM 和 80H～0FFH 的 SFR）和间接寻址的片内存储空间（包括片内 00～7FH 的 RAM 和 8052 单片机的 80H～0FFH 的 RAM），如图 2—1—25 所示。

如要修改“Memory Window”内存储单元的内容，可用鼠标右键单击选定存储单元，根据提示即可修改。

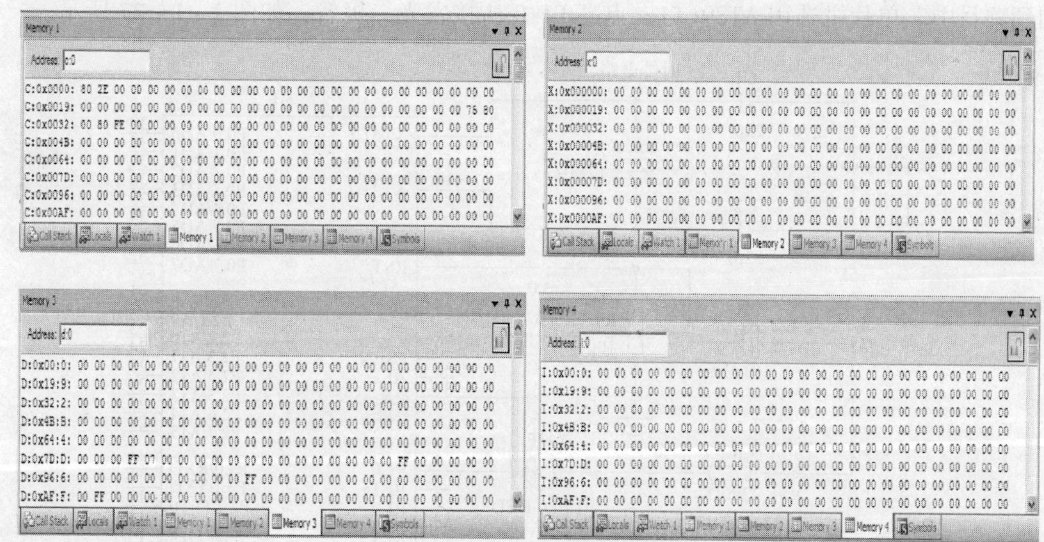

图 2—1—25 存储器窗口的查看和修改

9. 外围部件查看

如要查看单片机的外围部件，如端口 P0～P3、定时器 T0 和 T1 等，可单击菜单【Peripherals】→【I/O－Ports】/【Timer】等，如图 2—1—26 所示。

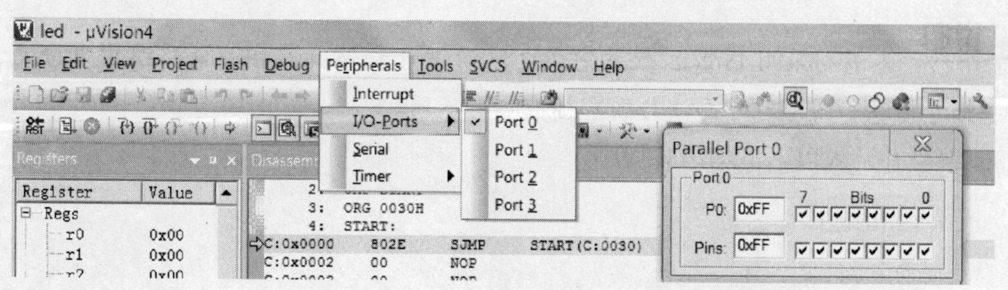

图 2—1—26 查看单片机的外围部件

职业能力培养

Keil 软件提供了丰富的库函数和功能强大的集成开发调试环境，且界面友好、易学易用。试在指导教师的帮助下，查阅相关书籍或通过互联网检索，进一步熟悉和掌握 Keil 软件的使用。

任务实施

1．启动 Keil 软件，熟悉 μVision4 集成开发调试环境。

2．新建一个“点亮发光二极管”的项目文件，然后再新建一个源程序文本文档并添加到项目中。单片机选用 AT89C51，点亮 P1.0 所接发光二极管，如图 2—1—27 所示。

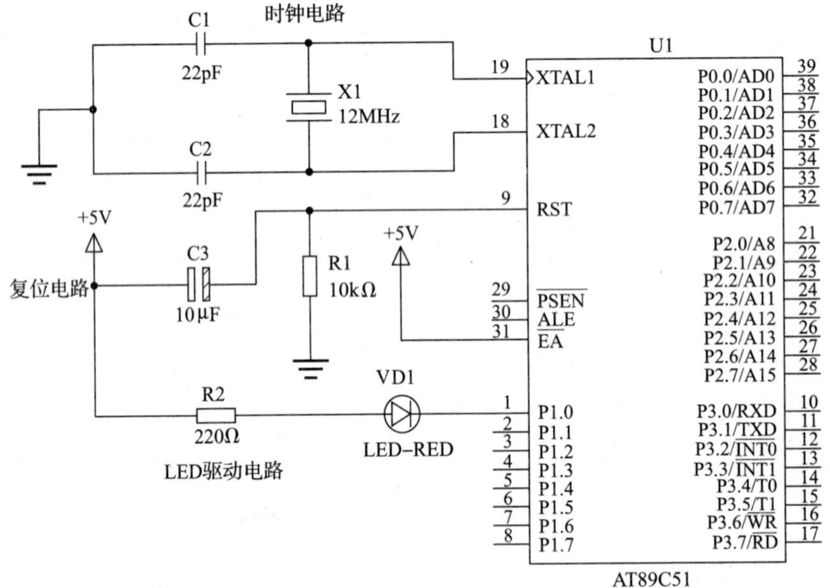

图 2—1—27　点亮 P1.0 所接发光二极管的硬件接线图

说明　本教材采用 Proteus 软件完成电路的设计和仿真，相关电路图中部分元器件的文字符号标注和图形符号画法与国家标准略有不同。

3．编写并录入以下汇编语言程序。

```
        ORG 0000H
        LJMP START
        ORG 0100H
START:
        MOV SP, #30H
        MOV P1, #0FEH
        SJMP $
        END
```

4．保存文件名为“test. asm”（如该文件已存在，也可存为其他 *. asm 文件）。

5. 单击工具栏中的 按钮进入调试模式，然后单击调试工具栏中的 按钮执行单步执行指令。打开存储器窗口观察记录单步执行后的特殊功能寄存器区的 P1、SP 的变化。

6. 单击 按钮执行指令，打开外围部件窗口，观察记录单片机端口 P1 的状态，判断是否点亮了 P1.0 所接的发光二极管。

7. 再次单击工具栏中的 按钮退出调试模式，然后单击工具栏中的 按钮，设置目标属性中的【Output】选项，勾选“Create HEX file”复选框，单击“OK”按钮保存设置。

8. 单击工具栏中的 按钮，编译源程序，观察“Build Output”窗口中编译的信息。记录编译是否成功，是否创建了 hex 可执行目标文件。

任务评价

根据任务考核评分表（见表 2—1—2）进行任务评价。

表 2—1—2 任务考核评分表

评价项目	评价标准	配分（分）	自我评价	小组评价	教师评价
职业素养	安全意识、责任意识、服从意识强	5			
	积极参加教学活动，按时完成各项学习任务	5			
	团队合作意识强，善于与人交流和沟通	5			
	自觉遵守劳动纪律，尊敬师长，团结同学	5			
	爱护公物，节约材料，工作环境整洁	5			
专业能力	Keil μVision4 软件安装不正确，扣 10 分	10			
	不会正确新建和保存源程序，扣 10 分	10			
	源程序录入不正确，每处扣 3 分	15			
	程序调试和记录不符合要求，每处扣 5 分	40			
合计		100			
总评	自我评价 ×20% + 小组评价 ×20% + 教师评价 ×60% =	综合等级	教师（签名）：		

注：学习任务考核采用自我评价、小组评价和教师评价三种方式，考核分为 A（90 ~ 100）、B（80 ~ 89）、C（70 ~ 79）、D（60 ~ 69）、E（0 ~ 59）五个等级。

任务 2　Proteus 仿真软件的应用

学习目标

1. 掌握 Proteus 仿真软件的安装方法。
2. 能正确使用仿真软件 Proteus 绘制电路图并进行仿真调试。

任务引入

Proteus 仿真软件是英国 Labcenter 公司推出的一款极好的单片机虚拟硬件平台，是世界上最先进的单片机和嵌入式系统的设计与仿真平台。它以其特有的仿真技术解决了单片机及其外围电路的设计和协同仿真问题，可以在没有单片机实际硬件的条件下，使用计算机利用 Proteus 虚拟硬件平台，与 Keil 软件完美结合，进行源程序代码的仿真调试，验证程序的正确性。本课题任务 1 中已经用 Keil 软件编写好点亮一个发光二极管的程序，本任务将利用 Proteus 软件虚拟单片机硬件电路，进行单片机源程序代码的仿真调试。

相关知识

一、仿真软件 Proteus 7.10 的安装方法

1. 插入安装光盘，出现如图 2—2—1 所示的光盘自动运行界面。

2. 单击第二项“Install Proteus”安装软件，此时会出现如图 2—2—2 所示的安装类型选择对话框。其中，“Use a locally installed Licence Key”为单机版安装选项，“Use a licence key installed on a server”为网络版客户端安装选项。

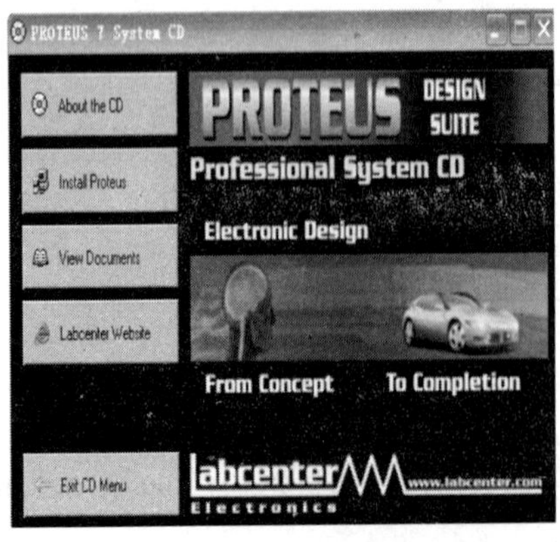

图 2—2—1　光盘自动运行界面

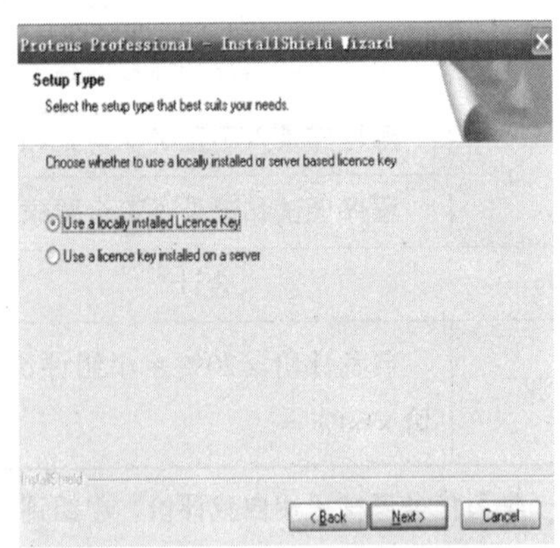

图 2—2—2　安装类型的选择界面

3. 选中图 2—2—2 中的 “Use a locally installed Licence Key” 选项，单击 “Next” 按钮进行单机版的安装。

（1）进入 Product Licence Key 设置窗口，如果以前没有安装过 Licence，则如图 2—2—3 所示。

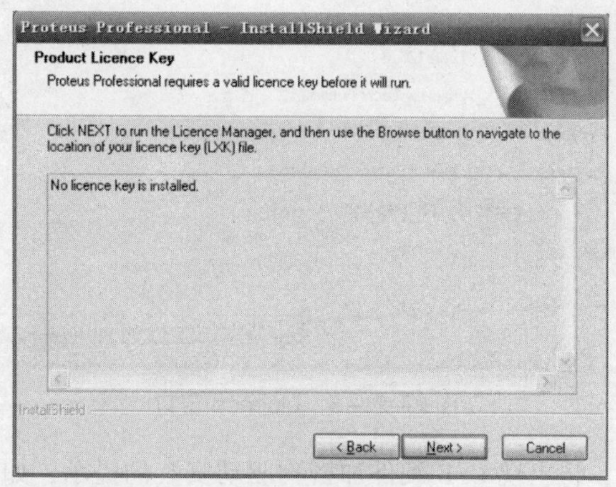

图 2—2—3　Product Licence Key 设置窗口

（2）单击 “Next” 按钮，进入 Licence Manager 设置窗口进行 Licence Key 的安装，如图 2—2—4 所示。

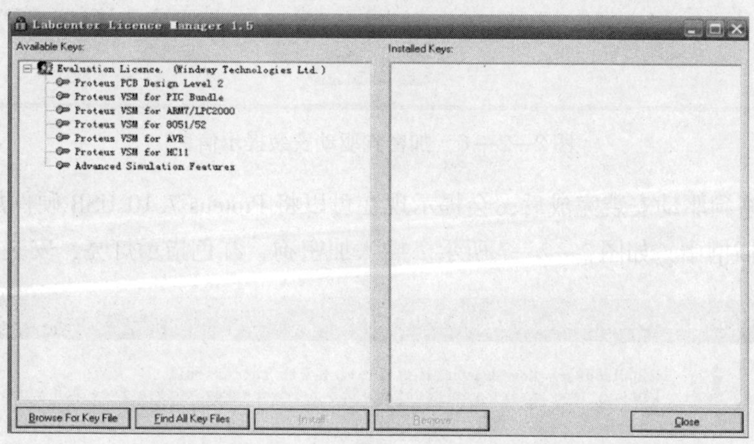

图 2—2—4　Licence Manager 设置窗口

单击 “Browse For Key File” 寻找 Licence（此 Licence 在光盘对应的 Licence 文件夹下），找到对应的 Licence 后单击 “Install” 按钮进行安装。当 Licence 显示于右边视窗中时，表示 Licence 安装完毕。单击 “Close” 按钮，系统将弹出如图 2—2—5 所示对话框（显示该 Licence 的相关信息），单击 “Next” 按钮进入下一步。

（3）按照提示选好安装路径，进行 Proteus 7.10 软件的安装。

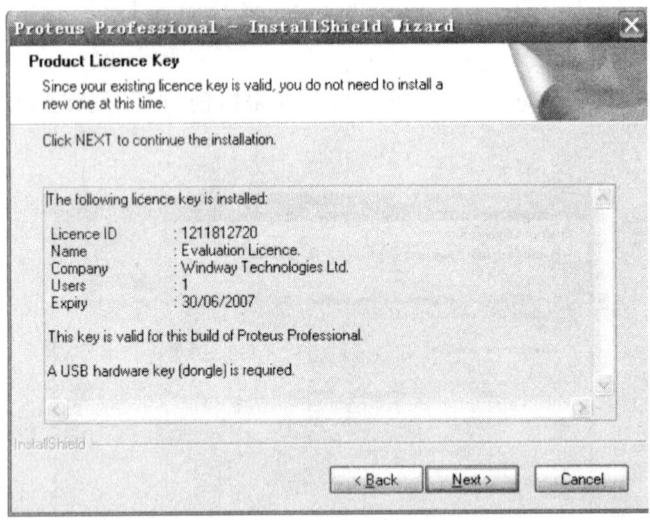

图 2—2—5　Licence 窗口

（4）安装过程中，将出现 USB 硬件加密狗驱动安装的提示，如图 2—2—6 所示，此时应确保加密狗未插在计算机上。

图 2—2—6　加密狗驱动安装提示信息

（5）加密狗驱动安装完成后，会提示现在可以将 Proteus 7. 10 USB 硬件加密狗插入到空闲的 USB 插槽中，如图 2—2—7 所示。插入加密狗，红色指示灯亮，安装完成。

图 2—2—7　插入加密狗提示信息

二、仿真软件 Proteus 7. 10 入门

1．Proteus 7. 10 软件工作界面

双击桌面 ISIS 7 Professional 图标或通过开始菜单打开程序 Proteus 7 Professional→ISIS

7 Professional，进入 Proteus ISIS 的开发界面。

Proteus ISIS 软件工作界面包括标题栏、菜单栏、标准工具栏、绘图工具栏、元器件选择按钮、仿真工具栏、状态栏以及预览窗口、元器件列表窗口和原理图编辑窗口等，如图 2—2—8 所示。

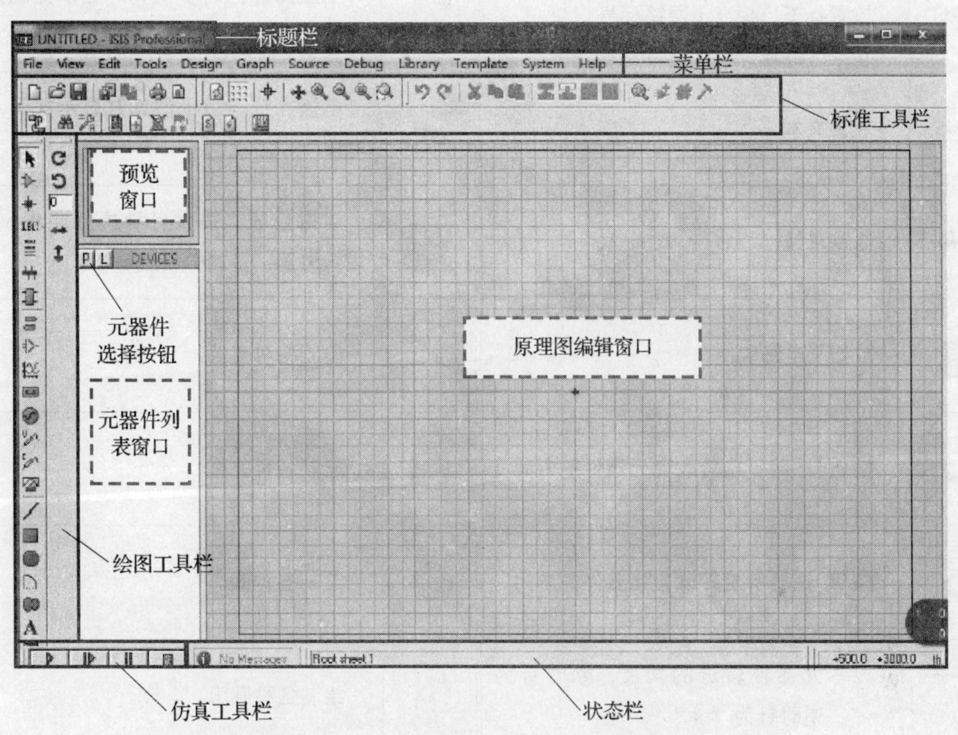

图 2—2—8　Proteus ISIS 软件工作界面

绘图工具栏为原理图的绘制提供不同的操作工具，实现不同的功能。常用绘图工具的功能说明见表 2—2—1。

表 2—2—1　　常用绘图工具的功能说明

工具按钮	功能说明	工具按钮	功能说明
	选中元器件，对元器件进行相关操作（移动、修改参数等）		仿真图标，用于各种分析
	选取元器件，从元器件列表窗口选取元器件放置到原理图编辑窗口		录音机，对设计电路分割仿真时采用此模式
	放置连接点		信号发生器，用于提供各种信号源

续表

工具按钮	功能说明	工具按钮	功能说明
LBL	放置标签，相当于网络标号		电压探针，用于仿真时显示探测点的电压
	放置文本		电流探针，用于仿真时显示探测点的电流
	绘制总线		虚拟仪表，提供各种虚拟测量仪器，如示波器、逻辑分析仪等
	放置子电路		绘制各种直线
	按90°顺时针旋转改变元器件的方向		绘制各种方框
	按90°逆时针旋转改变元器件的方向		绘制各种圆
	显示元器件转过的角度，顺时针为“－”，逆时针为“＋”		绘制各种圆弧
	以Y轴为对称轴，按180°水平翻转元器件		绘制各种多边形
	以X轴为对称轴，按180°垂直翻转元器件		添加文本
	终端接口，包括VCC、地、输入、输出和总线等		添加符号
	器件引脚，用于绘制各种芯片引脚		添加原点

仿真工具栏各控制按钮的功能从左到右分别为运行、单步运行、暂停、停止。

2. 新建设计文件

打开 Proteus ISIS 工作界面，依次选择【File】→【Create New Design】命令，弹出选择模板窗口，如图 2—2—9 所示，从中选择 DEFAULT 模板，单击“OK”按钮，然后单击 按钮，在弹出的对话框中输入文件名（如“led”）后，单击“Save”按钮，完成新建设计文件的保存，文件自动保存为“led. dsn”。其中，“dsn”为 Proteus 设计原理图默认的扩展文件名。

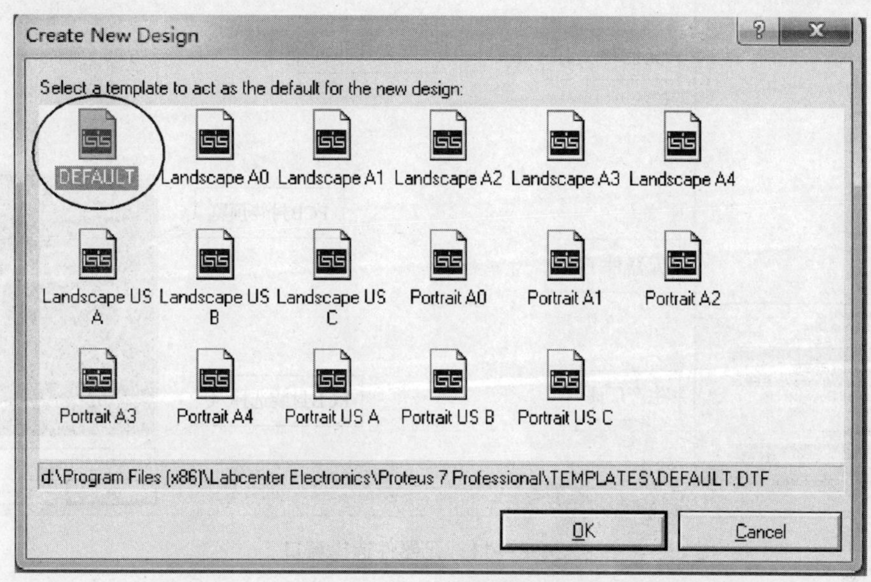

图 2—2—9 选择模板窗口

说明 新建 Proteus 设计文件前，一般需先建立单片机项目设计文件管理系统。例如，可在 E 盘下建立“单片机项目设计”文件夹，再在其中建立“项目 1”子文件夹，最后在该文件夹中建立下一级“Proteus 仿真图”子文件夹。将新建的 Proteus 设计文件存放在子文件夹“Proteus 仿真图”中。

3. 提取元器件

Proteus 7. 10 提供了丰富的资源用于虚拟仿真实验，含有 30 多个元器件库、数千种元器件，涉及数字和模拟、交流和直流等。

单击工作界面中的元器件选择按钮 P，如图 2—2—10 所示，可进入“Pick Devices”界面，如图 2—2—11 所示。也可在编辑窗口空白处单击右键，选择 Place→Component→From Libraries 进入元器件库，如图 2—2—12 所示。

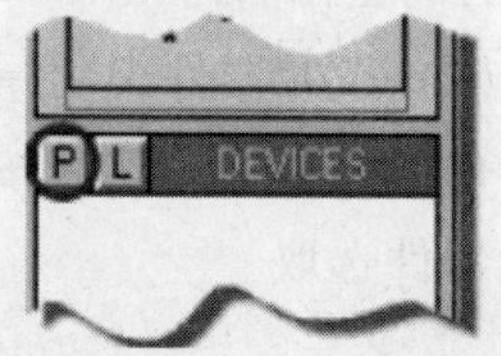

图 2—2—10 元器件选择按钮

提取元器件主要有两种方法：

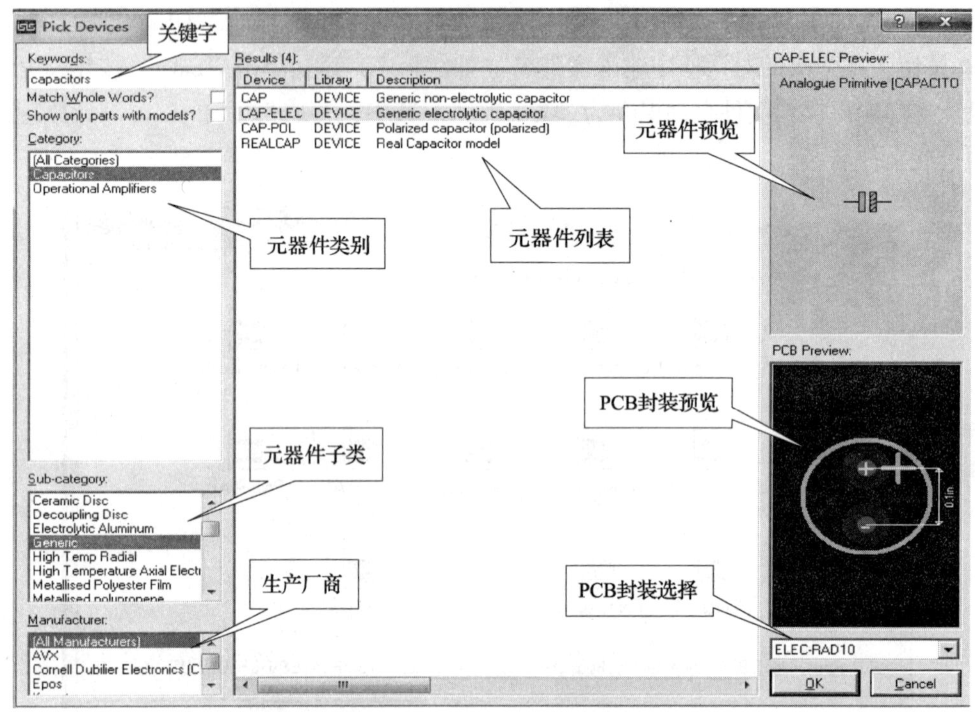

图 2—2—11　元器件选择窗口

图 2—2—12　从编辑窗口进入元器件库

（1）进入元器件库以后，直接在左上角的“Keywords”文本框中输入名称或描述进行查找。例如，输入 AT89C51 就可以得到如图 2—2—13 所示的与 AT89C51 相匹配的查询结果。

选择合适的元器件（如 AT89C51）所在行，单击“OK”按钮或直接双击选中器件，该器件将会添加到元器件列表窗口中，如图 2—2—14 所示。

（2）按元器件类别→元器件子类→生产厂商查找，此时在元器件列表中会显示符合条件的元器件，然后按照封装形式选择合适的元器件，单击“OK”按钮，即可完成元器件选取。

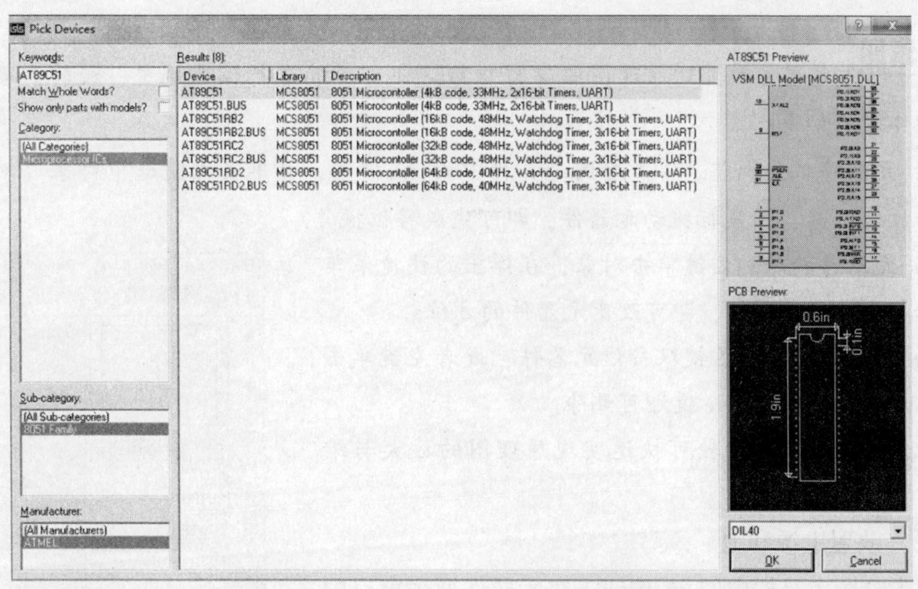

图 2—2—13　与 AT89C51 相匹配的查询结果

4．放置元器件、电源和地

（1）放置元器件

1）选中元器件列表窗口中的元器件，将鼠标移至原理图编辑窗口，此时鼠标箭头变成笔状，单击左键并移动鼠标可选择元器件放置位置。

2）再次单击左键，完成元器件放置。若需连续放置同一个元器件，只需继续移动并单击左键即可。如图 2—2—15 所示为按上述步骤放置好相应元器件的效果图。

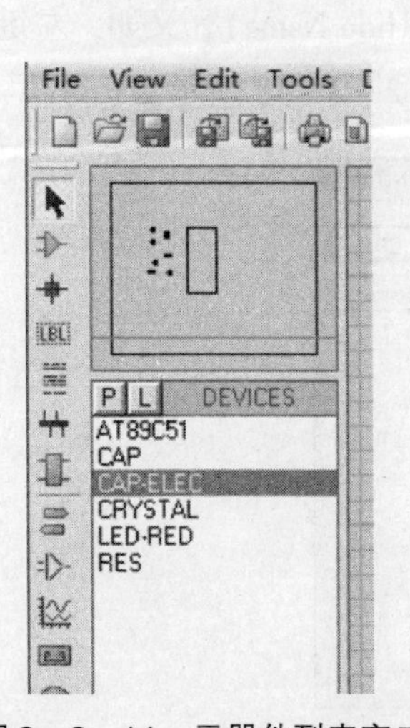

图 2—2—14　元器件列表窗口

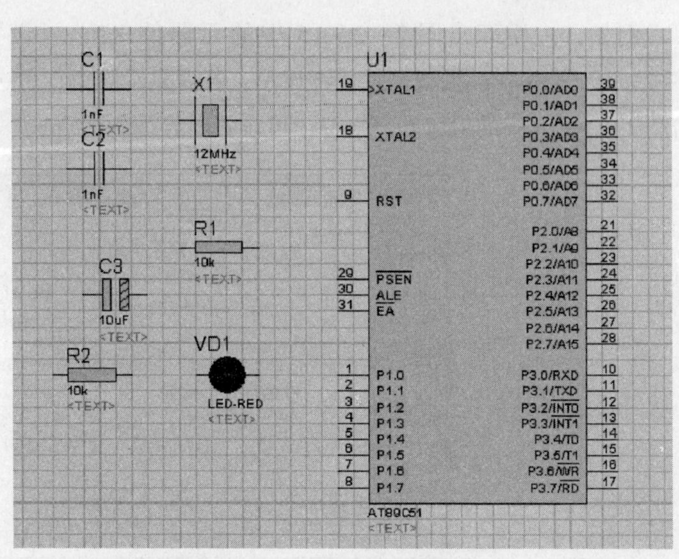

图 2—2—15　元器件放置效果图

说明 元器件放置到原理图编辑窗口后，还可对其进行位置调整、旋转和删除操作，具体方法如下：

1）元器件位置调整。单击绘图工具栏中的 按钮，再单击左键选中对象（对象颜色变为红色）后，用鼠标拖动元器件，即可完成移位操作。

2）元器件旋转。右键单击对象，在弹出的快捷菜单中选择相应的旋转图标，即可改变元器件的方位。

3）元器件删除。右键双击该元器件，或者左键单击选中该元器件再按 Delete 键即可删除。

此外，滚动鼠标滑轮可快速实现原理图的放大与缩小。

（2）放置电源和地

单击绘图工具栏中的 按钮，在元器件列表窗口中选择“POWER”与“GROUND”，即对应的电源（V_{CC}）和地（GND），即可将其放置在原理图编辑窗口，如图 2—2—16 所示。

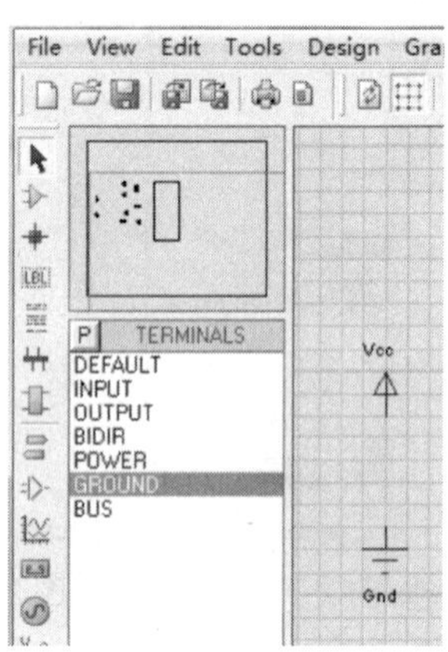

图 2—2—16　放置电源和地

5. 编辑元器件

在原理图编辑窗口左键双击元器件，或者选中元器件单击右键，在弹出的快捷菜单中选择“Edit Component”命令，会出现“Edit Component”对话框，在该对话框中可以修改元器件属性等。

例如，左键双击图 2—2—15 中的元器件 X1，可设置晶振频率为 12 MHz，如图 2—2—17 所示（晶振频率默认不显示，若需显示频率，可选择 Hide Name）。又如，左键双击图 2—2—15 中的电容 C1 和 C2，可设置电容值为 22 pF，如图 2—2—18 所示。

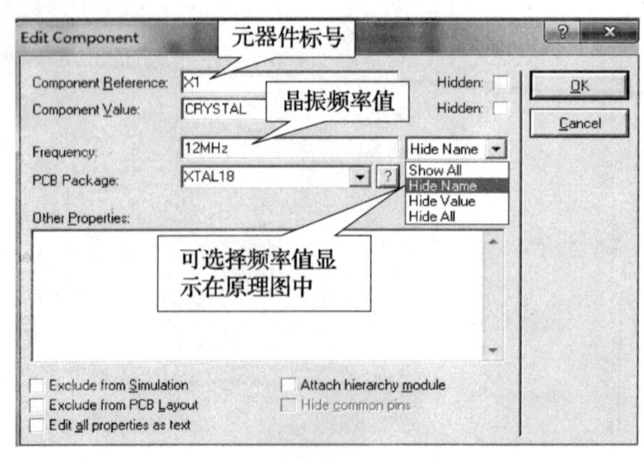

图 2—2—17　晶振属性设置对话框

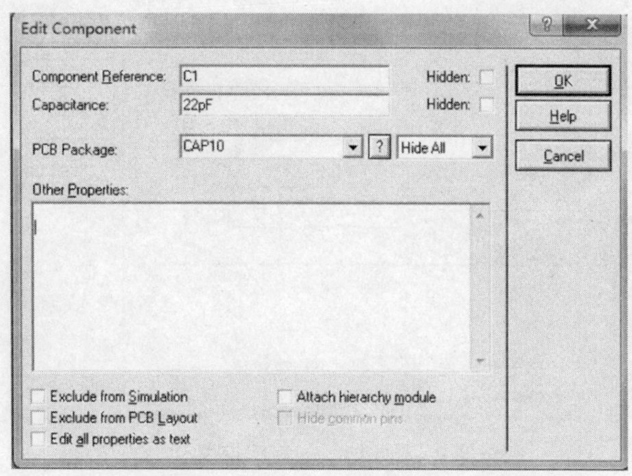

图 2—2—18　电容属性设置对话框

6. 连线、绘制电路图

Proteus ISIS 具有自动连线功能，只需要选择一个连接的起始端和末端，它就会自动寻找合适路径进行连接。具体操作为：将鼠标放置在元器件一端，当出现红色小方框时，单击左键自动出现导线，然后将导线连接到其他元器件的一端，再次单击左键，完成电路连接。如图 2—2—19 所示为完成线路连接后的电路原理图。

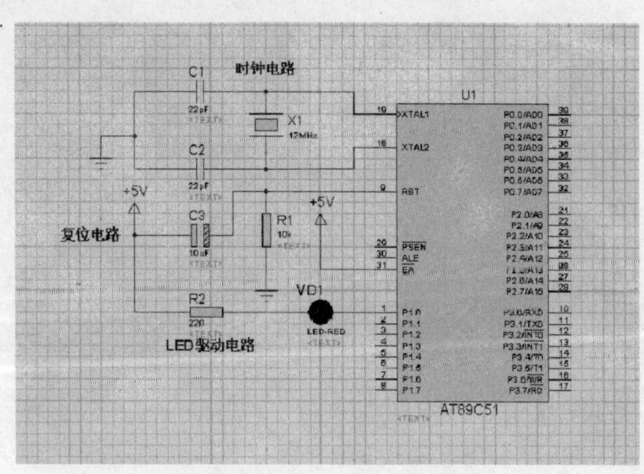

图 2—2—19　电路原理图

7. 加载程序

保存设计文件后，双击 Proteus 仿真电路图中的 AT89C51 单片机（U1），在 AT89C51 单片机的属性设置对话框中的“Program File”栏，添加 Keil 软件生成的 . hex 或 . omf 文件，如图 2—2—20 所示。

8. 运行仿真，观察结果

单击仿真工具栏中的 ▶ 按钮，观察实验的仿真结果，如图 2—2—21 所示。

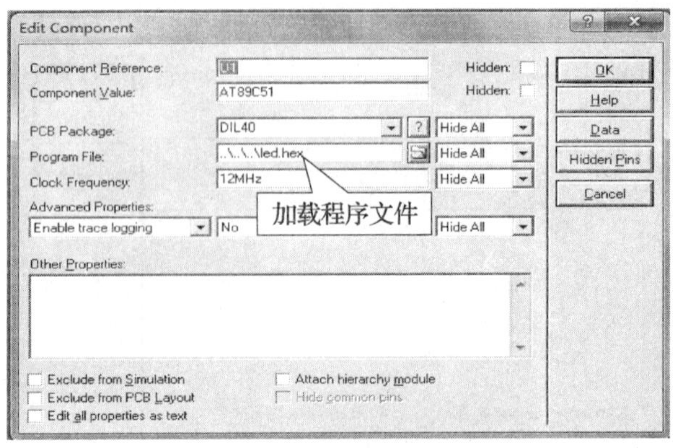

图 2—2—20　加载程序文件

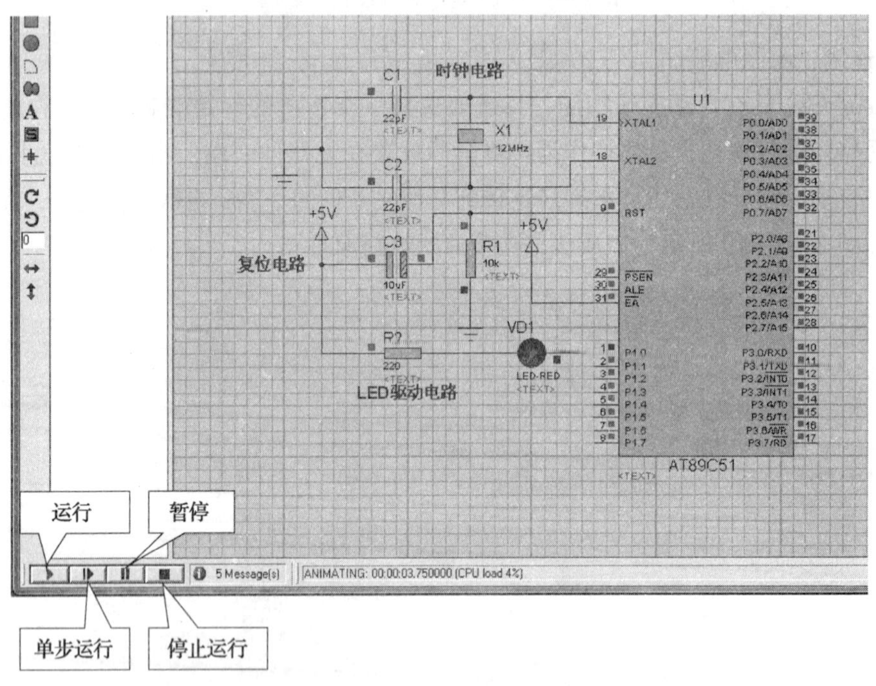

图 2—2—21　实验仿真结果

从仿真运行结果可以观察到：元器件的两边有两个小点，它表示元器件两边电平的变化，红色表示高电平，蓝色表示低电平，灰色表示未接入信号或高阻态。由于 AT89C51 单片机的 P1、P2、P3 口内部含有上拉电阻，复位后默认输出高电平，故引脚处显示红色；P0 口开漏输出，故显示灰色表示高阻态。

职业能力培养

Proteus 仿真软件是目前最好的单片机及外围器件的仿真软件，其功能非常强大，本任务仅对其在单片机电路仿真中的应用做了简单介绍。试在指导教师的帮助下，查阅相关书籍或通过互联网检索，进一步熟悉和掌握 Proteus 仿真软件的应用和其他功能。

任务实施

1. 启动 Proteus 7.10 程序，新建设计文件并保存。

2. 在 Proteus 仿真软件的原理图编辑窗口中，绘制点亮一只发光二极管的仿真电路原理图，可选用任一端口引脚接发光二极管。

（1）按照表 2—2—2 所列清单放置电路中所需的元器件。

表 2—2—2　　点亮一只发光二极管电路的元器件清单

元器件	关键字	参数描述
单片机 U1	AT89C51	—
电阻 R1	resistors	10 kΩ，1/4 W
电阻 R2	resistors	220 Ω，1/4 W
发光二极管 VD1	Led - red（红色）	—
电容 C1、C2	capacitors	22 pF
电解电容 C3	capacitors	10 μF，16 V
晶振 X1	crystal	12 MHz

（2）放置电源、地等，并进行连线，完成仿真电路原理图的绘制。

注意　元器件之间不能用引脚直接搭接，一定要用导线进行电气连接。

3. 左键双击 Proteus 仿真电路原理图中的 AT89C51 单片机（U1），在 AT89C51 单片机的属性设置对话框中的“Program File”栏，添加 Keil 软件生成的 . hex 文件。

4. 运用直接运行、单步运行两种方式分别观察发光二极管仿真运行结果并记录仿真步骤。

任务评价

根据任务考核评分表（见表 2—2—3）进行任务评价。

表 2—2—3　　任务考核评分表

评价项目	评价标准	配分（分）	自我评价	小组评价	教师评价
职业素养	安全意识、责任意识、服从意识强	5			
	积极参加教学活动，按时完成各项学习任务	5			
	团队合作意识强，善于与人交流和沟通	5			
	自觉遵守劳动纪律，尊敬师长，团结同学	5			
	爱护公物，节约材料，工作环境整洁	5			
专业能力	Proteus 仿真软件安装不正确，扣 10 分	10			
	电路原理图绘制不正确，每处扣 5 分	35			
	源程序加载不正确，扣 10 分	10			
	仿真运行结果不符合要求，每修改一次扣 10 分	20			
合计		100			
总评	自我评价 ×20% + 小组评价 ×20% + 教师评价 ×60% =	综合等级	教师（签名）：		

注：学习任务考核采用自我评价、小组评价和教师评价三种方式，考核分为 A（90～100）、B（80～89）、C（70～79）、D（60～69）、E（0～59）五个等级。

任务 3　在线编程 ISP 软件的应用

学习目标

1. 熟悉单片机开发板的使用方法。
2. 掌握单片机在线编程软件的使用方法。
3. 能使用单片机在线编程软件下载运行单片机程序。

任务引入

对于单片机初学者而言，用 Proteus 仿真软件学习单片机是一种行之有效的方法，但软件是虚拟的运行环境，实时性不好，有一些涉及实际硬件的仿真效果不明显，而单片机开发板可以解决软件仿真的缺陷。本任务将通过用 STC 单片机开发板在线编程仿真点亮一只发光二极管，来学习单片机开发板和在线编程软件的使用方法。

相关知识

一、STC 单片机开发板

单片机开发板是帮助初学者快速学习单片机的工具。如图 2—3—1 所示是一款 STC51 单片机通用多功能开发板，其集 STC 编程、实验、开发于一体。该开发板将单片机常用的外围元器件，如流水灯、数码管、矩阵键盘、蜂鸣器等部件集成在一小块电路板上，具有 ISP 在线编程功能，而且自带编程烧录功能。单片机开发板采用了特别的设计，每个 I/O 口都可以独立地断开后再重新连接到其他硬件资源上，还特别设计了 20P 的万能插座，可以通过导线连接晶振信号（很多片内已有 RC 振荡器），对常用的 STC89C51、STC89C52、STC12C1052、STC12C2052 等 STC 系列单片机进行编程。

图 2—3—1　STC51 单片机通用多功能开发板

二、ISP 在线编程入门

在系统编程（In System Programming，ISP）技术是指开发板上的单片机可以在需要时随时编程写入用户最终的二进制代码，不用将单片机取下用下载器烧录，已经编程的器件也可以用 ISP 方式擦除或再编程的技术。ISP 在线编程方式的优点是不用频繁地插拔芯片，下载速度快。ISP 在线编程只能提供给具有 ISP 功能的芯片。

使用计算机利用 ISP 软件下载可执行的机器代码到单片机的一般步骤如下：

1．用 Keil 软件编写源程序。

2．编译源程序，若有语法错误，重复步骤 1、2。

3．连接好串口下载线，如果使用的计算机没有串口，则需要安装 USB－串口驱动程序（如果是直接采用九针串口线下载，则跳过这一步）。

（1）先不要插 USB－串口线到计算机的 USB 端口上。

（2）运行 USB 转串口驱动程序 CH340SER. EXE ，单击安装，然后等待，直至出现安装驱动成功信息框。

（3）将单片机开发板的串口与计算机的 USB 端口连接。

（4）查看 USB 端口的虚拟串口号，具体方法为：打开计算机的设备管理器，单击端口，查看 USB 端口的虚拟串口号，并记住此串口号。

4．在线下载用户程序

运行已安装的 ISP 在线编程软件，按照界面提示完成操作。

（1）选择单片机型号，注意必须与所使用单片机的型号一致。

（2）打开要烧录到单片机中的程序文件，即经过编译而生成的机器代码文件，扩展名为“. hex”。

（3）选择串口。对于没有串口的计算机，该串口是指安装 USB 转串口驱动程序后，查看到的 USB 端口的虚拟串口。

（4）设置功能选项。一般情况下，按缺省设置使用，即不做选择。

（5）单击“Download/下载”按钮后，再给单片机上电。当程序下载完毕后，单片机自动运行用户程序。

三、使用 ISP 软件在线调试 STC 单片机

1．将数据线的九针串口接头接到单片机开发板上的九针接口，另一接头接计算机的串口。若计算机没有串口，则用 USB－串口线接计算机的 USB 端口。九针串口接头及 USB－串口线如图 2—3—2 所示。

图 2—3—2　九针串口接头及 USB－串口线

2. 如用 USB - 串口线连接单片机开发板，则需执行这一步。

（1）右键单击“我的电脑”→“设备管理器”进入“设备管理器”窗口，如图 2—3—3 所示。

（2）打开端口项，找到连接的虚拟串口号，如图 2—3—4 所示，通常连接的虚拟串口号是 COM3。

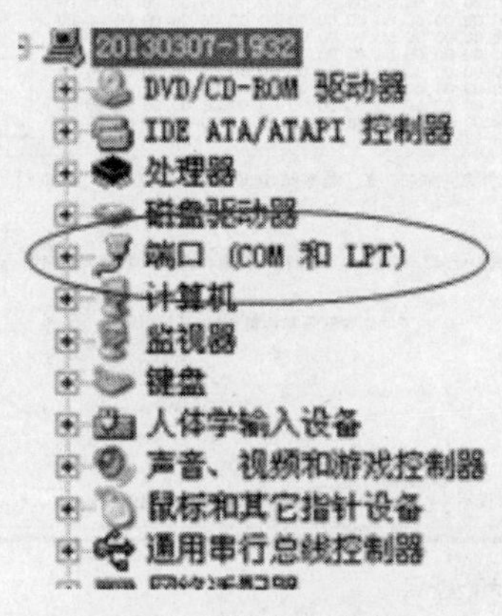

图 2—3—3　“设备管理器”窗口

图 2—3—4　虚拟串口号

3. 关闭单片机开发板上的电源。在桌面或者安装程序文件夹中找到并运行如图 2—3—5 所示的安装程序 STC_ISP_V483. exe，打开的界面如图 2—3—6 所示。

图 2—3—5　安装程序 STC_ISP_V483. exe

4. 选择单片机型号，如图 2—3—7 所示。

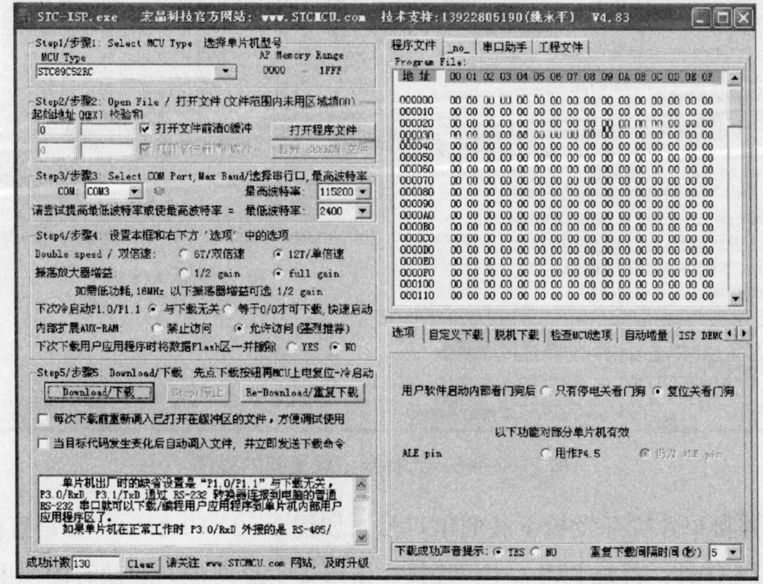

图 2—3—6　STC - ISP 程序下载界面

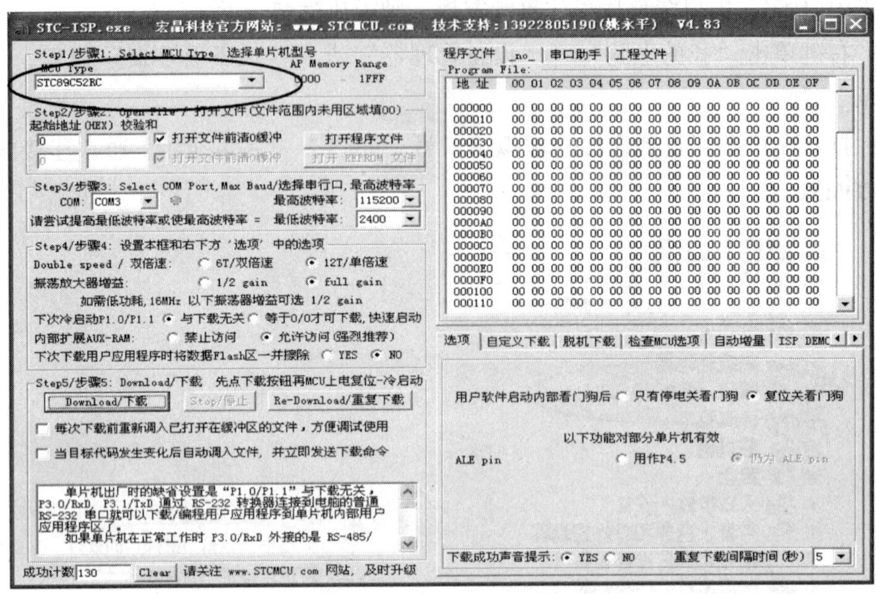

图 2—3—7 选择单片机型号

5. 选择要下载更新的程序（×××.hex 文件），如图 2—3—8 所示。

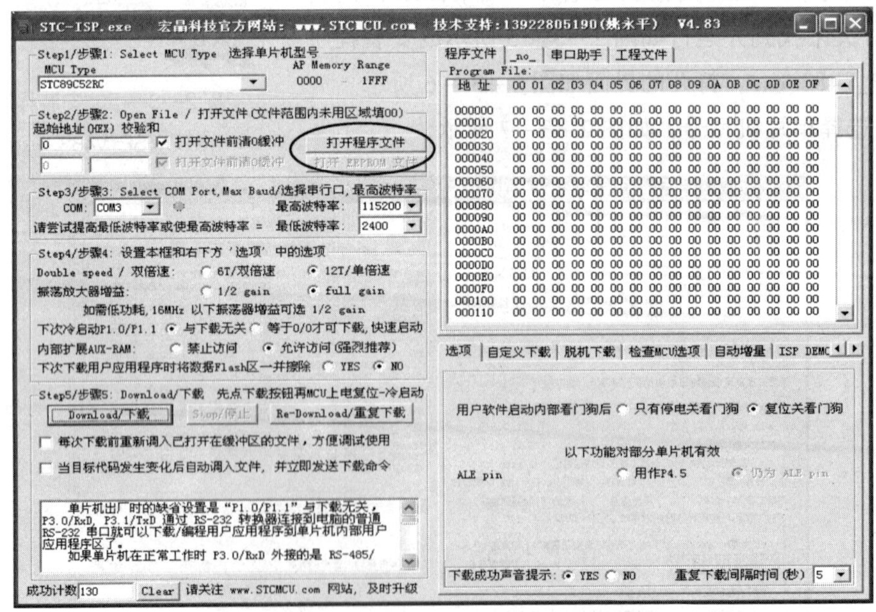

图 2—3—8 选择要下载更新的程序

6. 选择连接单片机开发板下载的串口号，如图 2—3—9 所示。若是直接串口连接，通常选择串口 COM1；若是 USB－串口连接，由第 2 步查询得到连接的虚拟串口号，通常虚拟串口号是 COM3。

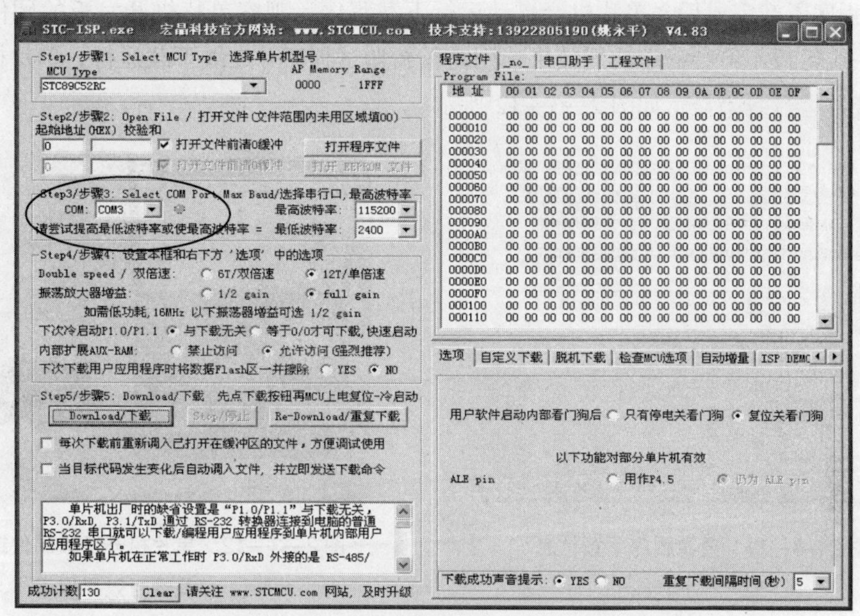

图 2—3—9　选择连接单片机开发板下载的串口号

7. STC - ISP 软件下载程序的工作方式是冷启动下载方式，下载前要确认已关掉单片机开发板电源，然后单击“Download/下载”按钮，如图 2—3—10 所示。当 STC - ISP 软件给出提示信息“请给 MCU 上电…”时，再打开单片机开发板电源开关给单片机上电。

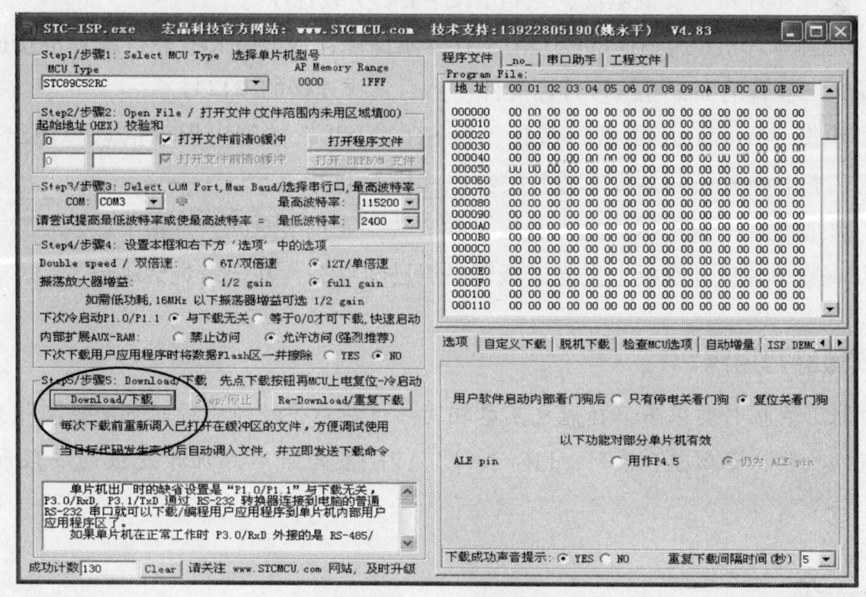

图 2—3—10　程序下载

8. 查看下载提示信息确认是否下载成功，如图 2—3—11 所示。

9. 程序下载完成后，单片机会自动运行下载程序，观察单片机开发板的硬件执行效果，若在线运行不符合程序功能效果，则需重新调试程序并在线下载运行。单片机开发板硬件连接及运行效果显示如图 2—3—12 所示。

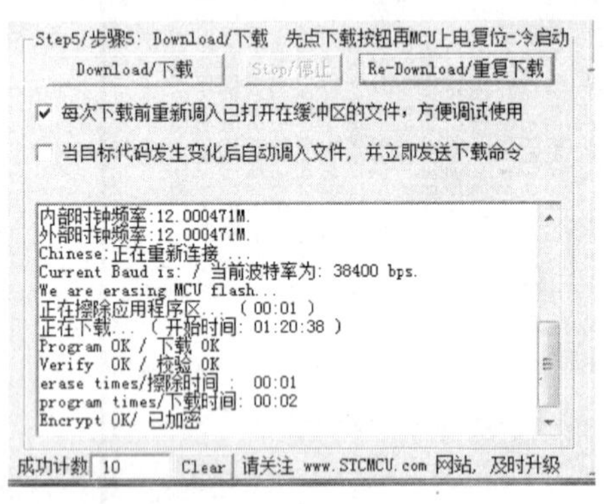

图 2—3—11　查看程序下载信息

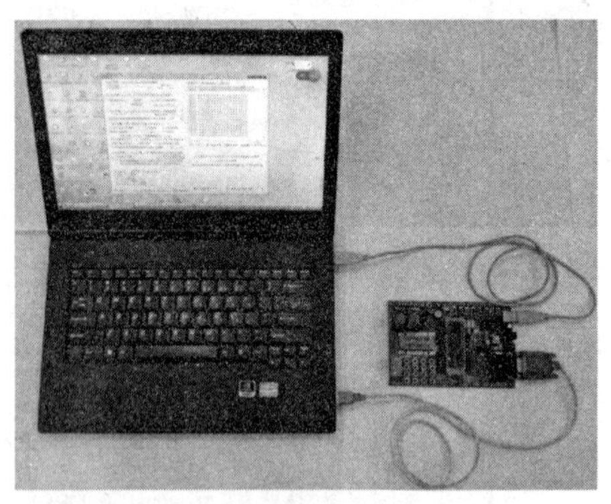
图 2—3—12　单片机开发板硬件连接及运行效果显示

任务实施

1. 将计算机通过串口或 USB 端口连接到 STC51 单片机开发板。

2. 进行 STC51 单片机开发板在线仿真运行实验。

（1）关闭单片机开发板电源，运行 STC - ISP 下载程序。

（2）选择单片机型号 STC89C51RC，打开本课题任务 1 中 Keil 软件编译链接成功的点亮一只发光二极管的 hex 可执行目标文件，然后选择连接的串口号。

（3）单击“Download/下载”按钮，当 STC - ISP 软件给出提示信息“请给 MCU 上电…”时，打开单片机开发板电源开关给单片机上电。

（4）注意观察下载提示信息，若未下载成功，需找出原因，重新下载。

（5）观察单片机开发板上发光二极管是否已经点亮，并记录观察结果。

职业能力培养

单片机开发板种类很多，功能也不尽相同。试在指导教师的帮助下，查阅相关书籍或通过互联网检索，了解 AT 系列、PIC 系列、AVR 系列等单片机开发板的安装和使用方法。

任务评价

根据任务考核评分表（见表 2—3—1）进行任务评价。

表 2—3—1　　任务考核评分表

评价项目	评价标准	配分（分）	自我评价	小组评价	教师评价
职业素养	安全意识、责任意识、服从意识强	5			
	积极参加教学活动，按时完成各项学习任务	5			
	团队合作意识强，善于与人交流和沟通	5			
	自觉遵守劳动纪律，尊敬师长，团结同学	5			
	爱护公物，节约材料，工作环境整洁	5			
专业能力	串口下载线连接错误，扣 10 分	10			
	在线下载用户程序步骤不正确，每步扣 10 分	50			
	在线下载成功，运行显示效果不正确，扣 15 分	15			
合计		100			
总评	自我评价×20%＋小组评价×20%＋教师评价×60%＝	综合等级	教师（签名）：		

注：学习任务考核采用自我评价、小组评价和教师评价三种方式，考核分为 A（90～100）、B（80～89）、C（70～79）、D（60～69）、E（0～59）五个等级。

STC 单片机 ISP 烧录器制作

单片机程序编写完成后，需要将程序下载到单片机上运行，检验编写的程序是否达到预期的效果。STC 单片机利用 UART 串口即可实现程序的下载。

1．STC 单片机 ISP 烧录器原理图如图 2—3—13 所示。

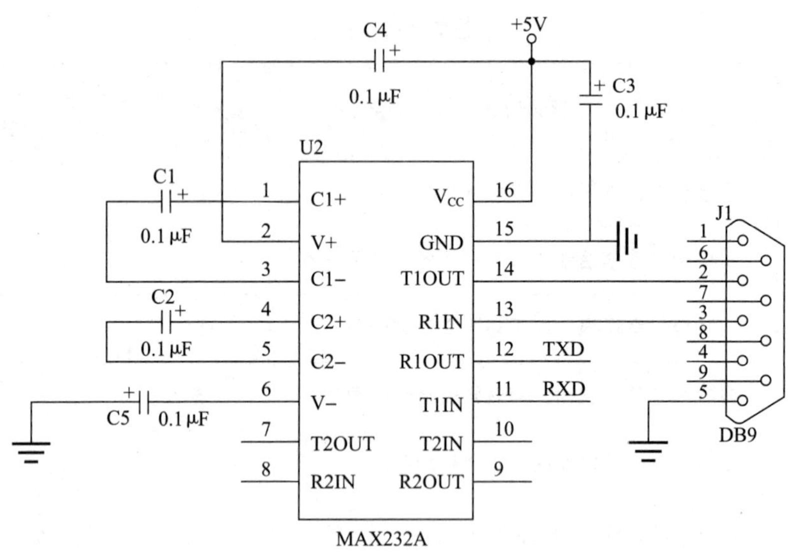

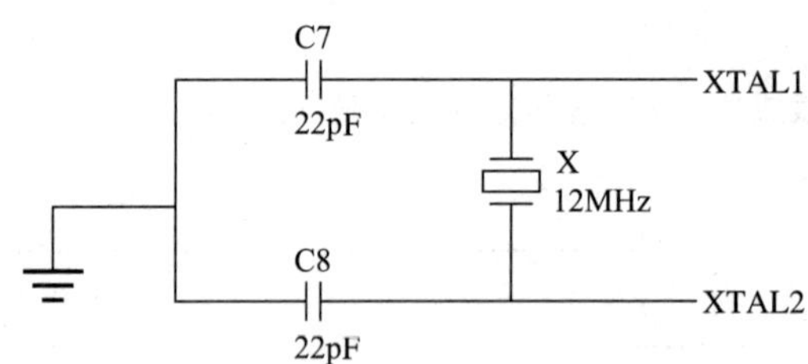

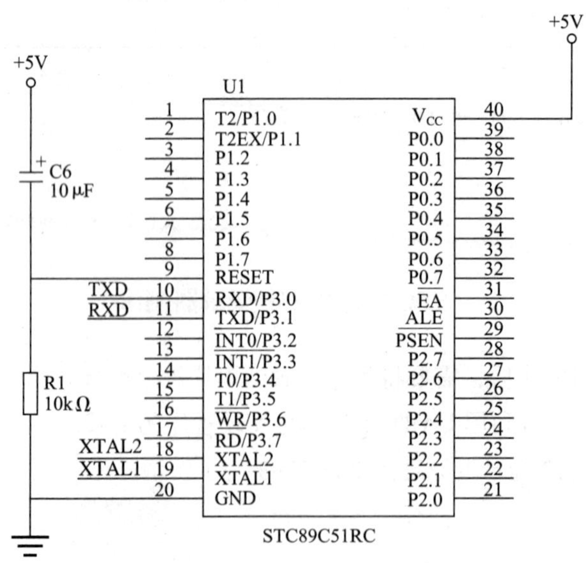

图 2—3—13　STC 单片机 ISP 烧录器原理图

2. 制作 STC 单片机 ISP 烧录器所需元器件清单见表 2—3—2。

表 2—3—2　　制作 STC 单片机 ISP 烧录器所需元器件清单

序号	元器件名称	型号	数量
1	9P 串口接口	母头	1
2	40P 锁紧座		1
3	单片机	STC89C51RC	1
4	16P 插座		1
5	MAX232A		1
6	瓷片电容	22 pF	2
7	电解电容	10 μF，16 V	1
8	电解电容	0.1 μF，16 V	5
9	晶振	12 MHz	1
10	电阻	10 kΩ，1/4 W	1

3. 制作好的单片机烧录器实物如图 2—3—14 所示。

图 2—3—14　单片机烧录器实物

思考与练习

1. 简述用 Keil 软件进行汇编程序编辑、编译及程序下载到单片机的步骤。
2. 简述用 Proteus 软件进行仿真的基本步骤。
3. 简述单片机在线编程软件的使用方法。

课题三　彩 灯 显 示

在日常生活中经常会看到节日里的彩灯、广告霓虹灯、信号指示灯等各种灯光控制，如图3—0—1所示的交通信号灯、汽车灯、圣诞树彩灯等。从控制角度来看，彩灯控制只有点亮和熄灭两种状态，可以用高电平和低电平两个值反映彩灯的控制状态，因此可用数字电路来实现，但这种控制方式复杂且不易改变控制花样，维修也很不方便。而采用单片机控制的彩灯，编程简单，成本低，控制方式灵活，维修方便。

a)

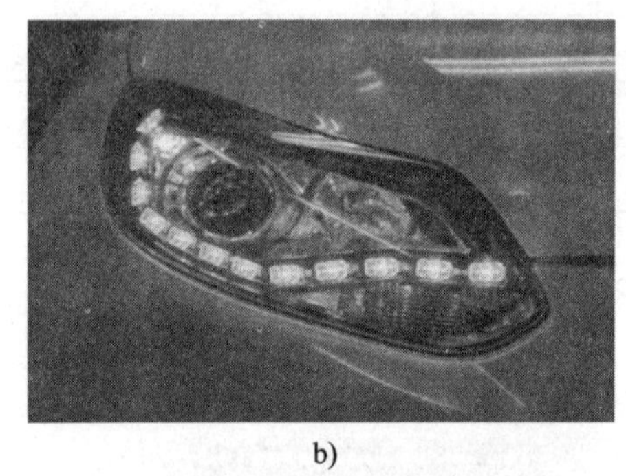
b)

c)

图3—0—1　发光二极管应用

a）交通信号灯　b）汽车灯　c）圣诞树彩灯

知识目标

➢ 理解单片机机器周期及时序的概念。
➢ 掌握单片机并行I/O口的电路结构及应用。
➢ 掌握汇编语言的编程基础知识。
➢ 掌握汇编语言常用指令的功能及用法。
➢ 掌握程序设计基本结构。

技能目标

➢ 能编写延时子程序。
➢ 能设计单片机I/O口控制彩灯显示应用电路。
➢ 能编写彩灯的各种显示应用程序。

任务1　LED 指示灯闪烁显示

学习目标

1. 理解单片机机器周期及时序的概念。
2. 掌握汇编语言的指令格式及指令中的常用符号。
3. 熟悉汇编语言的伪指令和寻址方式。
4. 掌握汇编语言的数据传送、控制转移、位操作指令的功能及用法。
5. 掌握汇编语言子程序的调用方法。
6. 掌握程序设计的基本结构。
7. 掌握单片机并行 I/O 口的电路结构及应用。
8. 能编写发光二极管闪烁显示程序。

任务引入

单片机 I/O 管脚是控制外设或与外设交换信息的通道。对发光二极管的输出控制是单片机入门的基本控制项目。本任务利用单片机控制设备运行 LED 指示灯，0.3 s 闪烁显示表示设备运行正常，如图 3—1—1 所示。

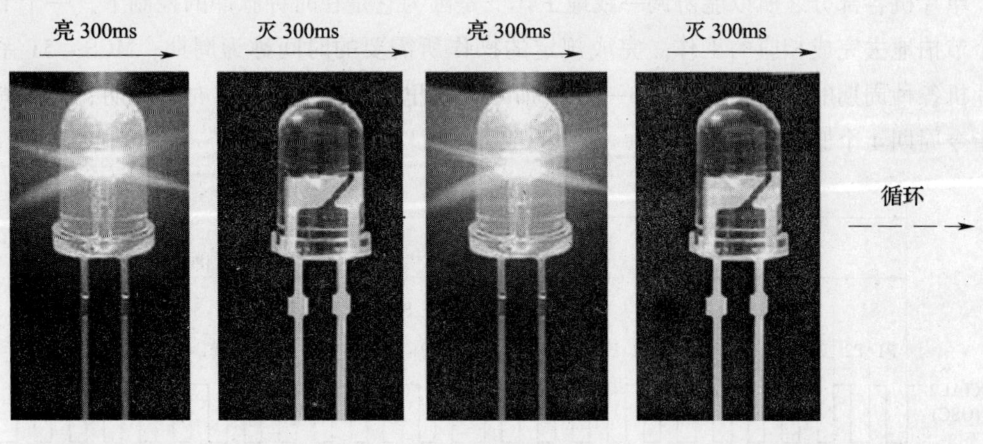

图 3—1—1　设备运行 LED 指示灯

本任务可用单片机 P0 端口的 1 个引脚外接一只 LED 灯实现设备运行指示灯电路设计，编程控制单片机引脚输出高、低电平实现指示灯亮、灭，而要想让 LED 灯闪烁起来，其实也就是亮和灭在一段连续时间上交替出现。所以，实现方法就是使 P0 口的 1 个引脚每隔一段时间轮流出现高、低电平，如图 3—1—2 所示。因为单片机的程序执行速度很快，如果是在很短的时间内改变 P0.4 引脚的状态，人眼是看不出来的，所以中间必须有一个合适的延迟时间。单片机系统的外接晶振频率可选用 12 MHz，单片机以此作为时间基准信号，在单片机的 P0 端口输出高、低电平变化，时间间隔为 300 ms。为完成此任务，需要学习单片机机器周期、汇编程序设计、数据传送指令、控制转移指令、位操作指令以及延时子程序的编写等汇编语言基础知识。

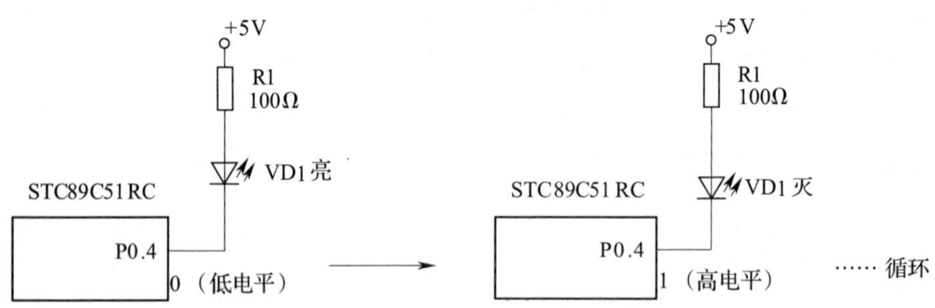

图 3—1—2　单片机控制发光二极管闪烁

相关知识

一、单片机内部的时间单位及时序

1. 单片机内部的时间单位

单片机各部分之所以能协调一致地工作，是因为它是在时钟脉冲的控制下，一个节拍一个节拍地去完成相应的工作。完成规定的操作所需要的时间称为周期，MCS－51 系列单片机各种周期的相互关系如图 3—1—3 所示，这里涉及振荡周期、时钟周期、机器周期和指令周期 4 个概念。

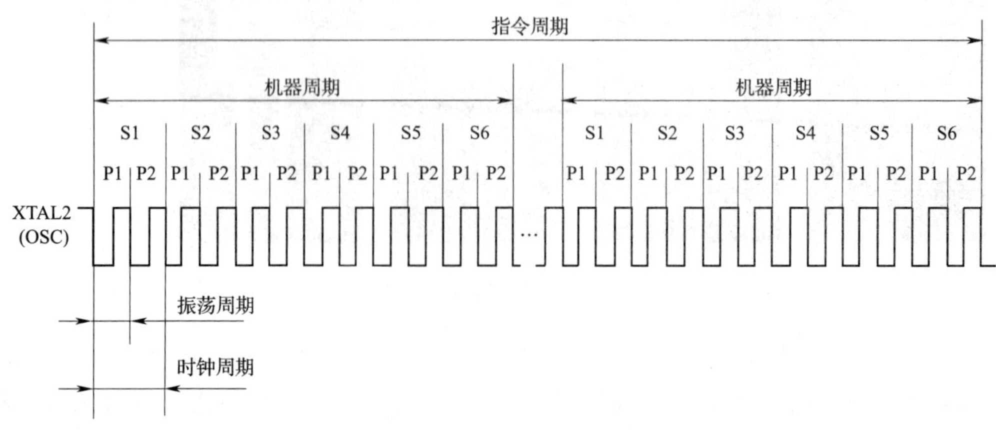

图 3—1—3　MCS－51 系列单片机各种周期的相互关系

（1）振荡周期

振荡周期是指为单片机提供定时信号的振荡源的周期。若为内部产生方式，则为石英晶体的振荡周期。常用单片机外接石英晶体有 6 MHz、11.059 2 MHz、12 MHz 和 24 MHz 等规格。

（2）时钟周期

时钟周期也称为状态周期，用 S 表示。时钟周期是计算机中最基本的时间单位，在一个时钟周期内，CPU 完成一个最基本的动作。MCS－51 系列单片机中一个时钟周期为振荡周期的 2 倍。

（3）机器周期

单片机每访问一次存储器的时间称为一个机器周期，它是一个时间基准，就像日常生活中使用的秒一样。MCS－51 系列单片机中一个机器周期含有 6 个时钟周期，包含 12 个振荡周期。

（4）指令周期

单片机完成一条指令所需要的时间称为指令周期。MCS－51 系列单片机的指令周期含有 1～4 个机器周期不等，其中多数为单周期的，此外还有 2 周期和 4 周期的。

2. 单片机内部指令执行的时序

单片机执行各种操作时，CPU 都是严格按照规定的时间顺序完成相关的工作，这种时间上的先后顺序称为时序。如图 3—1—4 所示为单字节和双字节指令的执行时序。

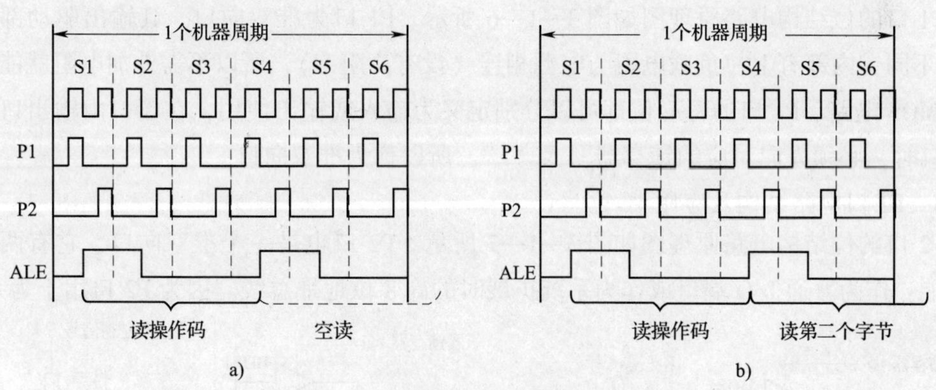

图 3—1—4　单片机指令执行时序图

a）单字节指令执行时序　b）双字节指令执行时序

二、单片机并行 I/O 口的电路结构及应用

MCS－51 系列单片机有 4 个 8 位的并行 I/O 口，即 P0～P3，每个 I/O 口主要由 4 部分构成：端口锁存器、输入缓冲器、输出驱动器和端口引脚。它们都是双向通道，每一条I/O 线都能独立地用作输入或输出线。作为输入时数据可以缓冲，作为输出时数据可以锁存。

1. P0 口电路结构及应用

P0 口的位结构电路原理图如图 3—1—5 所示。P0 口的字节地址为 80H。P0 口是一个 8 位双向 I/O 口，既可作为地址/数据总线口用，也可作为普通 I/O 口用。所以在 P0 口的电路中有一个多路转换开关 MUX。在内部控制信号的作用下，多路转换开关 MUX 可以分别接通锁存器输出和地址/数据总线。

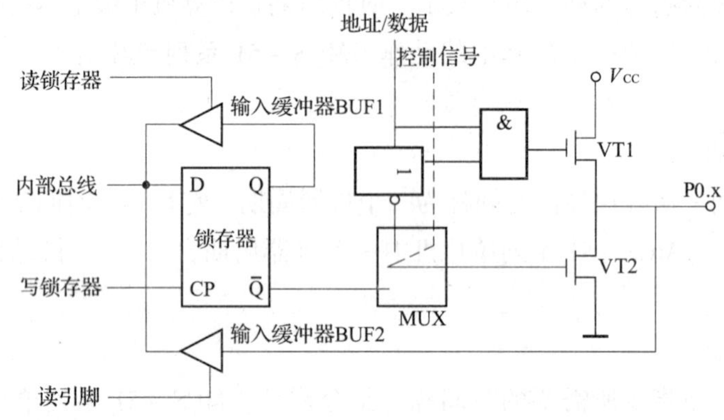

图 3—1—5　P0 口的位结构电路原理图

P0 口作为双向 I/O 口时，由于 P0 口没有上拉电阻，通常要在外部加一个上拉电阻来提高驱动能力。

2. P1 口电路结构及应用

P1 口的位结构电路原理图如图 3—1—6 所示。P1 口为准双向口，其输出驱动部分与 P0 口不同，内部有上拉负载电阻与电源相连（没有高阻态），所以不需外加电阻就能直接驱动 MOS 电路。P1 口的每一位都可以分别定义为输入或输出使用，在端口由输出口转为输入口时，必须先向对应的锁存器写入“1”，所以称为准双向口。

3. P2 口电路结构及应用

P2 口的位结构电路原理图如图 3—1—7 所示。P2 口也是一个准双向口，它有两种使用功能：作为普通 I/O 端口或作为系统扩展时的高 8 位地址总线。因为 P2 口用于为系统

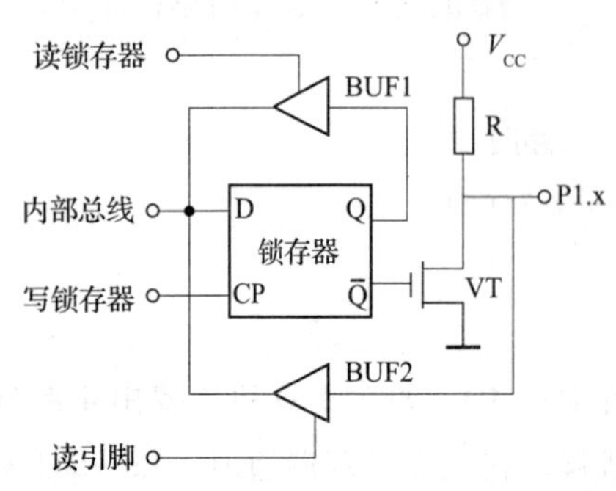

图 3—1—6　P1 口的位结构电路原理图

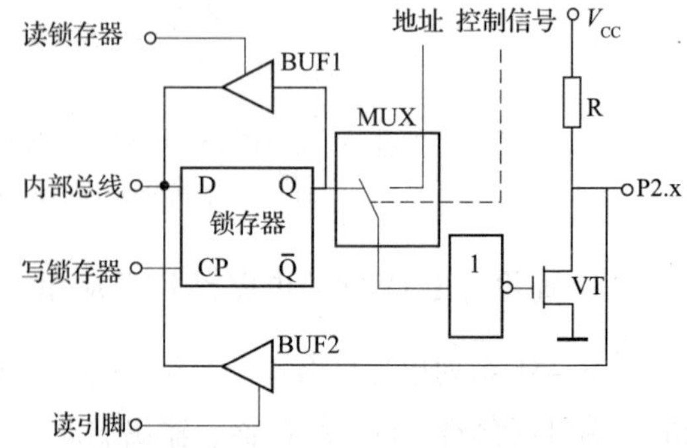

图 3—1—7　P2 口的位结构电路原理图

提供高位地址，因此同 P0 口一样，在电路中有一个 MUX。但 MUX 的 1 个输入端不再是地址/数据，而是单一的地址，这是因为 P2 口只作为地址总线使用。

注意：一旦单片机进行了外部系统扩展，由于对片外地址的操作是连续不断的，此时 P0 口和 P2 口就不能再用作 I/O 端口。

4. P3 口电路结构及应用

P3 口也是一个双功能口，第一功能与 P1 口一样可用作通用 I/O 口，此时和 P1 口相同也是一个准双向 I/O 口。另外，由于 MCS－51 系列单片机的引脚数目有限，因此在 P3 口电路中增加了引脚的第二功能，如图 3—1—8 所示。

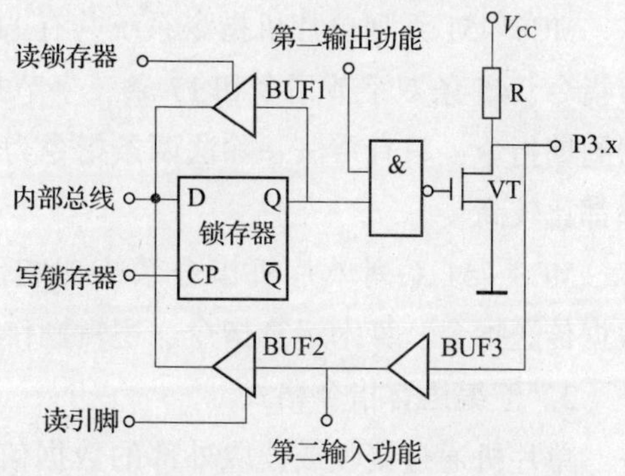

图 3—1—8　P3 口的位结构电路原理图

【例 3—1—1】I/O 口输出驱动继电器接线方法如图 3—1—9 所示，P0 口输出要加上拉电阻，P1、P2、P3 口输出不用外接上拉电阻，三极管用于增加驱动电流。

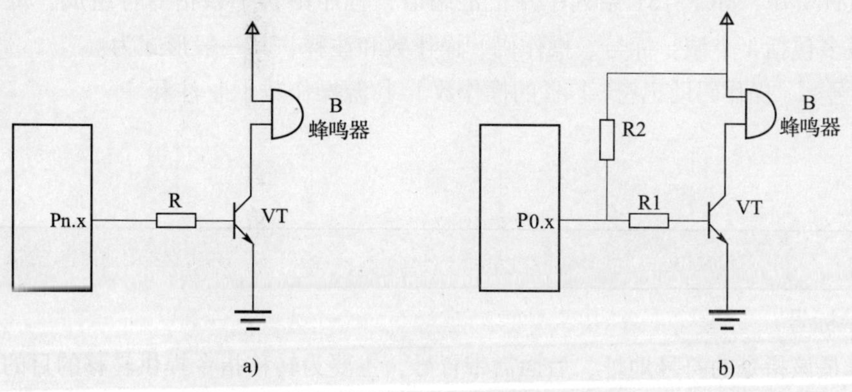

图 3—1—9　I/O 口输出驱动继电器接线方法

a）P1～P3 口驱动继电器　b）P0 口驱动继电器

三、汇编语言程序设计入门

1. 汇编语言指令概况

指令是使计算机完成基本操作的命令，通常一条指令对应一种基本操作，例如加、减、传送、移位等。一种计算机能够执行的全部指令的集合，称为这种计算机的指令系统。计算机之所以能脱离人为干预，自动地进行操作，是由于人们把解决问题的步骤、方法等一步步操作用指令编成了程序，事先送进了计算机，在执行时，计算机再把指令一条条取出，并加以译码变成相应的控制信号，去控制计算机一步步进行操作。

CPU 能直接识别和执行的指令是用二进制代码表示的，这种代码所构成的语言称为机器语言。机器语言不必经过翻译，执行速度快、效率高。但是用机器语言编写的程序不易记忆，不易阅读，不易查找和修改。为克服其缺点，人们发明了符号语言，称为汇编语言，它是一种面向机器的程序设计语言。它用一些助记符、符号、数字等来表示指令程序，此程序称为汇编语言程序，程序中的每条指令都有明显的特征，容易记忆和理解，程序编写比较方便。但计算机在执行时，首先应把它翻译成机器语言，CPU 才能执行。

MCS－51 系列单片机指令系统共有 111 条指令，42 种指令助记符，其中有 49 条单字节指令、45 条双字节指令和 17 条三字节指令；有 64 条为单机器周期指令，45 条为双机器周期指令，只有乘法、除法两条指令为四机器周期指令。在存储空间和运算速度上，效率都比较高。

MCS－51 系列单片机指令系统功能强、指令短、执行快。从功能上可分成五大类：数据传送指令、算术运算指令、逻辑操作指令、控制转移指令和位操作指令。

2. 汇编语言指令格式

单片机通过接收或读取外部的数据信息，经过内部 CPU 处理，来控制或反馈给外部设备，实现各种功能，而这些操作的完成是通过单片机执行指令来实现的。指令系统是单片机的软件资源，MCS－51 系列单片机汇编语言程序由若干条指令行组成，每条汇编语言语句最多包括 4 个域：标号、操作码、操作数和注释，其一般形式为：

［标号:］ 操作码助记符 ［目的操作数］［源操作数］;［注释］

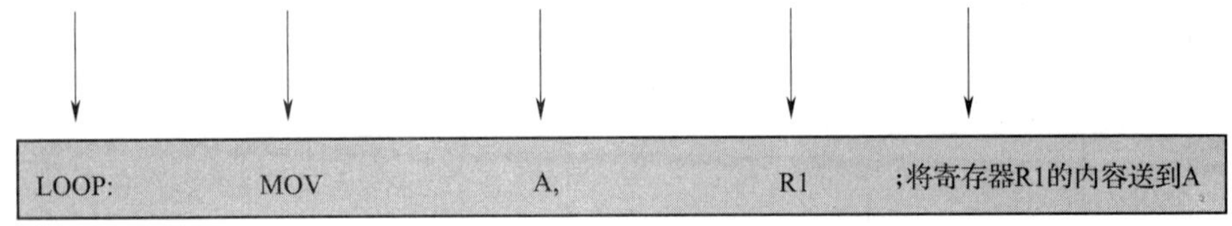

（1）标号

标号是该指令的符号地址，后面需带冒号，主要为转移指令提供转移的目的地址。对标号有如下规定：

1）一般由 1～8 个 ASCII 字符组成，以字母开头，其余字符可以是字母、数字和其他特定字符。

2）不能使用助记符、伪指令或者寄存器的符号名称作为标号。

3）与操作码之间用冒号分开，带方括号表示为可选项。

4）一个标号只能在程序中出现一次，不能重复出现。

（2）操作码

操作码是由助记符表示的字符串，它规定了指令要完成的具体操作。操作码助记符表明指令的功能。不同的指令有不同的指令助记符，一般用说明其功能的英文单词的缩写形式表示。

（3）操作数

操作数是指令操作的对象，用于给指令的操作提供数据、数据的地址或指令的地址，操作数往往用相应的寻址方式指明。MCS-51 系列单片机指令系统的指令按操作数的多少可分为无操作数、单操作数、双操作数和三操作数 4 种情况。

(4) 注释

注释是对指令功能的说明，以便于阅读，符号“；”后面的内容为注释。它们是编程者根据需要加上去的，用于对指令进行说明，对于指令本身功能而言是可以不要的。

汇编指令及其注释中常用的符号见表 3—1—1。

表 3—1—1 汇编指令及其注释中常用的符号

常用符号	说明
Rn	选中当前工作寄存器区中的寄存器 R0～R7 之一
@ Ri	选中当前工作寄存器组中的寄存器 R0 或 R1，@ 为间接寻址前缀符号
direct	直接地址，一个内部 RAM 单元地址或 SFR 地址
#data	8 位常数，也称立即数。#为立即数前缀符号
#data16	16 位立即数
addr11	11 位目的地址
addr16	16 位目的地址
rel	8 位地址偏移量，值在 -128 ~ +127 范围内
bit	片内 RAM 或 SFR 中的可直接寻址位（可用符号或名称表示）
/	位操作前缀，表示该位内容求反
(×)	表示以×为地址的单元中的内容
((×))	表示以（×）为地址的单元中的内容
$	当前指令存放的地址

3. 伪指令

伪指令是对汇编过程进行某种控制的特殊指令，其格式与通常的操作指令一样，并可加在汇编程序的任何地方，但它们并不是真正的指令，也不产生相应的机器码，它们只是在计算机将汇编语言转换为机器码时，指导汇编过程，告诉汇编程序如何汇编。下面介绍 MCS-51 系列单片机汇编语言程序常用的伪指令。

(1) ORG 汇编起始地址指令

指令格式为：ORG 16 位地址或标号

功能：指定此指令后面的程序或数据块存放的起始地址。

一般在一个汇编语言源程序的开始，都用一条 ORG 伪指令来规定程序存放的起始位置，故称为汇编起始地址指令。但是在一个源程序中，可以多次使用 ORG 指令，以规定不同程序段的起始位置，不同的程序段之间不能有重叠。一个源程序若不用 ORG 指令开始，则从 0000H 开始存放目标码。

（2）END 汇编结束指令

指令格式为：［标号：］END

功能：常用于汇编语言源程序的末尾，用来指示源程序到此全部结束。

END 指令格式中，标号段通常省略。在机器汇编时，当汇编程序检测到该语句时，它就确认汇编语言源程序已经结束，对 END 后面的指令不予汇编。因此，一个源程序只能有一个 END 语句，而且必须放在整个程序的末尾。

（3）EQU 赋值指令

指令格式为：字符名称　EQU　数据或汇编符

功能：用于给它左边的字符名称赋值。一旦字符名称被赋值，它就可以在程序中作为一个数据或地址来使用。因此，字符名称所赋的值可以是一个 8 位二进制数或地址，也可以是一个 16 位二进制数或地址。EQU 伪指令中的字符名称必须先赋值后使用，故该语句通常放在源程序的开头。

（4）DB 定义字节指令

指令格式为：［标号：］DB　字节数据表

功能：从指定的地址单元开始，在 ROM 存储器的连续单元中存放所定义的若干字节数据。字节数据表可以是字节数据、字符串或表达式，字节数据表的字节数据之间必须用逗号隔开。

【例 3—1—2】 TA：DB 45H，76H，82H，96H

设 TA 的对应地址为 2000H，则上述伪指令经汇编以后，将 2000H 开始的若干内存单元赋值：

（2000H）=45H　（2001H）=76H　（2002H）=82H　（2003H）=96H

（5）BIT 定义位地址名指令

指令格式：字符名　BIT　位地址

功能：将 BIT 之后的位地址赋给字符名。

4. 寻址方式

在指令系统中，操作数是一个重要的组成部分，用于指出运算或操作中的数据或数据存放的地址。寻址方式就是指 CPU 寻找操作数或操作数地址的方式。在 MCS－51 系列单片机指令系统中，有 7 种寻址方式，分别为立即寻址、直接寻址、寄存器寻址、寄存器间接寻址、变址寻址、位寻址和相对寻址。

（1）立即寻址

指令中操作数部分直接给出的是参加运算的操作数（指令的操作对象），不用到别处去寻找，这种数据称为立即数。在汇编指令中，以“#”号作为一个数的前缀，就表示该数为立即数。

【例 3—1—3】 MOV A，#10H；将立即数 10H 送给累加器 A，即 A←10H

注意

1）立即数均为8位二进制数，且只能作为源操作数出现在指令中，紧跟在操作码的后面。

2）立即数与操作码一起存放在程序存储器中。

（2）直接寻址

在直接寻址方式中，指令操作数部分给出的是参加运算的操作数的地址。直接寻址方式中操作数所在存储器的空间有3种：

1）内部数据存储器的128个字节单元（内部数据存储器地址00H～7FH）。

2）位地址空间。

3）特殊功能寄存器，特殊功能寄存器只能用直接寻址方式进行访问。

【例3—1—4】MOV A，40H；执行后A＝56H

41H	78H
40H	56H

【例3—1—5】MOV 40H，41H；内部RAM（41H）→（40H），（40H）＝（41H）＝78H

41H	78H
40H	78H

（3）寄存器寻址

寄存器（Rn）寻址是指操作数在寄存器中，使用时在指令中直接提供寄存器的名称。在MCS－51系列单片机系统中，这种寻址方式针对的寄存器只能是R0～R7这8个通用寄存器和部分特殊功能寄存器（如累加器A、寄存器B、数据指针DPTR等）中的数据，对于其他特殊功能寄存器中的内容的寻址方式不属于此种。

【例3—1—6】MOV A，Rn；将通用寄存器Rn中的数据送给A，即A←（Rn），

；Rn为R0～R7之一。

ADD A，R2；累加器A和寄存器R2中的数相加

（4）寄存器间接寻址

寄存器间接寻址是指指令操作数部分所指定的寄存器中存放的不是操作数本身，而是操作数所在的地址。

【例3—1—7】MOV A，@Ri；Ri为R0或R1

该指令的功能是将以工作寄存器Ri中的内容为地址的片内RAM单元的数据传送到累加器A中。指令的源操作数是寄存器间接寻址。若Ri中的内容为80H，片内RAM地址为80H的单元中的内容为20H，则执行该指令后，累加器A的内容为20H。寄存器间接寻址示意图如图3—1—10所示。

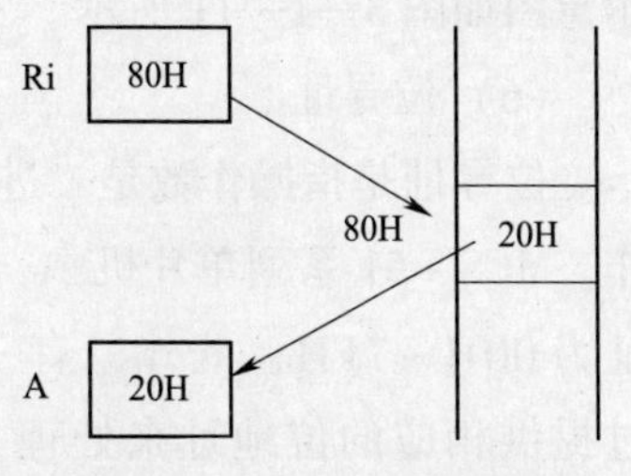

图3—1—10　寄存器间接寻址示意图

在 MCS－51 系列单片机中，寄存器间接寻址用到的寄存器只能是通用寄存器 R0、R1 和数据指针寄存器 DPTR，它能访问的数据是片内数据存储器和片外数据存储器。其中，片内数据存储器只能用 R0 和 R1 作为指针间接访问；对于片外数据存储器，低端的 256 字节单元，既可以用两位十六进制地址以 R0 或 R1 作为指针间接访问，也可以用四位十六进制地址以 DPTR 作为指针间接访问，而高端的字节单元则只能以 DPTR 作为指针间接访问。对于片内 RAM 和片外 RAM 的低端 256 字节都可以用 R0 和 R1 作为指针访问，它们之间用指令来区别：片内 RAM 访问用 MOV 指令，片外 RAM 访问用 MOVX 指令。

（5）变址寻址

变址寻址是指操作数的地址由基址寄存器的地址加上变址寄存器的地址得到，本寻址方式是专门针对程序存储器的寻址方式，寻址范围可达到 64 KB。在 MCS－51 系列单片机系统中，它是以数据指针寄存器 DPTR 或程序计数器 PC 为基址，累加器 A 为变址，两者相加得到存储单元的地址，所访问的存储器为程序存储器。

本寻址方式的指令有 3 条：

MOVC A，@ A＋DPTR

MOVC A，@ A＋PC

JMP @ A＋DPTR

如 MOVC A，@ A＋DPTR，其功能是将数据指针寄存器 DPTR 的内容和累加器 A 中的内容相加作为程序存储器的地址，从对应的单元中取出内容送到累加器 A 中。指令中，源操作数的寻址方式为变址寻址，设指令执行前数据指针寄存器 DPTR 的值为 2000 H，累加器 A 的值为 05 H，程序存储器 2005H 单元的内容为 30H，则指令执行后，累加器 A 中的内容为 30H。变址寻址示意图如图 3—1—11 所示。

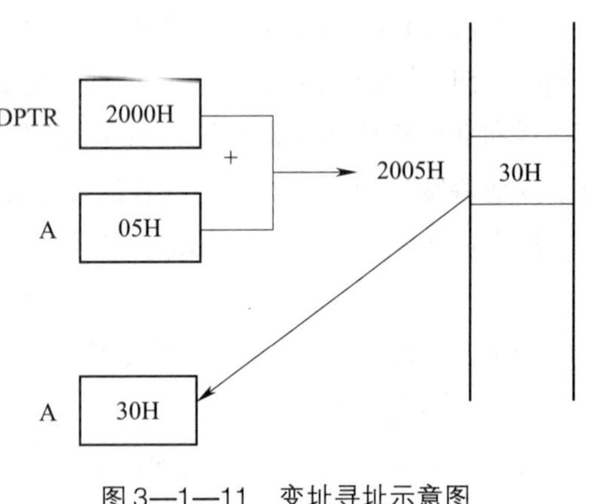

图 3—1—11　变址寻址示意图

（6）位寻址

位寻址是指操作数是二进制位的寻址方式，位寻址只能对有位地址的单元做位寻址操作。MCS－51 系列单片机中，内部 RAM 中的位寻址区为 20H～2FH，其单元对应的位地址为 00H～7FH，此外，有一些专用寄存器也可以进行位寻址。对于它们的访问是通过提供相应的位地址来处理，MCS－51 系列单片机内部 RAM 的可寻址位及位地址见表 3—1—2。

表 3—1—2　　内部 RAM 的可寻址位及位地址

字节地址	位地址							
	D7	D6	D5	D4	D3	D2	D1	D0
2FH	7FH	7EH	7DH	7CH	7BH	7AH	79H	78H
2EH	77H	76H	75H	74H	73H	72H	71H	70H
2DH	6FH	6EH	6DH	6CH	6BH	6AH	69H	68H
2CH	67H	66H	65H	64H	63H	62H	61H	60H
2BH	5FH	5EH	5DH	5CH	5BH	5AH	59H	58H
2AH	57H	56H	55H	54H	53H	52H	51H	50H
29H	4FH	4EH	4DH	4CH	4BH	4AH	49H	48H
28H	47H	46H	45H	44H	43H	42H	41H	40H
27H	3FH	3EH	3DH	3CH	3BH	3AH	39H	38H
26H	37H	36H	35H	34H	33H	32H	31H	30H
25H	2FH	2EH	2DH	2CH	2BH	2AH	29H	28H
24H	27H	26H	25H	24H	23H	22H	21H	20H
23H	1FH	1EH	1DH	1CH	1BH	1AH	19H	18H
22H	17H	16H	15H	14H	13H	12H	11H	10H
21H	0FH	0EH	0DH	0CH	0BH	0AH	09H	08H
20H	07H	06H	05H	04H	03H	02H	01H	00H

在 MCS－51 系列单片机系统中，位地址的表示可以用以下几种方式：

1）直接位地址（00H～7FH）。例如，20H。

2）字节地址带位号。例如，20H.3 表示 20H 单元的第 3 位（从第 0 位开始计数）。

3）特殊功能寄存器名带位号。例如，P0.1 表示 P0 口的第 1 位（从第 0 位开始计数）。

4）位符号地址。例如，定时/计数器 T0 的启动位 TR0。

【例 3—1—8】 MOV P1.0，C；把进位 CY 送到 P1.0 中

（7）相对寻址

相对寻址是为程序的相对转移而设计的，它是以当前程序计数器 PC 值加上指令中给出的偏移量 rel 得到目的位置的地址。在 MCS－51 系列单片机系统中，相对转移指令的操作数属于相对寻址。

相对寻址的目的地址为：

目的地址＝当前 PC 值＋rel＝转移指令的地址＋转移指令的字节数＋rel

四、数据传送、控制转移、位操作及子程序调用与返回指令

1. 数据传送指令

数据传送指令有 29 条，是指令系统中数量最多、使用也最频繁的一类指令。这类指令可分为 3 组：普通传送指令、数据交换指令、堆栈操作指令，下面介绍常用的数据传送指令。

（1）片内数据存储器传送指令 MOV

指令格式：MOV　目的操作数，源操作数

其中，源操作数可以为 A、Rn、@ Ri、direct、#data，目的操作数可以为 A、Rn、@ Ri、direct、DPTR，组合起来总共 16 条，按目的操作数不同划分为 5 组：

1）以 A 为目的操作数

```
MOV A, Rn       ; A←Rn
MOV A, direct   ; A← (direct)
MOV A, @Ri      ; A← (Ri)
MOV A, #data    ; A←#data
```

2）以 Rn 为目的操作数

```
MOV Rn, A       ; Rn←A
MOV Rn, direct  ; Rn← (direct)
MOV Rn, #data   ; Rn←#data
```

3）以直接地址 direct 为目的操作数

```
MOV direct, A       ; (direct) ←A
MOV direct, Rn      ; (direct) ←Rn
MOV direct, direct  ; (direct) ← (direct)
MOV direct, @Ri     ; (direct) ← (Ri)
MOV direct, #data   ; (direct) ←#data
```

4）以间接地址@ Ri 为目的操作数

```
MOV @Ri, A       ; (Ri) ←A
MOV @Ri, direct  ; (Ri) ← (direct)
MOV @Ri, #data   ; (Ri) ←#data
```

5）以 DPTR 为目的操作数

```
MOV DPTR, #data16   ; DPTR←#data16
```

使用时需注意，源操作数和目的操作数中的 Rn 和@ Ri 不能相互配对，即不允许有“MOV Rn，Rn”，“MOV @ Ri，Rn”这样的指令。在 MOV 指令中，不允许在一条指令的源操作数和目的操作数中同时出现工作寄存器，无论是寄存器寻址还是寄存器间接寻址方式。

(2) 程序存储器传送指令 MOVC

程序存储器传送指令只有两条，一条用 DPTR 基址变址寻址，一条用 PC 基址变址寻址。

MOVC A，@A+DPTR；A←（A+DPTR）

MOVC A，@A+PC　；A←（A+PC）

这两条指令通常用于访问表格数据，因此也称为查表指令。

(3) 堆栈操作指令

堆栈操作指令是一种特殊的数据传送指令，堆栈操作有两条指令。

1）进栈指令

PUSH direct　；SP←（SP）+1，SP←（direct）

首先将栈指针 SP 加 1，然后把 direct 中的内容送到 SP 指示的内部 RAM 单元中。

2）出栈指令

POP direct　；direct←（SP），SP←（SP）-1

首先将 SP 指示的栈顶单元的内容送入 direct 字节中，然后将 SP 减 1。

注意

堆栈寻址方式为直接寻址，直接地址不能是寄存器名。例如，PUSH A 是错误的，应当是 PUSH ACC，同理 PUSH R0 也是错误的。

2. 控制转移指令

控制转移指令共有 17 条，包括无条件转移指令、条件转移指令、子程序调用及返回指令。

(1) 无条件转移指令

无条件转移指令是指当执行该指令后，程序将无条件地转移到指令指定的地方去。常用的无条件转移指令包括长转移指令、绝对转移指令、相对转移指令等。

1）长转移指令 LJMP

指令格式：LJMP addr16　；PC←addr16

LJMP 指令后面带的是目的位置的 16 位地址，执行时直接将该 16 位地址送给程序指针 PC，程序无条件地转到 16 位目标地址指定的位置去。指令中提供的是 16 位目标地址，所以可以转移到 64 KB 程序存储器的任意位置，故得名为长转移指令。使用 LJMP 指令时，16 位的绝对地址可以用符号地址取代。

2）绝对转移指令 AJMP

指令格式：AJMP addr11　；PC←PC+2，$PC_{10\sim0}$←addr11

AJMP 指令后带的是目的位置的低 11 位直接地址，执行时，先将程序指针 PC 的值加 2（该指令长度为 2 字节），然后把指令中的 11 位地址 addr11 送给程序指针 PC 的低 11

位，而程序指针的高 5 位不变，执行后转移到 PC 指针指向的新位置。

由于 11 位地址 addr11 的范围是 00000000000 ~ 11111111111，即 2 KB 范围，而目的地址的高 5 位不变，所以程序转移的位置只能是和当前 PC 位置（AJMP 指令地址加 2）在同一 2 KB 范围内。转移可以向前也可以向后，指令执行后不影响状态标志位。使用 AJMP 指令时，11 位的绝对地址可以用符号地址取代。

3）相对转移指令 SJMP

指令格式：SJMP rel　；PC←PC +2，PC←PC + rel

rel 为偏移量（ -128 ~ +127），该指令的转移范围是相对 PC 当前值（SJMP 下一条指令地址）向前 128 字节，向后 127 字节。

用汇编语言编程时，指令中的相对地址 rel 往往用目的位置的标号（符号地址）表示。机器汇编时，能自动算出相对地址值。

在单片机程序设计中，通常会用到一条 SJMP 指令：

SJMP　$

该指令的功能是在自己本身上循环，进入等待状态。其中，符号 $ 表示转移到本身。在程序设计中，程序的最后一条指令通常用它使程序不再向后执行，以避免执行后面的内容而出错。

（2）条件转移指令

条件转移指令是指当条件满足时，程序转移到指定位置；条件不满足时，程序将继续顺次执行。在 MCS -51 系列单片机系统中，条件转移指令有 3 种：累加器 A 判零条件转移指令、比较转移指令、减 1 不为零转移指令。

1）累加器 A 判零条件转移指令

判 0 指令：JZ rel　　；如果 A =0，跳转到目标语句，否则顺序执行

判非 0 指令：JNZ rel　；如果 A≠0，跳转到目标语句，否则顺序执行

2）比较转移指令

比较转移指令用于对两个数做比较，并根据比较结果进行转移，比较转移指令有 4 条：

CJNE A，#data，rel　　；如果 A≠#data，则跳转到目标语句，否则程序顺序执行

CJNE Rn，#data，rel　；如果 Rn≠#data，则跳转到目标语句，否则程序顺序执行

CJNE @Ri，#data，rel　；如果（Ri）≠#data，则跳转到目标语句，否则程序顺序执行

CJNE A，direct，rel　；如果 A≠（direct），则跳转到目标语句，否则程序顺序执行

3）减 1 不为零转移指令

这种指令是先减 1 后判断，若不为零则转移。指令有两条：

DJNZ Rn，rel　　；Rn 中的内容先减 1，再判断 Rn 中的内容是否等于零，若不为零则

；跳转到目标语句，若为零则顺序执行下一条指令

DJNZ direct，rel　；（direct）中的内容先减 1，再判断（direct）中的内容是否等于零，

；若不为零则跳转到目标语句，若为零则顺序执行下一条指令

在 MCS－51 系列单片机系统中，通常用 DJNZ 指令来构造循环结构，实现重复处理。

3．位操作指令

在 MCS－51 系列单片机系统中，有 17 条位处理指令，可以实现位传送、位逻辑运算、位转移等操作。

（1）位传送指令

位传送指令有两条，用于实现位运算器 C 与一般位之间的相互传送。

MOV C，bit　；C←（bit），其中 C 为 PSW 中的 CY

MOV bit，C　；（bit）←C

指令在使用时必须有位运算器 C 参与，不能直接实现两位之间的传送。也就是说，如果要进行两位之间的传送，可以通过位运算器 C 来传送。

【例 3—1—9】 把片内 RAM 中位寻址区的 20H 位的内容传送到 30H 位。

解：程序如下：

MOV C，20H　；位地址为 24H.0 的值送到进位位 CY

MOV 30H，C　；进位位 CY 的值送到位地址为 26H.0 的位中

（2）位逻辑运算指令

位逻辑运算指令包括位清 0、置 1、取反、位与和位或等，总共 10 条指令。

1）位清 0

CLR C　；C←0

CLR bit　；（bit）←0

2）位置 1

SETB C　；C←1

SETB bit　；（bit）←1

3）位取反

CPL C　；$C \leftarrow \overline{C}$

CPL bit　；$(bit) \leftarrow \overline{(bit)}$

4）位与

ANL C，bit　；C←C∧（bit）

ANL C，/bit　；$C \leftarrow C \wedge \overline{(bit)}$

5）位或

ORL C，bit　；C←C∨（bit）

ORL C，/bit ；C←C∨$(\overline{bit})$

（3）位转移指令

位转移指令有以 CY 为条件的位转移指令和以 bit 为条件的位转移指令，共 5 条。

1）以 CY 为条件的位转移指令

```
JC rel          ；如果 CY =1，跳转到目标语句，否则顺序执行
JNC rel         ；如果 CY =0，跳转到目标语句，否则顺序执行
```

2）以 bit 为条件的位转移指令

```
JB bit，rel   ；若（bit）=1，跳转到目标语句，否则顺序执行
JNB bit，rel  ；若（bit）=0，跳转到目标语句，否则顺序执行
JBC bit，rel  ；若（bit）=1，跳转到目标语句，否则顺序执行。然后清零该 bit 位，
              ；（bit）←0
```

4. 子程序调用与返回指令

子程序调用与返回指令共有 4 条，两条子程序调用指令，两条返回指令。

（1）长调用指令 LCALL

指令格式：LCALL　addr16

（2）绝对调用指令 ACALL

指令格式：ACALL　addr11

在汇编语言程序中，LCALL 和 ACALL 两条子程序调用指令后面通常带转移位置的标号。用 LCALL 指令调用，转移位置可以是程序存储空间的任一位置；用 ACALL 指令调用，转移位置与 ACALL 指令的下一条指令必须在同一个 2 KB 内，即它们的高 5 位地址相同。

（3）子程序返回指令 RET

指令格式：RET

该指令通常放于子程序的最后一条指令位置，用于实现返回到主程序。

（4）中断返回指令 RETI

指令格式：RETI

该指令的执行过程与 RET 基本相同，只是 RETI 在执行后，在转移之前将先清除中断的优先级触发器。该指令用于中断服务子程序之后，作为中断服务子程序的最后一条指令，它的功能是返回主程序中断的断点位置，继续执行断点位置后面的指令。

五、程序设计基本结构

程序设计应根据功能要求，选用不同的程序结构，然后画出流程图，最后再根据流程图来编写程序。汇编语言程序共有 3 种基本结构形式，即顺序结构、分支结构和循环结构，如图 3—1—12 所示。

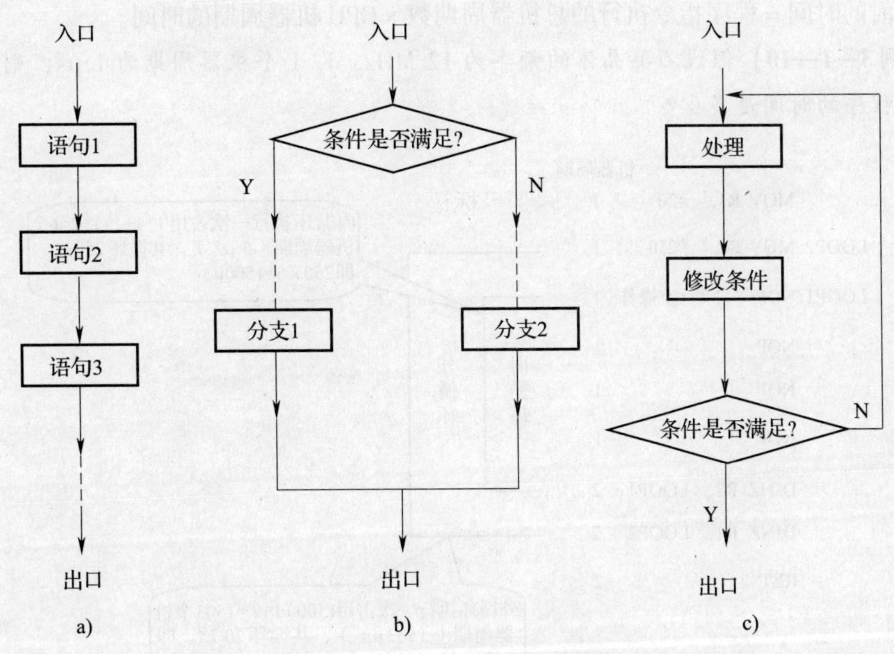

图 3—1—12　程序设计基本结构

a）顺序结构　b）分支结构　c）循环结构

1．顺序结构

顺序结构程序是一种最简单、最基本的程序，它是一种无分支的直线型程序结构，即按照程序编写的顺序依次执行每一条指令。

2．分支结构

分支结构程序不是按顺序直线执行，它是依据实际问题做出判断，再根据判断条件的满足与否，产生一个或多个程序分支，以实现不同的程序流向。

3．循环结构

循环结构程序是依据需要对某一段程序重复执行多次，以缩短程序的长度，节省程序的存储空间。

六、延时程序设计

在单片机程序设计中，由于单片机指令的执行时间是微秒级的，若让 LED 灯和数码管显示的状态能让人眼识别出来，就必须要延时。此外，键盘按键去抖等许多场合也需要进行时间控制。在单片机控制系统中，延时程序是常用的程序之一，延时的控制方法有两种：软件延时和定时器延时。本任务主要介绍软件延时的方法。

软件延时的原理是利用 CPU 执行一段程序，只消耗 CPU 一定的时间，不做其他具体的功能控制。其主要设计思想是利用多次循环来延长程序的执行时间，从而实现延时功能。延时的时间 = 程序指令执行的总机器周期数 × CPU 机器周期的时间。

【例 3—1—10】假设石英晶体的频率为 12 MHz，即 1 个机器周期为 1 μs，则执行下面整段程序的时间是多少？

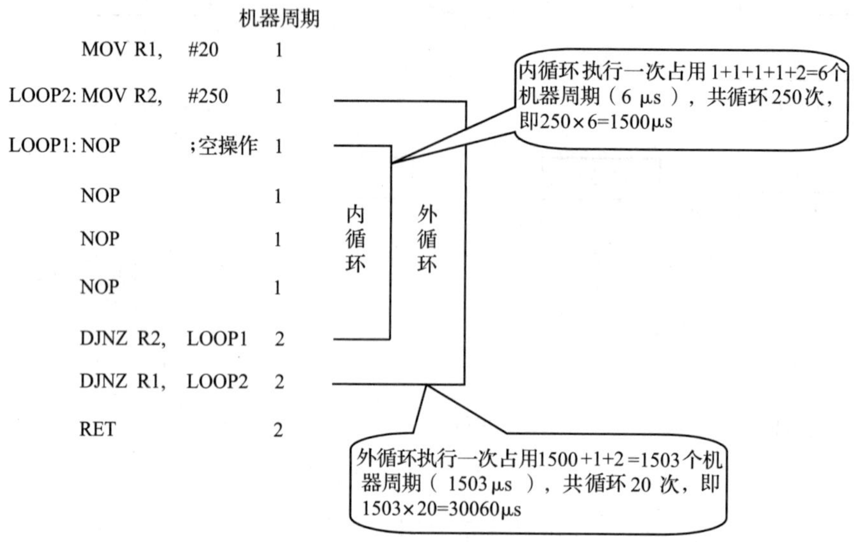

程序第 1 条 ~ 第 6 条顺序执行，第 7 条转移指令，把 R2 寄存器的内容减 1，判断是否为 0。若不为 0 则满足条件，转移到标号 LOOP1 的语句执行第 3 条 ~ 第 7 条的循环体，循环次数为 250 次；若为 0 则不满足条件，不转移，内循环结束。然后往下执行第 8 条转移指令，进入第 2 条 ~ 第 8 条的循环，称为外循环，共循环 20 次。

内循环执行一次占用 1 + 1 + 1 + 1 + 2 = 6 个机器周期，所用时间为 6 μs，共执行 250 次，消耗 CPU 时间为 6 × 250 = 1 500 μs。

外循环执行一次占用（1 + 1 + 1 + 1 + 2） × 250 + 1 + 2 = 1 503 个机器周期，所用时间为1 503 μs，共执行 20 次，消耗 CPU 时间为 1 503 × 20 = 30 060 μs。

整段程序除了外循环体之外，还有程序第 1 条和第 9 条指令，需 3 个机器周期，因此整段定时程序需要的时间为 30 063 μs，约 30 ms。

利用多重循环可实现较长时间的定时。但要注意在采用软件延时功能时，不能允许中断，否则将影响定时精度。

任务实施

一、LED 指示灯闪烁显示硬件电路设计

本任务要实现单片机控制一只发光二极管（LED）按规定时间闪烁的功能，硬件电路如图 3—1—13 所示，即在最小硬件系统基础上，用 P0. 4 引脚输出控制一只发光二极管。

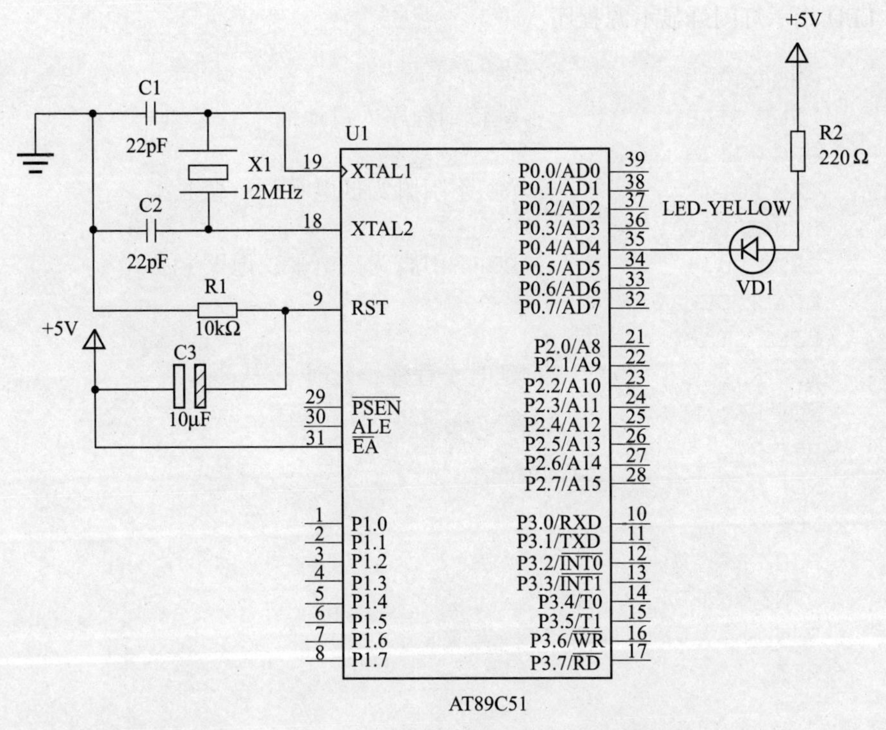

图 3—1—13　LED 指示灯闪烁显示硬件电路

说明　本教材任务实施中提供的硬件电路图均是在 Proteus 软件中绘制的，单片机选择 AT89C51 作为仿真模型（因为在 Proteus 软件中没有 STC89C51RC 系列单片机）。STC89C51RC 与 AT89C51 单片机的引脚功能完全兼容，AT89C51 的 hex 程序无须任何转换即可直接在 STC89C51RC 上运行，结果相同。与 AT89C51 相比，STC89C51RC 单片机增加了一些新的功能，如支持在线编程等。

二、LED 指示灯闪烁显示程序设计

1．程序设计思路

由任务分析可知，发光二极管的闪烁就是通过让单片机引脚输出高低电平交替变化来实现的，时间间隔为 300 ms。LED 指示灯闪烁显示程序流程图如图 3—1—14 所示。

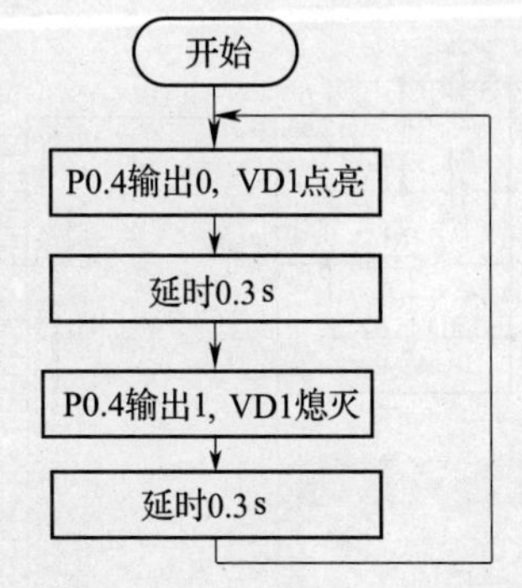

图 3—1—14　LED 指示灯闪烁显示程序流程图

2．LED 指示灯闪烁显示源程序

```
        ORG 0000H
        LJMP START          ；跳转到程序入口地址
        ORG 0030H
START：  CLR P0.4            ；P0.4 引脚为低电平，点亮 LED
        LCALL DELAY
        SETB P0.4           ；P0.4 引脚为高电平，熄灭 LED
        LCALL DELAY
        LJMP START
DELAY：  MOV R5，#30         ；延时子程序，延时 0.3 s
D1：     MOV R6，#10
D2：     MOV R7，#250
D3：     NOP
        NOP
        DJNZ R7，D3
        DJNZ R6，D2
        DJNZ R5，D1
        RET
        END
```

三、程序编译与仿真

程序编写完成后，用 Keil 编译软件进行编译，生成 hex 文件。在 Proteus 仿真软件中按图 3—1—13 所示电路图绘制硬件电路，并将 hex 文件载入单片机中进行仿真运行，观察单片机运行结果，检验程序和电路设计是否达到设计的要求。图 3—1—15 所示为单片机控制 LED 指示灯仿真效果图。

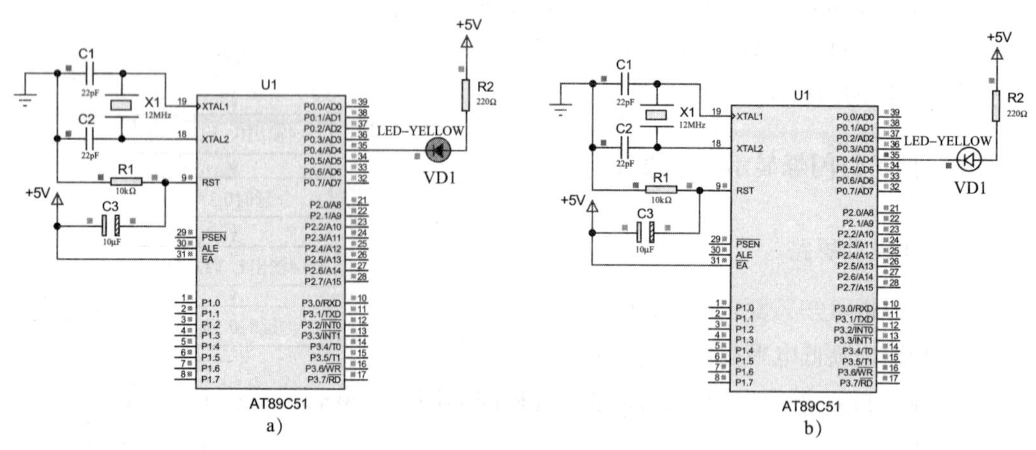

图 3—1—15　单片机控制 LED 指示灯仿真效果图

a）LED 指示灯不亮　b）LED 指示灯点亮

职业能力培养

试在指导教师的帮助下，查阅相关书籍或通过互联网检索，以小组为单位绘制8只发光二极管闪烁控制硬件电路图，编制程序流程图，并编写程序。

任务评价

根据任务考核评分表（见表3—1—3）进行任务评价。

表3—1—3 任务考核评分表

评价项目	评价标准	配分（分）	自我评价	小组评价	教师评价
职业素养	安全意识、责任意识、服从意识强	5			
	积极参加教学活动，按时完成各项学习任务	5			
	团队合作意识强，善于与人交流和沟通	5			
	自觉遵守劳动纪律，尊敬师长，团结同学	5			
	爱护公物，节约材料，工作环境整洁	5			
专业能力	硬件电路绘制不正确，每错一处扣3分	15			
	指令格式应用错误，每错一处扣3分	15			
	程序编写不正确，每错一处扣5分	25			
	程序编译与仿真不符合任务要求，每项扣5分	20			
合计		100			
总评	自我评价×20%＋小组评价×20%＋教师评价×60%＝	综合等级	教师（签名）：		

注：学习任务考核采用自我评价、小组评价和教师评价三种方式，考核分为A（90～100）、B（80～89）、C（70～79）、D（60～69）、E（0～59）五个等级。

任务2 花样彩灯显示

学习目标

1. 掌握查表指令的功能与用法。
2. 能设计花样彩灯显示的硬件电路。
3. 能用查表指令编写花样彩灯显示程序。

任务引入

生活中彩灯、广告灯的显示花样和速度是多种多样的，如图 3—2—1 所示，这些都可以利用单片机的控制功能实现。本任务是设计实现 8 只发光二极管构成的彩灯由外向内，再由内向外循环亮灭，时间间隔为 0.5 s。

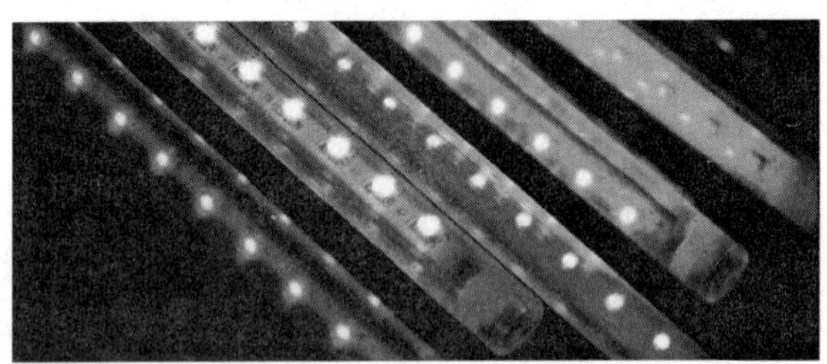

图 3—2—1　LED 彩灯

根据任务要求，可在单片机 P0 口外接 8 只发光二极管，LED 彩灯花样显示示意图如图 3—2—2所示，8 只发光二极管构成的彩灯按时间以如图 3—2—2 所示的花样由外向内，再由内向外循环亮灭，时间间隔为 0.5 s。通过对 LED 彩灯的编程控制，学习单片机控制 LED 彩灯的硬件电路设计方法，编程控制 LED 显示花样和速度，进一步学习单片机常用指令的应用。

	VD1	VD2	VD3	VD4	VD5	VD6	VD7	VD8	P0.0	P0.1	P0.2	P0.3	P0.4	P0.5	P0.6	P0.7
LED 亮灯步骤	●	○	○	○	○	○	○	●	0	1	1	1	1	1	1	0
	○	●	○	○	○	○	●	○	1	0	1	1	1	1	0	1
	○	○	●	○	○	●	○	○	1	1	0	1	1	0	1	1
	○	○	○	●	●	○	○	○	1	1	1	0	0	1	1	1
	○	○	○	●	●	○	○	○	1	1	1	0	0	1	1	1
	○	○	●	○	○	●	○	○	1	1	0	1	1	0	1	1
	○	●	○	○	○	○	●	○	1	0	1	1	1	1	0	1
	●	○	○	○	○	○	○	●	0	1	1	1	1	1	1	0

注：○ 表示灯灭，● 表示灯亮。

图 3—2—2　LED 彩灯花样显示示意图

相关知识

一、查表指令

在日常生活中，很多场合需要单片机控制电路做复杂的显示或运算，如大型的 LED 中文显示屏、复杂的数据计算等。通常的做法是事先做好数据库（如汉字库），然后让单片机通过查表的方式调用数据库中的内容进行相应的显示或其他操作。

查表操作实际上是把程序存储器里的数据通过累加器 A 查得后供程序中使用。由于查表操作访问的是程序存储器，所以查表指令只提供了读操作。

1．以 PC 为基地址的查表指令

MOVC A，@A+PC；A 加 PC 的值作为间接地址，将该地址的内容载入 A 中

此指令只能实现 256B 地址范围内的数据查询。执行过程有以下 3 个步骤：

（1）将要查数据变换为其对应的索引值送入 A 中。

（2）将表首地址与查表指令的下一条指令地址（即 PC 当前值）之差和 A 的值相加，即对 A 的值进行修正，修正后 A 的值就是要取数据相对于查表指令的下一条指令的偏移量。

（3）执行查表指令取得所需数据。

2. 以 DPTR 为基地址的查表指令

MOVC A，@A+DPTR；A 加 DPTR 的值作为间接地址，将该地址的内容载入 A 中

此指令可实现 64KB 地址范围内的数据查询。

【例 3—2—1】 已知累加器 A 中存有 0～9 范围内的数，试用查表指令编写出查找该数平方的程序。

解：程序如下：

```
MOV DPTR，#TABLE ；表首地址
MOVC A，@A+DPTR ；累加器 A 中的内容恰好是查表的偏移量
TABLE：DB 0，1，4，9，16，25，36，49，64，81
```

若（A）=3，查表后（A）=9

二、加 1 和减 1 指令

在查表设计中经常用到加 1 和减 1 指令，下面介绍加 1 指令 INC 和减 1 指令 DEC 的用法。

1．加 1 指令 INC

共有 5 条，功能是将操作数加 1，结果送回到操作数中。指令如下：

```
INC A        ；A←（A）+1
INC direct   ；direct←（direct）+1
INC Rn       ；Rn←（Rn）+1
INC @Ri      ；（Ri）←（（Ri））+1
INC DPTR     ；DPTR←（DPTR）+1
```

INC 指令组中除了“INC A”指令影响标志位 P 外，其他指令不影响任何标志位。

【例 3—2—2】 已知（A）=0A5H，（R0）=30H，（R4）=0FFH，（30H）=5AH，（DPTR）=89DAH，执行以下指令，分析操作数的内容。

解：

```
INC A        ；（A）=0A6H
```

```
INC @R0      ；（30H）=5BH
INC R4       ；（R4）=00H
INC DPTR     ；（DPTR）=89DBH
```

2. 减1指令DEC

共有4条，功能是将操作数减1，结果送回到操作数中。指令如下：

```
DEC A        ；A←（A）-1
DEC direct   ；direct←（direct）-1
DEC Rn       ；Rn←（Rn）-1
DEC @Ri      ；（Ri）←（（Ri））-1
```

DEC指令组中除了“DEC A”指令影响标志位P外，其他指令不影响任何标志位。

三、查表程序设计

查表程序设计在汇编语言中使用很广泛。所谓查表，就是把事先计算或测到的数据按照一定的顺序排列成表格，存放在单片机的程序存储器中。查表的任务就是根据被测数据，查出最终所需要的结果。因此，查表程序比直接用算法计算要简单很多。利用查表法可以完成数据运算和数据转换等操作，并且具有编程简单、执行速度快、适合实时控制等优点。在使用时，将DPTR赋值为欲查数据表的首地址，累加器A赋值为要查的数据，即可实现查表功能，查得的数据保存在A中。通用格式如下：

```
MOV DPTR，#TABLE
MOVC A，@A+DPTR
……（其他程序段）
TABLE：DB……（数据表）
```

其中，TABLE是数据表首地址的标号。DB是一条伪指令，它的用途是将表格的数据存放在ROM中。

任务实施

一、LED彩灯花样显示硬件电路设计

本任务要用单片机控制8只发光二极管构成的彩灯，彩灯的花样为由外向内，再由内向外循环亮灭，时间间隔为0.5 s。LED彩灯花样显示硬件电路如图3—2—3所示。

二、使用查表指令控制LED彩灯花样显示程序设计

1. 程序设计思路

由任务分析可知，8只发光二极管构成的花样彩灯由外向内，再由内向外循环亮灭，

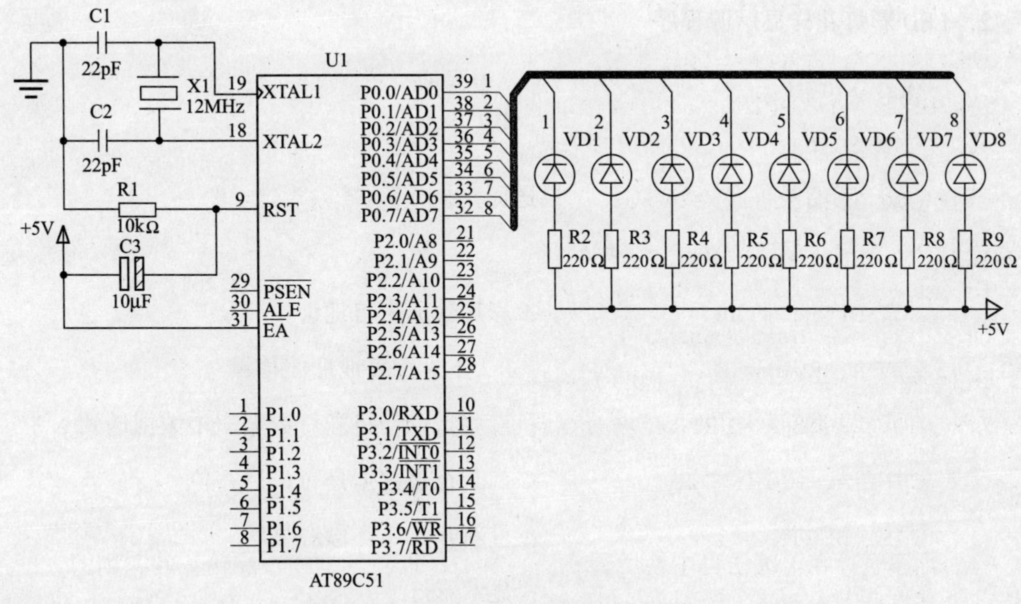

图 3—2—3　LED 彩灯花样显示硬件电路

就是通过让单片机亮灯的引脚输出低电平，不亮灯的引脚输出高电平，且电平每间隔 500 ms变化一次。

LED 彩灯花样显示程序流程图如图 3—2—4 所示。

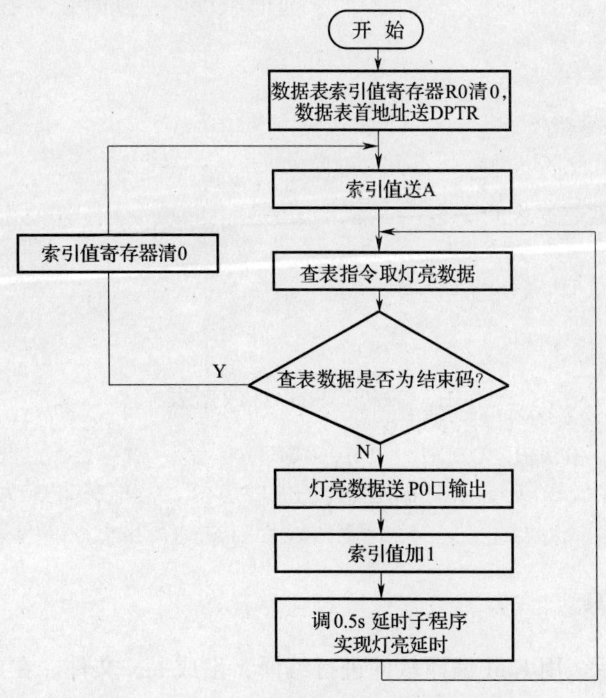

图 3—2—4　LED 彩灯花样显示程序流程图

2. LED 彩灯花样显示源程序

```
        ORG 0000H
        LJMP BEGIN
        ORG 0030H
BEGIN:  MOV R0, #00H
        MOV DPTR, #TAB          ；彩灯数据表首地址
BG:     MOV A, R0               ；R0 作为查表地址偏移量
        MOVC A, @A+DPTR         ；查表指令，将彩灯数据表中数据送到 A 中
        CJNE A, #00H, DIP       ；判断查表数据是否最后一位
        SJMP BEGIN              ；重新开始循环彩灯显示
DIP:    MOV P0, A               ；显示彩灯
        INC R0                  ；查表地址指向下一位
        LCALL DELAY             ；调用延时子程序
        SJMP BG                 ；跳到查表指令，取出数据显示下一组彩灯
DELAY:  MOV R5, #20             ；延时子程序，延时 0.5 s
D1:     MOV R6, #50
D2:     MOV R7, #248
        DJNZ R7, $
        DJNZ R6, D2
        DJNZ R5, D1
        RET
TAB:    DB 7EH, 0BDH, 0DBH, 0E7H ；彩灯数据表
        DB 0E7H, 0DBH, 0BDH, 7EH, 00H
        END
```

三、程序编译与仿真

程序编写完成后，用 Keil 编译软件进行编译，生成 hex 文件。在 Proteus 仿真软件中按如图 3—2—3 所示电路图绘制硬件电路，并将 hex 文件载入单片机中进行仿真运行，观

察单片机运行结果，检验程序和电路设计是否达到设计的要求。如图 3—2—5 所示为 LED 彩灯花样显示仿真效果图。

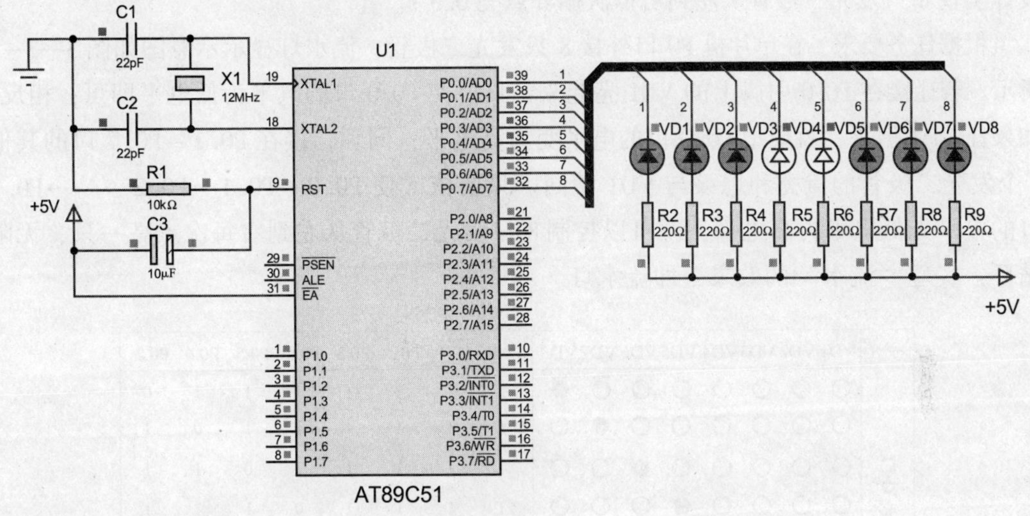

图 3—2—5　LED 彩灯花样显示仿真效果图

职业能力培养

花样彩灯的显示样式很多，试在指导教师的帮助下，查阅相关书籍或通过互联网检索，以小组为单位列举多种彩灯样式，选择一种编制程序流程图，并编写程序。

任务评价

根据任务考核评分表（见表 3—1—3）进行任务评价。

任务 3　流水灯显示

学习目标

1. 掌握逻辑运算指令、移位指令的功能及用法。
2. 能设计流水灯显示的硬件电路。
3. 能用逻辑运算指令、移位指令编写流水灯显示程序。

任务引入

每当夜幕降临，大街上各式各样广告牌上漂亮的霓虹灯，都会让人们感到赏心悦目，为夜幕中的城市增添了一抹亮丽色彩。其实这些霓虹灯的工作原理和单片机流水灯是一样的，实际生活中的广告灯箱彩灯、节日里各种装饰彩灯都是流水灯的典型应用。本任务是设计实现 8 只发光二极管从左到右依次循环点亮 0.5 s。

根据任务要求，在单片机 P0 口外接 8 只发光二极管，流水灯显示示意图如图 3—3—1 所示。若让接在 P0.0 引脚上的 VD1 亮起来，只要使 P0.0 口的电平为低电平即可；相反，如果让 VD1 熄灭，就要把 P0.0 口的电平变为高电平；同理，接在 P0.1 ~ P0.7 口的其他 7 个发光二极管的点亮和熄灭与 VD1 相同。只要依次使 P0.0→P0.1→P0.2→…→P0.7 口的电平先低电平再高电平，就可以控制 8 只发光二极管从左到右每次点亮一只，无限循环，实现“流水”的效果，即流水灯。

	VD1	VD2	VD3	VD4	VD5	VD6	VD7	VD8	P0.0	P0.1	P0.2	P0.3	P0.4	P0.5	P0.6	P0.7
LED 亮灯步骤	○	○	○	○	○	○	○	●	1	1	1	1	1	1	1	0
	○	○	○	○	○	○	●	○	1	1	1	1	1	1	0	1
	○	○	○	○	○	●	○	○	1	1	1	1	1	0	1	1
	○	○	○	○	●	○	○	○	1	1	1	1	0	1	1	1
	○	○	○	●	○	○	○	○	1	1	1	0	1	1	1	1
	○	○	●	○	○	○	○	○	1	1	0	1	1	1	1	1
	○	●	○	○	○	○	○	○	1	0	1	1	1	1	1	1
	●	○	○	○	○	○	○	○	0	1	1	1	1	1	1	1

注:○ 表示灯灭,● 表示灯亮。

图 3—3—1　流水灯显示示意图

相关知识

一、逻辑运算指令

1. 与、或、异或运算指令

（1）与操作——ANL　< dest - byte >，< src - byte >

与操作的功能与数字电路中的与门相似，只有两个操作数都是 1 时，与操作的结果才是 1。指令中的 < dest - byte > 代表“目的操作数 - 以字节形式”，< src - byte > 代表“源操作数 - 以字节形式”。与操作有以下 6 条指令：

```
ANL A，Rn          ；将工作寄存器 Rn 与累加器 A 的值做与运算，结果存回 A
ANL A，direct      ；将直接地址 direct 的内容与 A 的值做与运算，结果存回 A
ANL A，@ Ri        ；将间接地址@ Ri 的内容与 A 的值做与运算，结果存回 A
ANL A，#data       ；立即数#data 与 A 的值做与运算，结果存回 A
ANL direct，A      ；A 的值与直接地址 direct 的内容做与运算，结果存回直接
                   ；地址 direct 中
```

ANL direct，#data ；立即数#data 与直接地址 direct 的内容做与运算，结果存回直
；接地址 direct 中

说明：以上指令对两个操作数的同一位进行与操作，只有两个操作数同一位都是 1，与操作的结果才是 1，结果存回目的操作数中。

【例 3—3—1】执行下列程序，了解与操作指令。

MOV A，# 65H ；（A） =65H

ANL A，# 0FH ；（A） =65H ANL 0FH

解：运算过程：

```
65H→    0 1 1 0 0 1 0 1
0FH→   ∧0 0 0 0 1 1 1 1
        ----------------
        0 0 0 0 0 1 0 1
```

运算结果为 0000 0101，即（A） =05H

（2）或操作——ORL <dest - byte>，<src - byte>

或操作的功能与数字电路中的或门相似，只要有一个操作数是 1，或操作的结果就是 1。或操作有以下 6 条指令：

ORL A，Rn ；将工作寄存器 Rn 与累加器 A 的值做或运算，结果存回 A
ORL A，direct ；将直接地址 direct 的内容与 A 的值做或运算，结果存回 A
ORL A，@ Ri ；将间接地址@ Ri 的内容与 A 的值做或运算，结果存回 A
ORL A，#data ；立即数#data 与 A 的值做或运算，结果存回 A
ORL direct，A ；A 的值与直接地址 direct 的内容做或运算，结果存回直接
；地址 direct 中
ORL direct，#data ；立即数#data 与直接地址 direct 的内容做或运算，结果存回直接
；地址 direct 中

说明：以上指令对两个操作数的同一位进行或操作，两个操作数的同一位只要有一个是 1，或操作的结果就是 1，结果存回目的操作数中。

【例 3—3—2】执行下列程序，了解或操作指令。

MOV A，#16H ；（A） =16H

ORL A，#59H ；（A） =16H ORL 59H

解：运算过程：

```
16H→    0 0 0 1 0 1 1 0
59H→   ∨0 1 0 1 1 0 0 1
        ----------------
        0 1 0 1 1 1 1 1
```

运算结果为 0101 1111，即（A） =5FH

（3）异或操作——XRL <dest - byte>，<src - byte>

异或操作的功能与数字电路中的异或门相似，如果两个操作数相同，异或操作的结果为 0，否则为 1。异或操作有以下 6 条指令：

XRL A，Rn ；将工作寄存器 Rn 与累加器 A 的值做异或运算，结果存回 A

XRL A，direct ；将直接地址 direct 的内容与 A 的值做异或运算，结果存回 A

XRL A，@ Ri ；将间接地址@ Ri 的内容与 A 的值做异或运算，结果存回 A

XRL A，#data ；立即数#data 与 A 的值做异或运算，结果存回 A

XRL direct，A ；A 的值与直接地址 direct 的内容做异或运算，结果存回直接
；地址 direct 中

XRL direct，#data ；立即数#data 与直接地址 direct 的内容做异或运算，结果存回直接
；地址 direct 中

说明：以上指令对两个操作数的同一位进行异或操作，两个操作数的同一位都为 0 或 1 时异或操作结果为 0，否则为 1，结果存回目的操作数中。

【例 3—3—3】执行下列程序，了解 XRL 操作指令。

MOV A，#76H ；（A） =76H

XRL A，#59H ；（A） =76H XRL 59H

解：运算过程：

76H→ 0 1 1 1 0 1 1 0

59H→ ⊕0 1 0 1 1 0 0 1

0 0 1 0 1 1 1 1

运算结果为 0010 1111，即（A） =2FH

2. 清零、取反指令

（1） 累加器 A 清零指令

CLR A ；（A）←0；累加器 A 清零，不影响标志位

【例 3—3—4】设（A） =9AH（10011010B），执行指令 CLR A 后，A 清零，即 A 的每一位均清零，（A） =00H（0000 0000B）。

（2） 累加器 A 取反指令

CPL A ；（A）←$\overline{(A)}$；对累加器 A 的内容逐位取反，不影响标志位

【例 3—3—5】设（A） =96H（1001 0110B），执行指令 CPL A 后，累加器 A 的内容逐位取反，即（A） =69H（0110 1001B）。

二、移位指令

移位操作只能对累加器 A 进行，共 4 条指令，用于累加器 A 内部位的移动，操作码及功能如下。

RL A　　；累加器 A 左移一位

RLC A　；累加器 A 含进位 CY 左移一位

RR A　　；累加器 A 右移一位

RRC A　；累加器 A 含进位 CY 右移一位

1. 累加器左循环移位

RL A　　；A（n+1）←An，A0←A7

功能：累加器 A 左移一位。每次移出累加器 A 的位 A7 进入位 A0 中。

2. 累加器含进位左循环移位

RLC A　；A（n+1）←An，CY←A7，A0←CY

功能：累加器 A 含进位 CY 左移一位。每次移出累加器 A 的位 A7 进入进位 CY 中，而进位 CY 则进入位 A0 中。

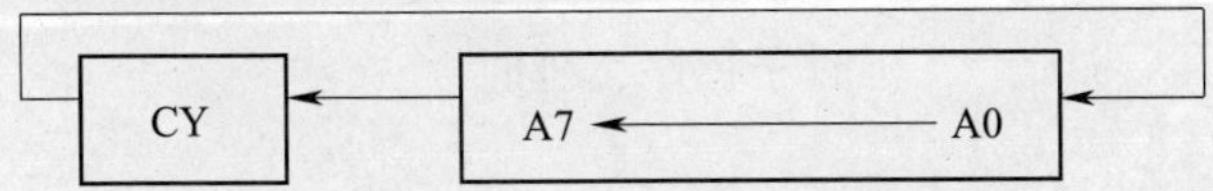

3. 累加器右循环移位

RR A　；An←A（n+1），A7←A0

功能：累加器 A 右移一位。每次移出累加器 A 的位 A0 进入位 A7。

4. 累加器含进位右循环移位

RRC A　；An←A（n+1），CY←A0，A7—CY

功能：累加器 A 含进位 CY 右移一位。每次移出累加器 A 的位 A0 进入进位 CY 中，而进位 CY 则进入位 A7 中。

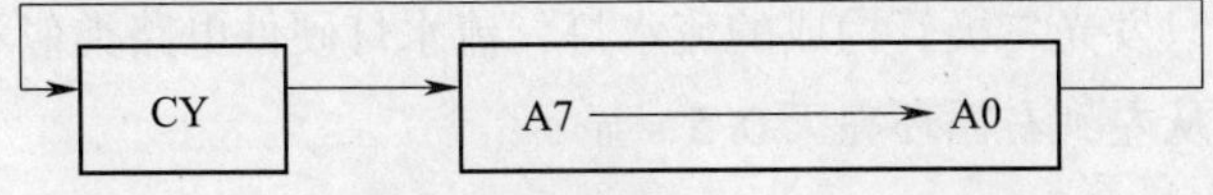

三、逻辑运算、移位指令控制端口实现依次点亮和熄灭流水灯示例

通过与运算和移位指令来控制端口输出，实现从左到右依次点亮 LED 灯，然后再执行或运算从右到左依次熄灭 LED 灯，不断循环，从而实现流水灯效果。

示例程序如下：

```
        ORG 0000H
        LJMP START
        ORG 0030H
START:  MOV A, #0FFH
LOOP3:  RL A
        ANL A, #0FEH
        MOV P0, A                ; 从左到右依次点亮每一盏灯
        ACALL DELAY
        JB ACC.7, LOOP3
LOOP2:  RR A
        ORL A, #80H
        MOV P0, A                ; 从右到左依次熄灭每一盏灯
        ACALL DELAY
        JNB ACC.0, LOOP2
        SJMP START
DELAY:  MOV R5, #20              ; 延时子程序，延时 0.5 s
D1:     MOV R6, #50
D2:     MOV R7, #248
        DJNZ R7, $
        DJNZ R6, D2
        DJNZ R5, D1
        RET
        END
```

任务实施

一、流水灯硬件电路设计

本任务要实现用单片机控制 8 只发光二极管构成的流水灯，流水灯硬件电路类似彩灯电路，如图 3—3—2 所示，流水灯从左到右循环亮灭 0.5 s 显示。

二、流水灯程序设计

1. 程序设计思路

由于单片机可以按引脚单独驱动，也可以用整个端口同时驱动，所以能够实现流水灯显示的方法较多，可以用位操作指令顺序控制端口亮灭，也可以用移位指令实现流水灯。

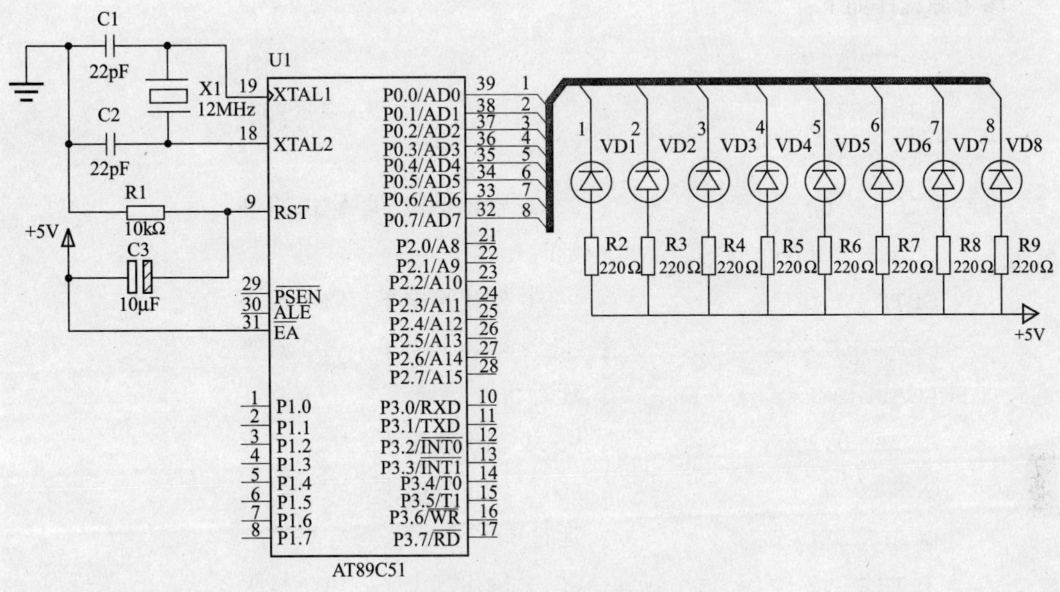

图 3—3—2　流水灯硬件电路图

2. 程序设计

(1) 位操作指令顺序控制端口实现流水灯程序设计

位操作指令顺序控制端口实现流水灯的程序流程图如图 3—3—3 所示。

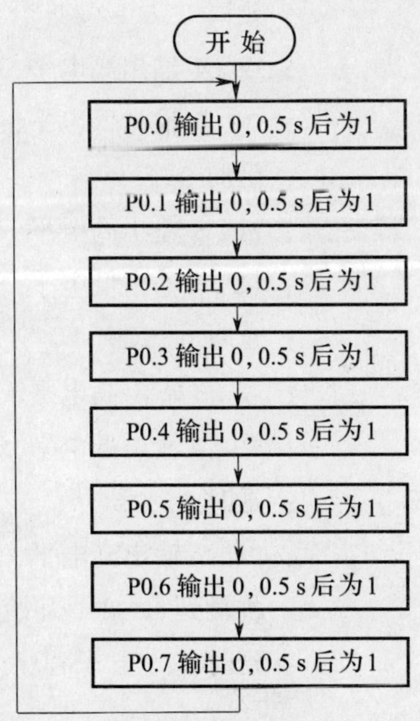

图 3—3—3　位操作指令顺序控制端口实现流水灯的程序流程图

参考源程序如下：

```
        ORG 0000H
        LJMP START
        ORG 0030H
START： CLR P0.0                 ；P0.0 输出低电平，VD1 灯亮
        LCALL DELAY              ；延时 0.5 s
        SETB P0.0                ；P0.0 输出高电平，VD1 灯灭
        CLR P0.1                 ；P0.1 输出低电平，VD2 灯亮
        LCALL DELAY              ；延时 0.5 s
        SETB P0.1                ；P0.1 输出高电平，VD2 灯灭
        CLR P0.2                 ；P0.2 输出低电平，VD3 灯亮
        LCALL DELAY              ；延时 0.5 s
        SETB P0.2                ；P0.2 输出高电平，VD3 灯灭
        CLR P0.3                 ；P0.3 输出低电平，VD4 灯亮
        LCALL DELAY              ；延时 0.5 s
        SETB P0.3                ；P0.3 输出高电平，VD4 灯灭
        CLR P0.4                 ；P0.4 输出低电平，VD5 灯亮
        LCALL DELAY              ；延时 0.5 s
        SETB P0.4                ；P0.4 输出高电平，VD5 灯灭
        CLR P0.5                 ；P0.5 输出低电平，VD6 灯亮
        LCALL DELAY              ；延时 0.5 s
        SETB P0.5                ；P0.5 输出高电平，VD6 灯灭
        CLR P0.6                 ；P0.6 输出低电平，VD7 灯亮
        LCALL DELAY              ；延时 0.5 s
        SETB P0.6                ；P0.6 输出高电平，VD7 灯灭
        CLR P0.7                 ；P0.7 输出低电平，VD8 灯亮
        LCALL DELAY              ；延时 0.5 s
        SETB P0.7                ；P0.7 输出高电平，VD8 灯灭
        LJMP START               ；跳转到 START 开始处，循环执行程序
DELAY： MOV R5，#20              ；延时 0.5 s 子程序
DE1：   MOV R6，#50
DE2：   MOV R7，#248
```

```
        DJNZ R7, $
        DJNZ R6, DE2
        DJNZ R5, DE1
        RET
        END
```

（2）移位指令实现流水灯程序设计

位操作指令顺序控制端口实现流水灯的程序较复杂，采用移位指令来实现流水灯程序则简单许多，其程序流程图如图 3—3—4 所示。

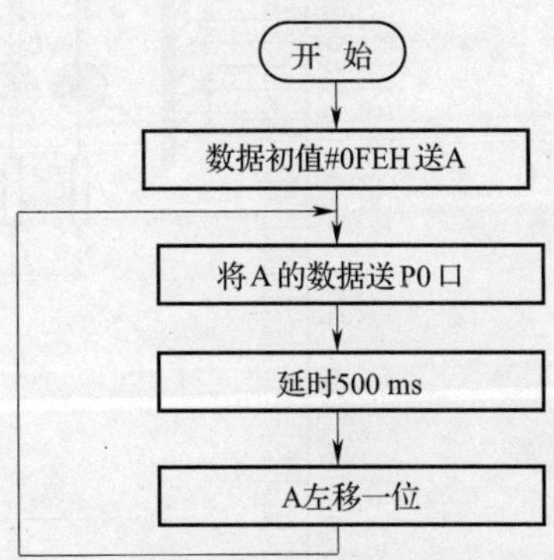

图 3—3—4　采用移位指令实现流水灯的程序流程图

参考源程序如下：

```
        ORG 0000H
        LJMP START
        ORG 0030H
START:  MOV A, #0FEH        ; 送 1111 1110 到 A
GB:     MOV P0, A           ; 点亮 P0.0 引脚连接的 LED
        LCALL DELAY         ; 调用延时子程序
        RL A                ; 左移
        SJMP GB
DELAY:  MOV R5, #20         ; 延时子程序，延时 0.5 s
D1:     MOV R6, #50
D2:     MOV R7, #248
        DJNZ R7, $
        DJNZ R6, D2
        DJNZ R5, D1
        RET
        END
```

三、程序编译与仿真

程序编写完成后，用 Keil 编译软件进行编译，生成 hex 文件。在 Proteus 仿真软件中按图 3—3—2 所示电路图绘制硬件电路，并将 hex 文件载入单片机中进行仿真运行，观察单片机运行结果，检验程序和电路设计是否达到设计的要求。图 3—3—5 所示为 LED 流水灯仿真效果图。

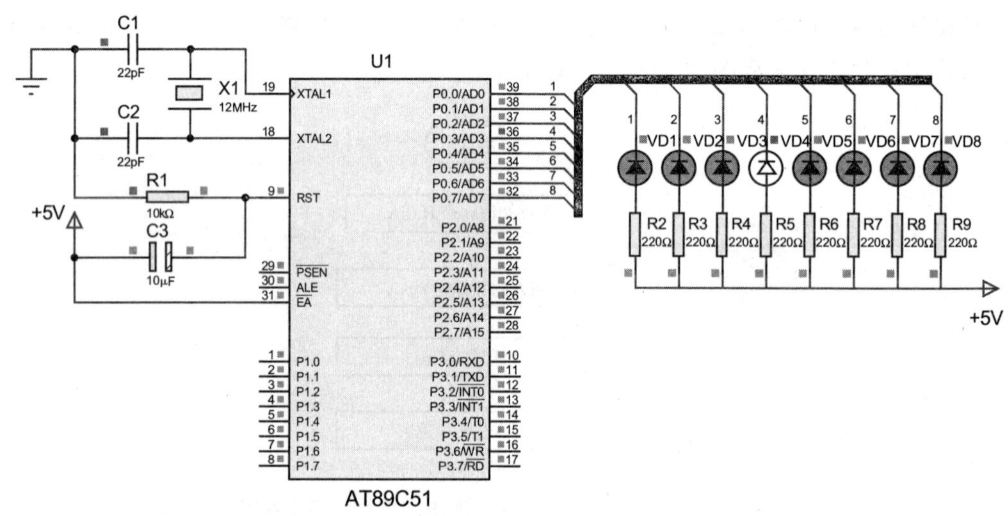

图 3—3—5　LED 流水灯仿真效果图

职业能力培养

流水灯可以从左到右依次循环点亮，也可以从右到左依次循环点亮，还可以逐一熄灭。试在指导教师的帮助下，小组讨论流水灯还有哪些样式，并查阅相关书籍或通过互联网检索，编制其程序流程图。

任务评价

根据任务考核评分表（见表 3—1—3）进行任务评价。

知识拓展

呼吸灯设计

1. 呼吸灯设计思路

呼吸灯是用 LED 模拟呼吸的过程，它利用 PWM 控制技术实现渐亮、渐暗、再渐亮、再渐暗……如此往复，利用 LED 的余辉和人眼的暂留效应，看上去就和人的呼吸一样。

呼吸灯是现在很多智能手机上都配备的一种部件，它其实是一种以闪光作为视觉提示的提示器。呼吸灯硬件电路图可参考采用 LED 指示灯的硬件电路图。

2. 呼吸灯源程序参考代码

```
        ORG 0000H
        LJMP START
        ORG 0030H
START:  MOV R0, #250            ；设置 PWM 脉冲宽度初始时间
        MOV R3, #0              ；设置 PWM 脉冲断续初始时间
        CLR 26H                 ；翻转灯亮灭标志位
LP1:    SETB P0.4               ；熄灭 LED
        MOV A, R0               ；熄灭 LED 循环次数从 250 至 0
        MOV R7, A
        LCALL DELAY
        CLR P0.4                ；点亮 LED
        MOV A, R3               ；点亮 LED 循环次数从 0 到 250
        MOV R7, A
        LCALL DELAY
        JB 26H, LP2
        INC R3
        DEC R0
        LJMP LP3
LP2:    DEC R3
        INC R0
        LJMP LP4
LP3:    MOV A, R0
        JNZ LP1
        MOV R0, #0
        MOV R3, #250
        SETB 26H
        SJMP LP1
LP4:    MOV A, R3
        JNZ LP1
```

```
        CLR 26H
        SJMP START
DELAY:  MOV R6, #10
DE1:    DJNZ R6, DE1
        DJNZ R7, DELAY
        RET
        END
```

思考与练习

1. MCS－51 系列单片机的指令格式是怎样的？
2. 什么是寻址方式？MCS－51 系列单片机有哪几种寻址方式？
3. 已知片内 RAM 38H 单元中的数为 12H，试分析如下程序段并指出其功能。

```
MOV R0, #38H
MOV DPTR, #1818H
MOV A, @R0
MOVX @DPTR, A
```

4. 指出下列每条指令的寻址方式。

```
MOV A, #30H          MOV @R0, 4FH
MOV 4FH, A           MOVC A, @A+DPTR
MOV R0, #20H         MOV 21H, 20H
MOV @R0, 4FH         MOV C, P1.0
```

5. 给出下列每条指令执行后的结果。

```
MOV 23H, #30H      ; (23H) =
MOV 12H, #34H      ; (12H) =
MOV R0, #23H       ; R0 =
MOV R7, 12H        ; R7 =
MOV R1, #12H       ; R1 =
MOV A, @R0         ; A =
MOV 34H, @R1       ; (34H) =
MOV 45H, 34H       ; (45H) =
MOV DPTR, #6712H   ; DPTR =
MOV 12H, DPH       ; (12H) =
```

```
MOV R0, DPL          ; R0 =
MOV A, @R0           ; A =
```

6. 用所学指令实现把累加器 A 中的高 4 位状态，通过 P1 口的低 4 位输出，P1 口的高 4 位状态不变。

7. 尝试用其他 I/O 口来控制流水灯，比如 P1、P2、P3 口。

8. 将本课题任务 3 中采用移位指令实现流水灯程序中的 RL A 指令改为 RR A 指令，观察亮灯的顺序有何变化。

课题四　LED 数码管显示器

在工业生产中常用仪器仪表进行检测，然后将检测结果显示出来，体育比赛中也需要对时间进行显示，这些都常用 LED 数码管（以下简称数码管）作为显示设备，如图4—0—1所示。数码管被广泛应用于各行各业，作为人机交互的输出设备。本课题将学习用单片机控制数码管显示。

a)

b)

图 4—0—1　数码管显示器

a）仪表显示器　b）计时显示器

知识目标

- ➢ 熟悉数码管的结构和工作原理。
- ➢ 掌握数码管的动、静态显示原理。
- ➢ 掌握数码管动、静态显示驱动电路连接方法。
- ➢ 掌握汇编语言算术运算指令的功能及用法。
- ➢ 熟悉汇编语言十进制数据的显示处理方法。

技能目标

- ➢ 能编写个位数码管显示程序。
- ➢ 能设计数码管动、静态显示硬件电路。
- ➢ 能编写简单的数码管动、静态显示程序。
- ➢ 能编写简易数字加法计数显示器的程序。

任务1　数码管静态显示数字

1. 熟悉数码管结构和工作原理。
2. 掌握数码管静态显示原理。
3. 掌握数码管静态显示驱动电路连接方法。
4. 能编写个位数码管显示程序。

日常生活中，人们使用微波炉加热食品往往需要设置加热时间，并用数码管作为显示设备来显示加热剩余时间。本任务是设计一个数码管显示器，实现间隔 1 s 循环显示 0 ~9 功能。

根据任务要求，本任务可利用数码管设计一个循环加 1 计数器，即利用单片机延时子程序产生 1 s 计时加 1，利用数码管作为显示设备显示 0 ~ 9，数码管显示器原理框图如图 4—1—1 所示。为完成此任务，需学习掌握数码管的结构、电路连接方法和静态显示原理等相关知识。

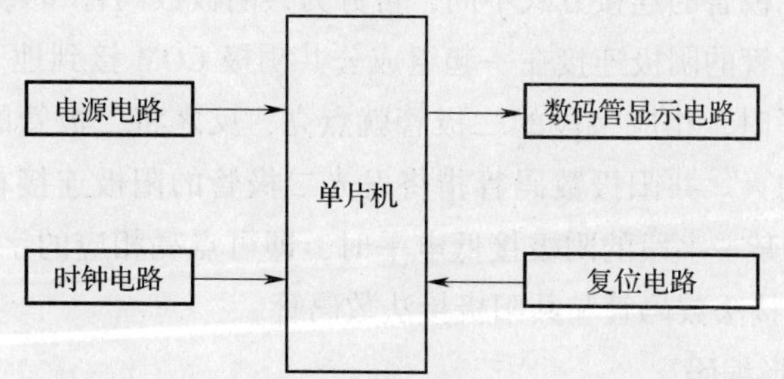

图 4—1—1　0 ~9 数码管显示器原理框图

一、LED 数码管

1. 数码管的结构

数码管是一种发光的半导体元器件，对其相应的引脚输入合适的电流，对应的二极管导通发亮，可以显示出字符。数码管实物图如图 4—1—2 所示。

图 4—1—2　数码管实物图

LED 数码管由 8 只发光二极管组成，其数字显示由 7 个条形发光二极管形成的“8”字形和小数点 dp 组成。数码管的段通常使用字母 a、b、c、d、e、f、g、dp 来标识。通过控制不同段发光二极管的导通组合，可以显示出不同的字符。数码管的结构如图 4—1—3所示。

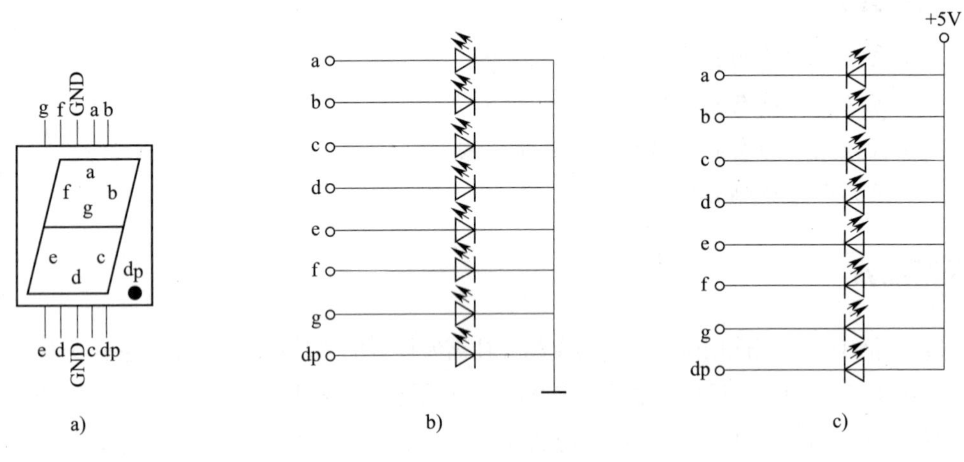

a) b) c)

图 4—1—3 数码管的结构

a）引脚排列 b）共阴极接法 c）共阳极接法

2. 数码管工作原理

数码管按发光二极管的连接方式不同，可分为共阴极数码管和共阳极数码管。共阴极数码管指将发光二极管的阴极连接在一起组成公共阴极 COM 接到地。当某一字段的发光二极管阳极为高电平时，相应字段的二极管就点亮，反之将二极管的阳极连接到低电平时，相应的字段就熄灭。共阳极数码管指将发光二极管的阳极连接在一起组成公共阳极 COM 接到 +5 V。当某一字段的阴极接低电平时，即可点亮相应的字段。如图 4—1—3b、c 所示分别为共阴极接法数码管和共阳极接法数码管。

3. 数码管的字形编码

要使数码管显示出需要的字符，就要给相应的引脚提供显示该字段的编码电平。数码管字形显示段和段码位的对应关系见表 4—1—1。

表 4—1—1 数码管字形显示段和段码位对应关系

段码位	D7	D6	D5	D4	D3	D2	D1	D0
字形显示段	dp	g	f	e	d	c	b	a

如使用共阳极数码管显示，数据 0 表示对应的字段发光二极管点亮，数据 1 表示对应的字段发光二极管熄灭；反之，使用共阴极数码管显示，数据 0 表示对应的字段发光二极管熄灭，数据 1 表示对应的字段发光二极管点亮。例如，用共阳极数码管显示 0，字形编码应为

11000000（即 C0H），如图 4—1—4 所示点亮字段发光二极管显示 0；用共阴极数码管显示 1，字形编码应为 00000110B（即 06H）。数码管显示字形与对应段码的关系见表 4—1—2。

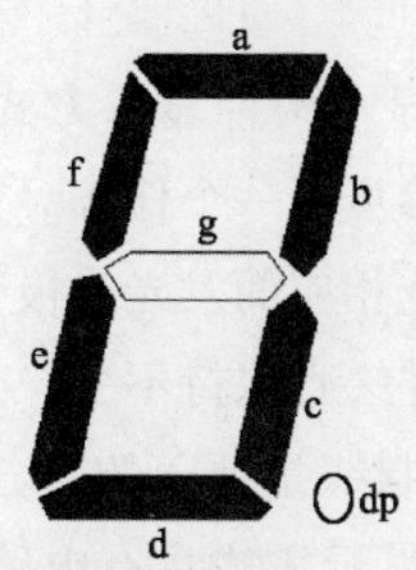

图 4—1—4　数码管显示 0 字符

表 4—1—2　　　　数码管显示字形与对应段码的关系

字形	共阳极	共阴极	字形	共阳极	共阴极
0	C0H	3FH	9	90H	6FH
1	F9H	06H	A	88H	77H
2	A4H	5BH	b	83H	7CH
3	B0H	4FH	C	C6H	39H
4	99H	66H	d	A1H	5EH
5	92H	6DH	E	86H	79H
6	82H	7DH	F	8EH	71H
7	F8H	07H	熄灭	FFH	00H
8	80H	7FH	P	8CH	73H

二、LED 数码管静态显示

1．数码管的显示方式

LED 数码管有静态显示和动态显示两种显示方式。本任务主要介绍数码管的静态显示方式，有关动态显示的相关内容参见下一个任务。

静态显示指数码管显示字符时，相应的发光二极管恒定点亮。单片机 I/O 口输出字符段码，数码管即显示出相应的字符并一直保持不变，直到 I/O 口输出新的段码。在静态显示方式下，每个 LED 数码管的段控制线是独立的，分别接到单片机的 8 位 I/O 口上，公共端 COM 连接到 +5 V 或地。静态显示方式具有电路结构简单、显示稳定、程序容易编写等优点，缺点是占用单片机的 I/O 口资源较多。

2．数码管静态显示驱动电路

（1）单片机端口直接驱动电路

单片机端口直接驱动电路如图 4—1—5 所示，单片机的 I/O 口通过限流电阻与共阳极数码管的引脚相连接。限流电阻的大小选择与发光二极管的限流电阻选择相同，一般为 220 Ω。

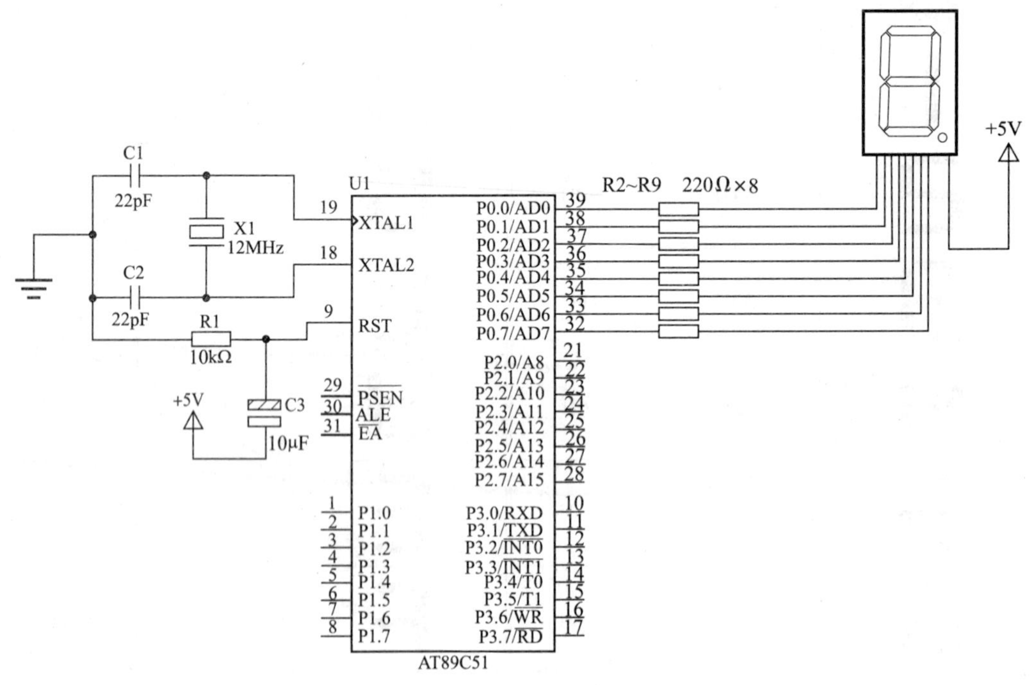

图 4—1—5　单片机端口直接驱动电路

（2）锁存器驱动电路

由于单片机 I/O 口驱动电流受到限制，采用直接驱动电路控制数码管显示时，会造成单片机功耗增加，负载过重，影响数码管显示亮度。为了克服直接驱动的缺陷，通常采用锁存器驱动电路间接增大数码管驱动电流，保证数码管显示亮度，降低单片机功耗。如图4—1—6 所示的锁存器驱动电路是单片机 I/O 口通过 74LS373 锁存器进行数据锁存，实现静态显示。

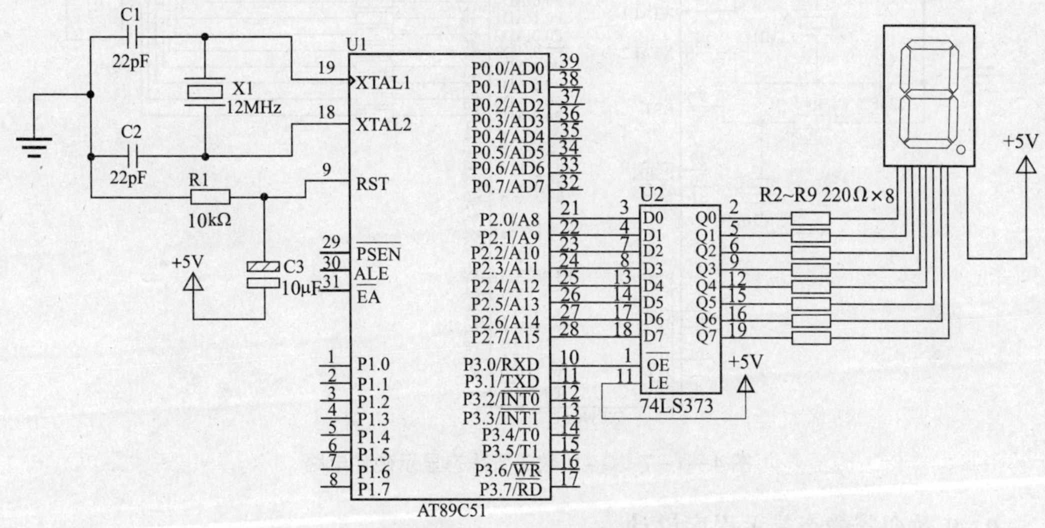

图 4—1—6　锁存器驱动电路

3. 单片机驱动数码管静态显示编程示例

如单片机直接驱动数码管，采用静态显示方式显示字符 1，则编程如下：

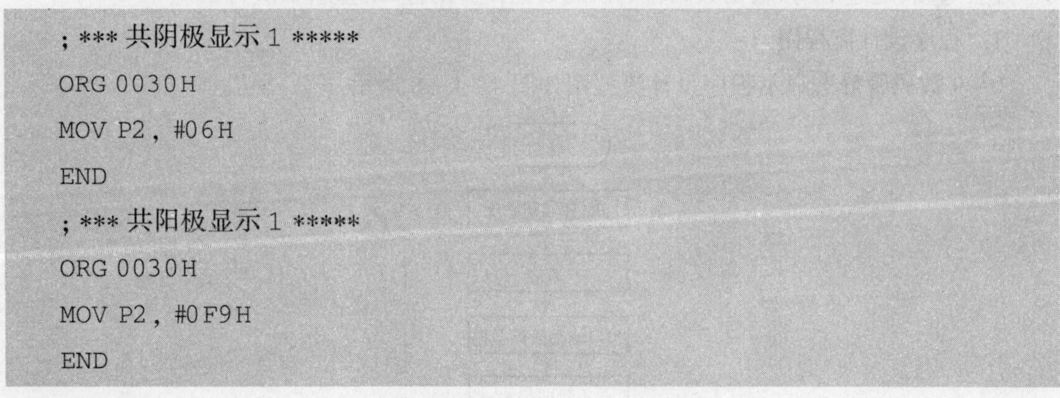

```
; *** 共阴极显示 1 *****
ORG 0030H
MOV P2, #06H
END
; *** 共阳极显示 1 *****
ORG 0030H
MOV P2, #0F9H
END
```

任务实施

一、0 ~ 9 数码管静态显示硬件电路设计

0 ~ 9 数码管静态显示硬件电路如图 4—1—7 所示，采用共阳极数码管作为计数显示，R2 ~ R9 为限流电阻，数码管的共阳极公共端连接到 +5 V 上。

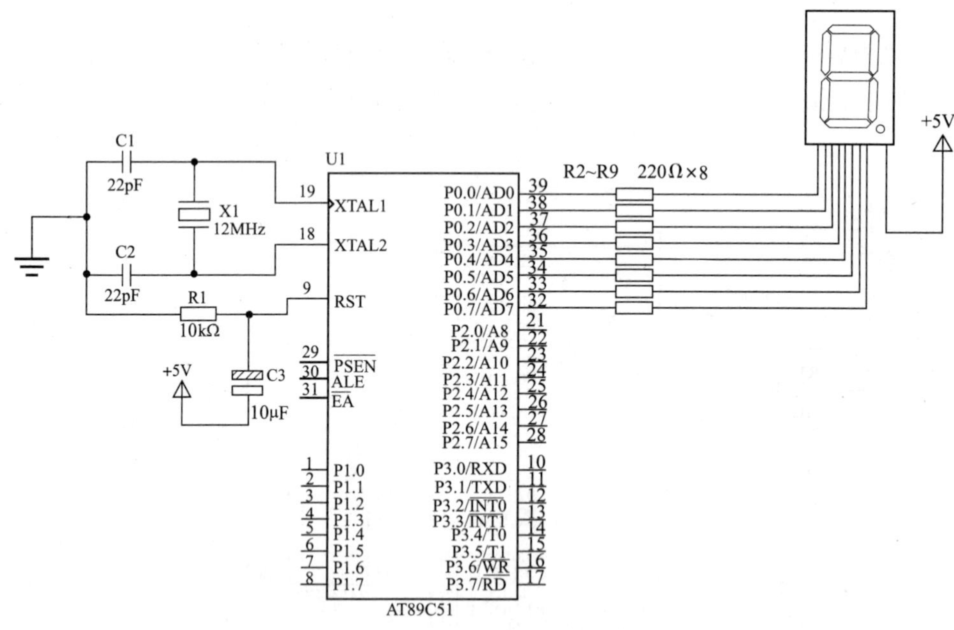

图 4—1—7　0 ~9 数码管静态显示硬件电路

二、0 ~9 数码管静态显示程序设计

数码管的公共端连接到 +5 V，单片机通过查表输出 0 ~9 的共阳极段码数据，数码管通过静态方式每隔 1s 加 1 计数循环显示 0 ~9。R1 存储数码管计数值，如果 R1 数值在 0 ~9内，查表通过 P0 口输出数码管的段码数据，否则将 R1 重新赋值为 0。

1. 程序设计流程图

0 ~9 数码管静态显示程序设计流程图如图 4—1—8 所示。

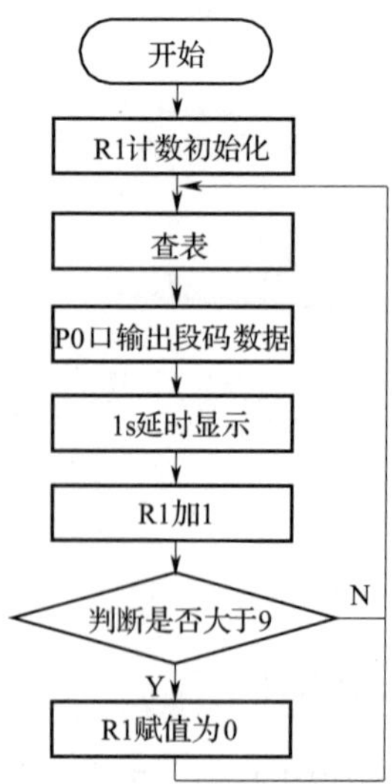

图 4—1—8　0 ~9 数码管静态显示程序设计流程图

2．参考程序

0～9 数码管静态显示参考程序如下：

```
          ORG 0000H
          LJMP MAIN                 ；转主程序
          ORG 0030H；
MAIN：    MOV SP，#5FH              ；初始化 SP 高于用户数据区
          MOV R1，#0                ；初始化数码管显示数值变量
          MOV DPTR，#TAB
LOOP：    MOV A，R1
          MOVC A，@ A＋DPTR         ；查表
          MOV P0，A                 ；输出段码
          ACALL DELAY1s
          INC R1
          CJNE R1，#10 ，NEXT
          MOV R1，#0
NEXT：    LJMP LOOP                 ；循环
DELAY1s： MOV R7，#10               ；1 s 延时子程序
D1：      MOV R6，#200
D0：      MOV R5，#0F8H
          DJNZ R5，$
          DJNZ R6，D0
          DJNZ R7，D1
          RET
TAB：     DB 0C0H，0F9H，0A4H，0B0H，99H    ；0～9 数字段码
          DB 92H，82H，0F8H，80H，90H
          END
```

三、程序编译与仿真

程序编写完成后，用 Keil 编译软件进行编译，生成 hex 文件。在 Proteus 仿真软件中按图 4—1—7 所示电路图绘制硬件电路，并将 hex 文件载入单片机中进行仿真运行，观察单片机运行结果，检验程序和电路设计是否达到设计的要求。图 4—1—9 所示为 0～9 数码管静态显示程序仿真效果图。

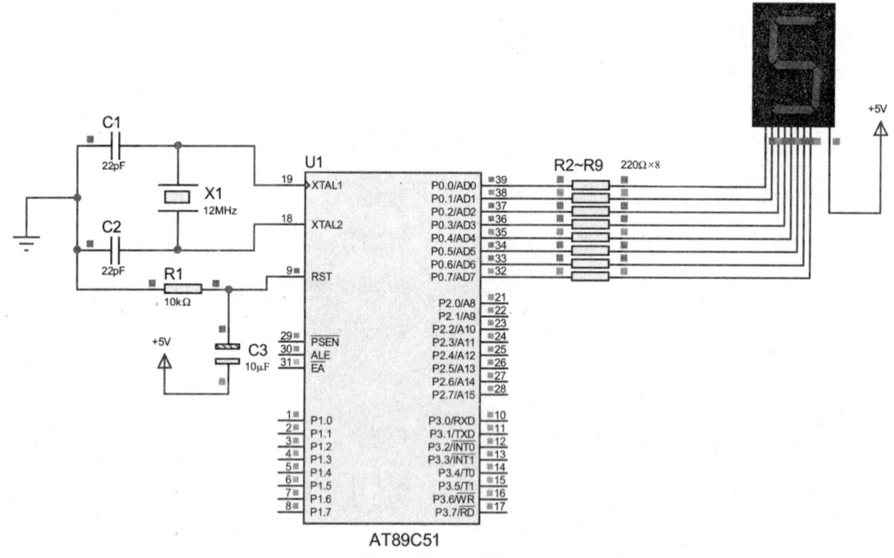

图 4—1—9　0 ~9 数码管静态显示程序仿真效果图

职业能力培养

数码管生产厂家很多，性能参数各不相同，引脚排列也略有差异，驱动电路选择则更灵活。试在指导教师的帮助下，查阅相关书籍或通过互联网检索，进一步熟悉和掌握数码管驱动电路的设计，熟悉单片机控制数码管显示程序的编写方法。

任务评价

根据任务考核评分表（见表 3—1—3）进行任务评价。

任务 2　数码管动态显示数字

学习目标

1. 掌握数码管动态显示原理。
2. 掌握数码管动态显示驱动电路连接方法。
3. 能编写简单数码管动态显示程序。

任务引入

仪器仪表、计时器等一般是显示多位数字，往往需要多位数码管作为显示设备。本任务设计一个 6 位数码管显示器，动态显示数字 123456，无闪烁，如图 4—2—1 所示。

图 4—2—1　6 位数码管显示器

由于本任务需要显示 6 个数字，要用到 6 个数码管，若采用静态方式显示则硬件电路复杂，制作成本高，为此采用动态显示方式，利用人眼视觉暂留效应达到稳定不闪烁显示效果。为完成此任务，需学习掌握数码管动态显示原理、驱动电路连接方法和编程等相关知识。

相关知识

一、数码管动态显示原理

数码管动态显示指将所有数码管的段码 a、b、c、d、e、f、g、dp 分别连接起来作为段选线，如图 4—2—2 所示。每个数码管的公共端 COM 作为位选控制端口。动态显示时，段选线上的字形码显示数据由数码管的位选端决定点亮哪一位数码管，单片机轮流控制位选端选通数码管，显示对应位置的字符。由于人眼的视觉暂留效应，人们看到的数码管动态显示为所有数码管都在同时显示不同的字符。在动态显示时，每位数码管稳定显示需要的时间为 1 ~5 ms。动态显示连接电路具有功耗低、占用单片机 I/O 口少等特点。

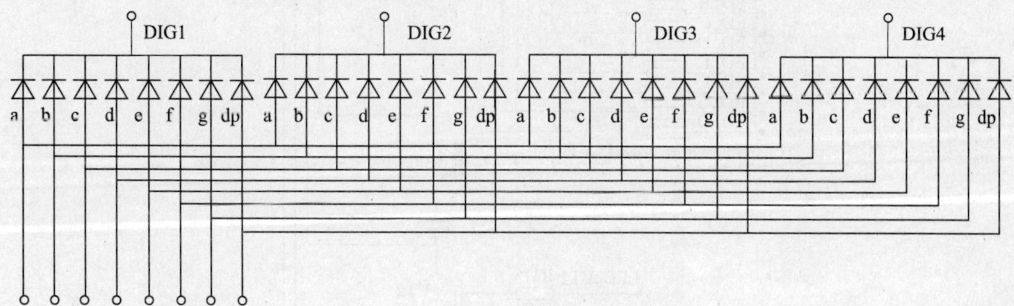

图 4—2—2　数码管动态显示连接图

【例 4—2—1】 采用如图 4—2—2 所示的共阴极数码管显示 1234。

解：首先给段选端送入 1 的字形码，同时给 DIG1 数码管的 COM 端低电平选通该数码管，给 DIG2、DIG3、DIG4 数码管的 COM 端高电平，则 1 显示在 DIG1 数码管上。经过约 2 ms的稳定显示时间后，再给段选端送入 2 的字形码，同时给 DIG2 数码管的 COM 端低电平选通该数码管，给 DIG1、DIG3、DIG4 数码管 COM 端高电平，则 2 显示在 DIG2 数码管上，再经过约 2 ms 的稳定显示时间。以此类推，不断循环选通点亮相应的数码管，人眼就会看到稳定显示在数码管上的 1234。

在数码管动态显示过程中，若进行位选切换时没有对上一位数码管显示的内容进行清空，则会导致当前数码管中出现上一位数码管内容的余影，从而使显示模糊，影响整个显示效果。为避免这种现象产生，在动态显示时可编写消隐程序清除余影。消隐的常用办法有两个：

1．在数码管位选信号切换前，先向段选端传送“不亮”字形码，然后再进行位选切换和正常传递新段码。

2．先禁止所有位选信号，将新段码传递后再进行新的位选。

二、数码管动态显示驱动电路

数码管动态显示具有节省I/O口的优点，但与静态显示方式相比，其亮度较低，因此单片机的动态显示需要配备合适的驱动电路。

1．单片机端口驱动数码管电路

单片机的I/O口通过限流电阻与数码管的段选端连接，位选端通过三极管控制选通，单片机端口驱动数码管电路如图4—2—3所示。单片机的I/O口通过输出高低电平控制基

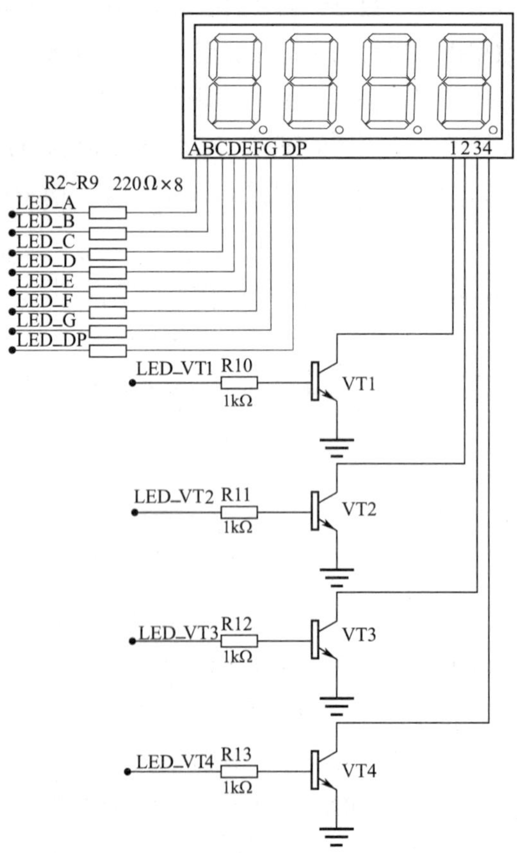

图4—2—3　单片机端口驱动数码管电路

极电流，从而控制三极管的导通和截止。在实际应用中，根据选择的是共阴极数码管或共阳极数码管，选择采用 NPN 型三极管或 PNP 型三极管。

2. 单片机锁存器驱动数码管电路

单片机锁存器驱动数码管电路如 4—2—4 所示。单片机的 I/O 口通过锁存器对数据进行锁存，适用于端口复用。

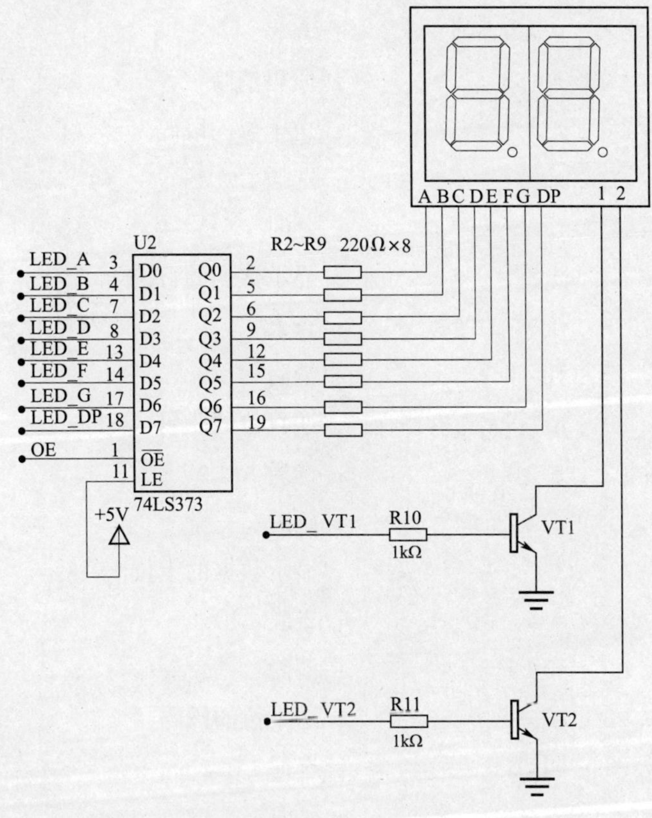

图 4—2—4 单片机锁存器驱动数码管电路

三、单片机驱动数码管动态显示编程示例

选用单片机端口直接驱动方式，参考图 4—2—3，采用动态显示方式编程显示 1234。编程时，在动态显示过程中需添加消隐程序，以避免显示混乱。参考程序如下：

```
        ORG 0000H
        LJMP MAIN                ; 转主程序
        ORG 0030H
MAIN:   MOV SP , #5FH
        MOV R1 , #1              ; 需要显示的数字 1
```

```
            MOV R2 , #2           ; 需要显示的数字 2
            MOV R3 , #3           ; 需要显示的数字 3
            MOV R4 , #4           ; 需要显示的数字 4
            MOV DPTR , #TAB
LOOP:       MOV A , R1            ; 显示数据的千位
            MOVC A , @ A + DPTR   ; 查表
            MOV P0 , #0           ; 段码消隐
            MOV P0 , A            ; 送千位的段码
            MOV P2 , #01H         ; 选通 LED1
            ACALL DELAY2ms        ; 延时
            MOV A , R2            ; 显示数据的百位
            MOVC A , @ A + DPTR   ; 查表
            MOV P0 , #0           ; 消隐
            MOV P0 , A            ; 送百位的段码
            MOV P2 , #02H         ; 选通 LED2
            ACALL DELAY2ms        ; 延时
            MOV A , R3            ; 显示数据的十位
            MOVC A , @ A + DPTR   ; 查表
            MOV P0 , #0           ; 消隐
            MOV P0 , A            ; 送十位的段码
            MOV P2 , #04H         ; 选通 LED3
            ACALL DELAY2ms        ; 延时
            MOV A , R4            ; 显示数据的个位
            MOVC A , @ A + DPTR   ; 查表
            MOV P0 , #0           ; 消隐
            MOV P0 , A            ; 送个位的段码
            MOV P2 , #08H         ; 选通 LED4
            ACALL DELAY2ms
            LJMP LOOP             ; 循环
DELAY2ms:   MOV R6 , #0AH         ; 2 ms 延时子程序
D0:         MOV R5 , #064H
```

```
        DJNZ R5 , $
        DJNZ R6 , D0
        RET
TAB:    DB 3FH, 06H, 5BH, 4FH, 66H; 共阴极数码管 0 ~9 数字段码
        DB 6DH, 7DH, 07H, 7FH, 6FH
        END
```

任务实施

一、6 位数码管显示器硬件电路设计

6 位数码管显示器的硬件电路如图 4—2—5 所示，采用共阳极数码管作为计数显示，R2 ~ R9 为限流电阻，数码管的共阳极公共端通过三极管 VT1 ~ VT6 提供驱动电流，数码管的段码数据由 P0 口输出，P2 口作为位选控制，当引脚输出为低电平时，三极管导通给数码管提供电流。

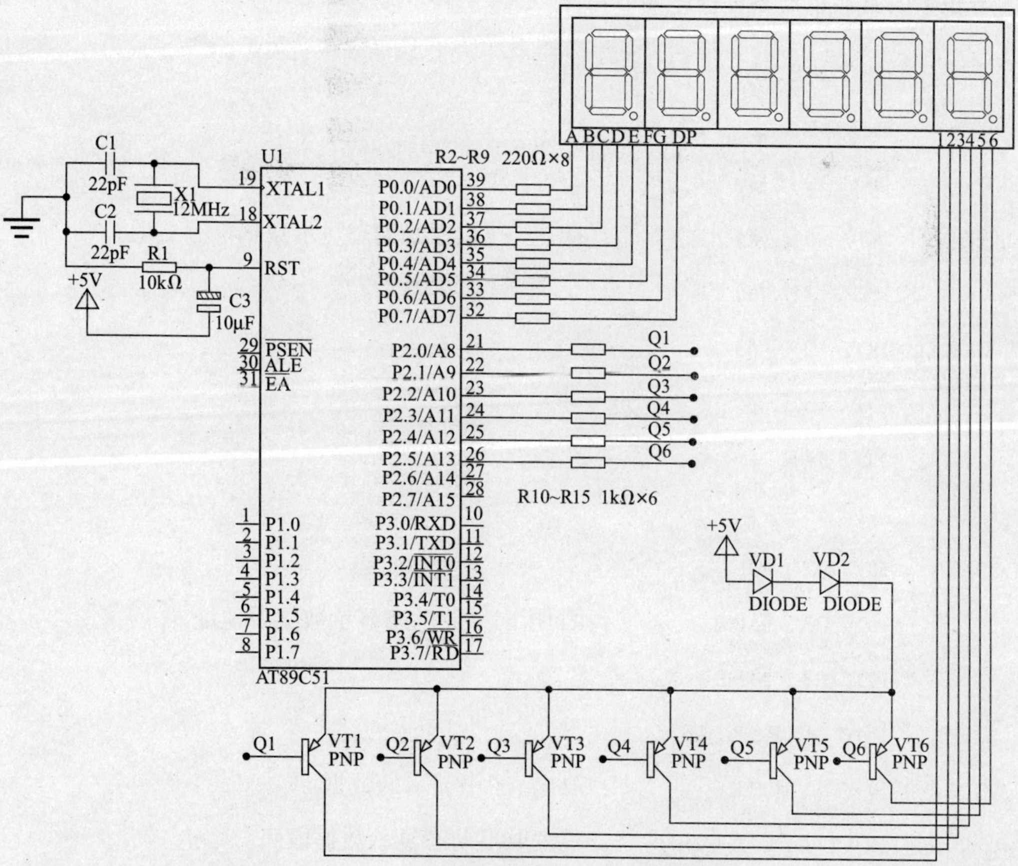

图 4—2—5　6 位数码管显示器的硬件电路

二、6 位数码管显示器程序设计

为了节省单片机的 I/O 口和简化硬件电路结构，本任务采用动态方式进行 6 位数码管的数字显示，单片机通过 P0 口提供段码数据，P2 口的 P2.0～P2.5 引脚作为数码管的选通位，轮流点亮相应的数码管。在本任务中，先将显示的 6 位 BCD 数据存储在 RAM 以 30H 为起始地址的位置中，然后分别取出十万、万、千、百、十、个位查表段码送 P0 口，数码管选通位送 P2 口，延时 2 ms，轮流选通扫描显示。

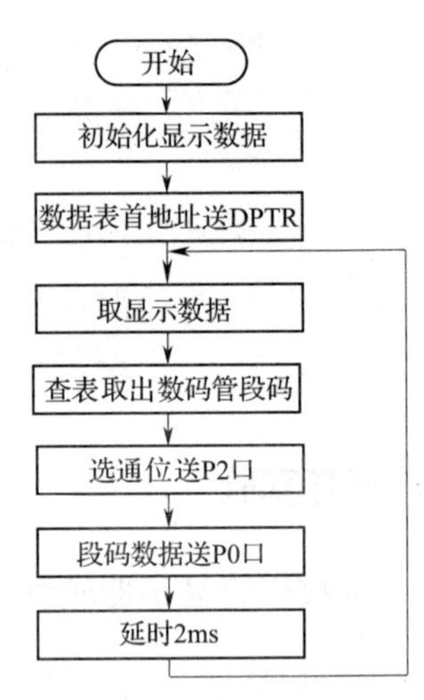

图 4—2—6　6 位数码管显示器的程序设计流程图

1. 程序设计流程图

6 位数码管显示器的程序设计流程图如图 4—2—6 所示。

2. 参考程序

6 位数码管显示器参考程序如下：

```
        ORG 0000H
        LJMP MAIN
        ORG 0030H
MAIN:   MOV 30H, #1           ; 30H～35H 存放动态显示数据
        MOV 31H, #2
        MOV 32H, #3
        MOV 33H, #4
        MOV 34H, #5
        MOV 35H, #6
LOOP1:  MOV R2, #06
        MOV R1, #30H          ; R1 指向存放动态显示数据首地址
        MOV R3, #0FEH
        MOV DPTR, #TAB
LOOP2:  MOV A, @ R1           ; 取出 R1 中显示的数据
        MOVC A, @ A + DPTR    ; 查表取出动态显示数据段码
        MOV P0, #0FFH         ; 段码消隐
```

```
            MOV P0，A              ；送动态显示的段码
            MOV P2，R3             ；选通位码
            LCALL DELAY2ms         ；延时 2 ms
            INC R1
            MOV A，R3
            RL A                   ；位码移动到下一位
            MOV R3，A
            DJNZ R2，LOOP2         ；6 位数据未显示完，继续循环
            LJMP LOOP1             ；重新开始动态显示循环
DELAY2ms：  MOV R6，#0AH           ；2 ms 延时子程序
D0：        MOV R5，#064H
            DJNZ R5，$
            DJNZ R6，D0
            RET
TAB：       DB 0C0H，0F9H，0A4H，0B0H，99H    ；共阳极数码管 0 ~9 数字段码
            DB 92H，82H，0F8H，80H，90H
            END
```

三、程序编译与仿真

程序编写完成后，用 Keil 编译软件进行编译，生成 hex 文件。在 Proteus 仿真软件中按图 4—2—5 所示电路图绘制硬件电路，并将 hex 文件载入单片机中进行仿真运行，观察单片机运行结果，检验程序和电路设计是否达到设计的要求。图 4—2—7 所示为 6 位数码管显示器仿真效果图。

职业能力培养

LED 数码管驱动显示除了可以采用单片机驱动方式显示字符外，还可以采用专用的数码管驱动芯片显示字符，如图 4—2—8 所示数码管驱动电路采用了 TM1618 专用驱动芯片。试在指导教师的帮助下，查阅相关书籍或通过互联网检索，进一步熟悉和掌握数码管专用驱动芯片，并通过小组讨论等方式进一步熟悉数码管动态显示程序的编写方法。

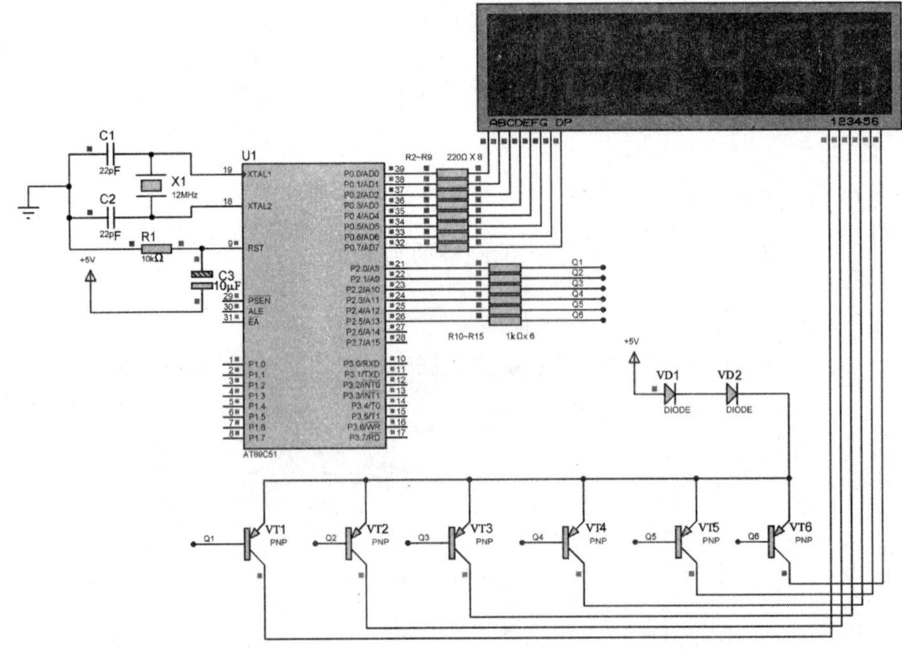

图 4—2—7　6 位数码管显示器仿真效果图

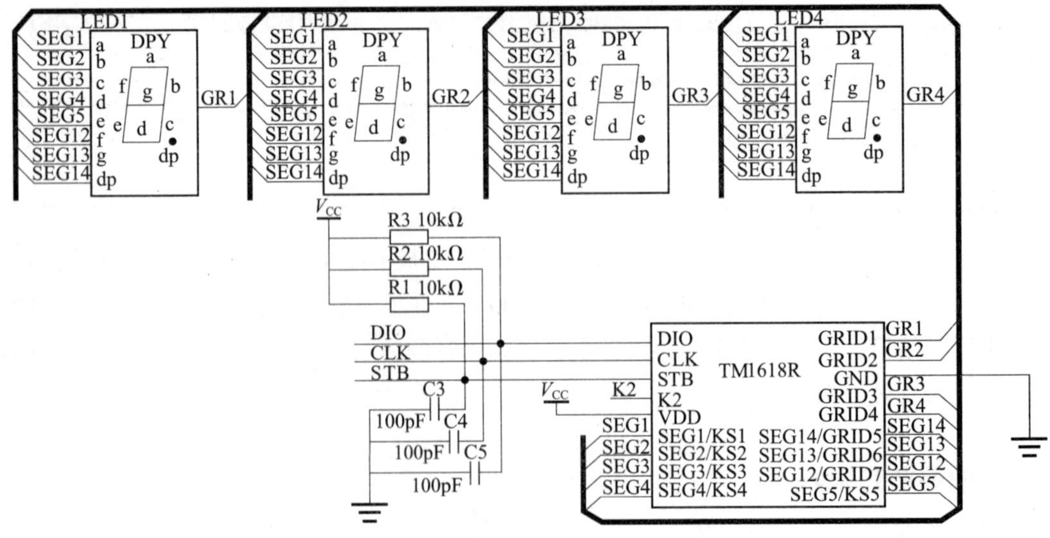

图 4—2—8　采用 TM1618 专用驱动芯片的数码管驱动电路

任务评价

根据任务考核评分表（见表 3—1—3）进行任务评价。

任务 3　加法计数显示器

学习目标

1. 掌握汇编语言算术运算指令的功能及用法。
2. 熟悉汇编语言十进制数据的显示处理方法。
3. 能设计加法计数显示器硬件电路。
4. 能编写简易数字加法计数显示器程序。

任务引入

日常生活中的秒表或脉冲计数器等都需要进行加 1 计数显示。本任务就来设计 1 个加法计数显示器，实现 0 ~ 99 间隔 1 s 自动加 1 计数循环显示。

分析任务要求可知，本任务是要利用单片机计数功能进行加 1 计数显示。由于只有两位数字显示，可以考虑采用数码管静态显示方式显示数字，利用延时子程序实现 1 s 的延时。在显示过程中，需要取出寄存器数值的十位、个位分别在数码管上显示。为完成此任务，需学习掌握算术运算指令、十进制数据显示处理等相关知识。

相关知识

汇编语言的算术运算指令共有 24 条，包括加法指令、减法指令和乘除指令。其中，加 1 指令 INC 和减 1 指令 DEC 在课题三中已有介绍，下面主要介绍余下的常用算术运算指令。

一、不带进位的加法指令

指令共有 4 条，功能是将立即数、直接地址、工作寄存器及间接寄存器的内容与累加器 A 的内容相加，运算结果存放在累加器 A 中。指令如下：

```
ADD A，#data      ; A←(A) + #data
ADD A，direct     ; A←(A) + (direct)
ADD A，Rn         ; A←(A) + (Rn)
ADD A，@Ri        ; A←(A) + ((Ri))
```

ADD 指令影响程序状态字寄存器 PSW 的 CY、AC、OV 和 P 位。

如果两个数相加的结果 D7 位产生进位，则 CY = 1，否则 CY = 0；如果结果的 D3 位产生进位，则 AC = 1，否则 AC = 0；如果 D7 位有进位，D6 位无进位，或者 D7 位无进位，D6 位有进位，则 OV =1，否则 OV =0；如果结果中累加器 A 中 1 的个数为奇数，则 P =1，否则 P =0。

【例 4—3—1】已知（A）=0B9H，（R0）=5DH，执行以下指令，分析累加器 A 及各标志位的内容。

ADD A，R0

解：将累加器 A 的内容与 R0 的内容相加，结果存放在累加器 A 中，即：

```
  (A)  =  1 0 1 1 1 0 0 1
+(R0)  =  0 1 0 1 1 1 0 1
--------------------------
  (A)  =  0 0 0 1 0 1 1 0
```

则运算结果为：(A) =16H，CY =1，AC =1，OV =0，P =1。

二、带进位的加法指令

指令共有 4 条，功能是将累加器 A 的内容和源操作数及进位 CY 相加，运算结果存放在累加器 A 中。指令如下：

```
ADDC A , #data ; A←(A) + #data + (CY)
ADDC A , direct ; A←(A) + (direct) + (CY)
ADDC A , Rn     ; A←(A) + (Rn) + (CY)
ADDC A , @Ri   ; A←(A) + ((Ri)) + (CY)
```

ADDC 指令的运算结果对 PSW 各位的影响与 ADD 指令相同。带进位加法指令常用于多字节数的加法运算，由于 MCS－51 系列单片机是 8 位机，若需要计算大于 8 位的加法，需利用 ADDC 指令实现高位带进位的相加，ADD 指令实现低位的相加。

【例 4—3—2】已知（A）=76H，（R1）=9CH，CY =1，执行以下指令，分析累加器 A 及各标志位的内容。

ADDC A，R1

解：将累加器 A 的内容与 R1 的内容和进位 CY 相加，结果存放在累加器 A 中，即：

```
    (A)  =  0 1 1 1 0 1 1 0
   (R1)  =  1 0 0 1 1 1 0 0
+  (CY)  =                1
----------------------------
    (A)  =  0 0 0 1 0 0 1 1
```

则运算结果为：(A) =13H，CY =1，AC =1，OV =1，P =1。

三、带借位的减法指令

指令共有 4 条，功能是将累加器 A 的内容减去源操作数并减去借位 CY 的内容，运算结果存放在累加器 A 中。指令如下：

SUBB A，#data ；A←(A) - #data - (CY)

SUBB A，direct ；A←(A) - (direct) - (CY)

SUBB A，Rn　 ；A←(A) - (Rn) - (CY)

SUBB A，@ Ri ；A←(A) - ((Ri)) - (CY)

SUBB 指令影响程序状态字寄存器 PSW 的 CY、AC、OV 和 P 位。

如果两个数相减结果的 D7 位有借位，则 CY = 1，否则 CY = 0；如果结果的 D3 位有借位，则 AC = 1，否则 AC = 0；如果 D7 位有借位，D6 位无借位，或者 D7 位无借位，D6 位有借位，则 OV = 1，否则 OV = 0；如果结果中累加器 A 中 1 的个数为奇数，则 P = 1，否则 P = 0。

【例 4—3—3】 已知（A） = 0E6H，（R2） = 5AH，CY = 1，执行以下指令，分析累加器 A 及各标志位的内容。

SUBB A，R2

解： 将累加器 A 的内容减去 R2 的内容，并减去借位 CY 的内容，结果存放在累加器 A 中，即：

```
   (A) =  1 1 1 0 0 1 1 0
  (R1) =  0 1 0 1 1 0 1 0
- (CY) =                1
------------------------
   (A) =  1 0 0 0 1 0 1 1
```

则运算结果为：（A） = 8BH，CY = 0，AC = 1，OV = 0，P = 0。

四、十进制调整指令

该指令只适合用于 BCD 码的加法运算，功能是执行加法运算后将累加器 A 中的结果进行十进制调整。指令如下：

DA A

两个 BCD 码数据执行 ADD 或 ADDC 加法指令后，必须经过 DA 指令十进制调整才能得到正确的 BCD 码。

该指令的具体操作过程为：

若（A）的低 4 位大于 9 或辅助进位 AC = 1，则 A←（A） + 06H。

若（A）的高 4 位大于 9 或进位 CY = 1，则 A←（A） + 60H。

【例 4—3—4】 已知 89H 和 73H 分别表示十进制数 89 和 73 的 BCD 码，CY = 0，AC = 0，执行以下指令，分析执行后的结果。

MOV A，#89H

ADD A，#73H

DA A

解：

```
    89        10001001 (BCD码)
+   73    +   01110011 (BCD码)
----------------------------------
              11111100   (因低4位大于9，故加06H调整)
          +   00000110
          ------------------------
             100000010   (因有进位CY=1，故加60H调整)
          +   01100000
----------------------------------
=  162       101100010   (BCD码)
```

则运算结果为：(A) =62，CY=1。

五、乘法指令

MUL AB　　；B←高8位，A←低8位

将累加器A和寄存器B中的两个8位无符号数相乘，积的低8位放在A中，高8位放在B中。如果积大于255，则OV置1，否则OV清0。CY标志位总是清0。

六、除法指令

DIV AB　　；A←商，B←余数

用A中的8位无符号数除以B中的8位无符号数，商（整数）存放在A中，余数存放在B中，且进位标志位CY和溢出标志位OV清0。

如果B的内容为0（即除数为0），则存放结果A、B中的内容不定，并且溢出标志位OV置1。

【例4—3—5】 已知 (A) =36，(B) =10，执行以下指令，分析执行后的结果。

DIV AB

解： (A) =03，(B) =06，CY=0，OV=0。

七、十进制数据显示处理

单片机对十进制数据的显示是用将其译码后形成的二进制段码去控制数码管显示。对于多位的十进制数据，要将其按照“个、十、百、千、万……”的十进制权位正确地显示出来，首先要将多位的十进制数据各个权位上的十进制数码分解出来。这通常要运用汇编语言中的除法指令来完成。以一个三位十进制数据“178”为例进行分析如下。

百位“1”的分解：利用除法指令DIV AB计算结果，可先将除数“100”存放到B中，被除数“178”送至A，执行DIV AB指令后，运算结果的商（整数）即为百位“1”。

178/100=1　百位“1”存放在A中；

余数“78”存放在 B 中。

十位、个位“7”“8”的分解：执行数据传送指令，将存放在 A 中的百位“1”存放到预先指定的百位数据地址区中。然后，将 B 中的余数“78”送至 A 中，将除数“10”送至 B 中，执行 DIV AB 指令后，运算结果的商（整数）即为十位“7”。

78/10 =7　十位“7”存放在 A 中；

余数即是个位“8”，存放在 B 中。

执行数据传送指令，将 A、B 存放的十位、个位“7”“8”分别存放到预先指定的十位、个位的数据地址区中。

任务实施

一、0 ~ 99 加法计数显示器硬件电路设计

0 ~ 99 加法计数显示器的硬件电路如图 4—3—1 所示，选用两个共阳极数码管作为计数显示，R2 ~ R17 为限流电阻，数码管的共阳极公共端连接到电源，P0 和 P2 口作为数码管的段码输出。

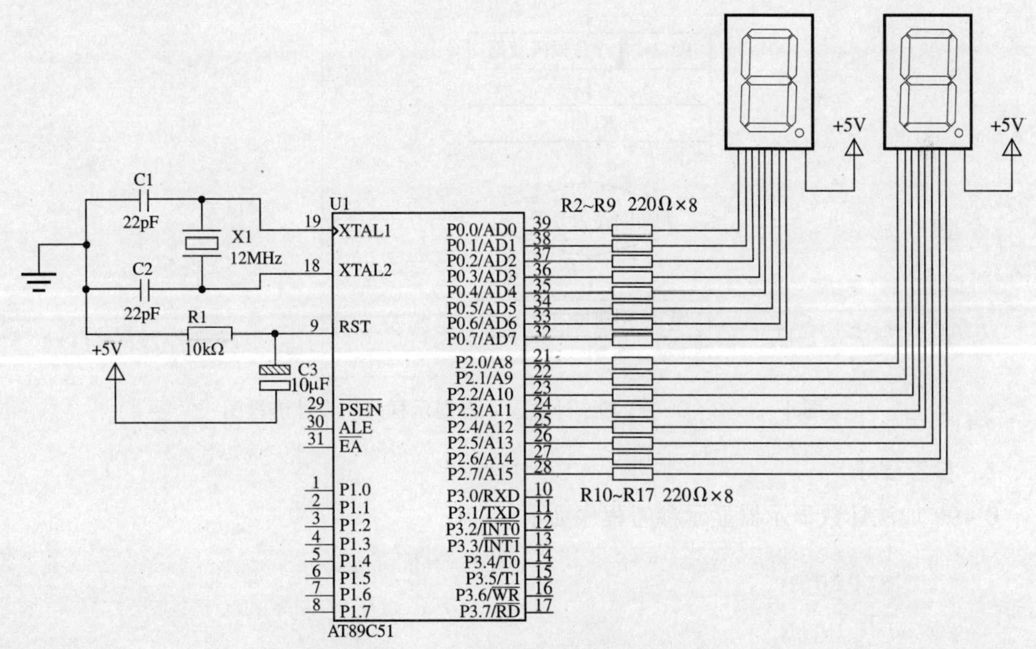

图 4—3—1　0 ~99 加法计数显示器的硬件电路

二、0 ~ 99 加法计数显示器显示程序设计

由于本任务只需要显示两位数字，故采用静态显示方式进行计数显示。将 R1 用作

计数显示，取出 R1 的十位、个位，利用查表法查询数码管的段码数据，通过 P0、P2 口送出。

1. 程序设计流程图

0～99 加法计数显示器显示程序的设计流程图如图 4—3—2 所示。

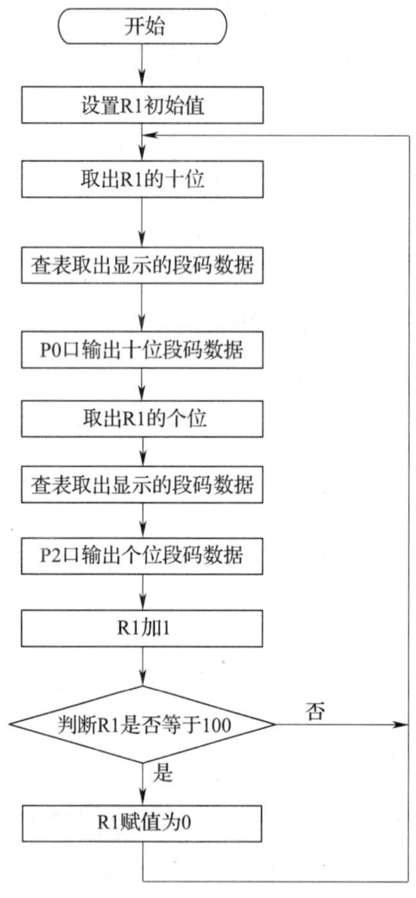

图 4—3—2　0～99 加法计数显示器显示程序的设计流程图

2. 参考程序

0～99 加法计数显示器显示参考程序如下：

```
        ORG 0000H
        LJMP MAIN                   ；转主程序
        ORG 0030H                   ；主程序起始地址
MAIN：  MOV SP, #5FH
        MOV R1, #0                  ；存放计数显示变量
        MOV DPTR, #TAB
```

```
LOOP:     MOV A, R1                               ; 取出 R1 中显示的十位、个位
          MOV B, #10
          DIV AB
          MOVC A, @ A + DPTR                      ; 查表
          MOV P0, A                               ; 送十位的段码数据
          MOV A, B                                ; 个位存在寄存器 B 中
          MOVC A, @ A + DPTR                      ; 查表
          MOV P2, A                               ; 送个位的段码数据
          LCALL DELAY1s
          MOV A, R1
          ADD A, #1                               ; 计数器加 1
          MOV R1, A
          CJNE R1, #100, NEXT                     ; 判断 R1 是否超出 0 ~99 范围
          MOV R1, #0
NEXT:     LJMP LOOP                               ; 循环

DELAY1s:  MOV R7, #10                             ; 1s 延时子程序
D1:       MOV R6, #200
D0:       MOV R5, #248
          DJNZ R5, $
          DJNZ R6, D0
          DJNZ R7, D1
          RET
TAB:      DB 0C0H, 0F9H, 0A4H, 0B0H, 99H ; 共阳极数码管 0 ~9 数字段码
          DB 92H, 82H, 0F8H, 80H, 90H
          END
```

三、程序编译与仿真

程序编写完成后，用 Keil 编译软件进行编译，生成 hex 文件。在 Proteus 仿真软件中按图 4—3—1 所示电路图绘制硬件电路，并将 hex 文件载入单片机中进行仿真运行，观察单片机运行结果，检验程序和电路设计是否达到设计的要求。图 4—3—3 所示为 0 ~ 99 加法计数显示器显示仿真效果图。

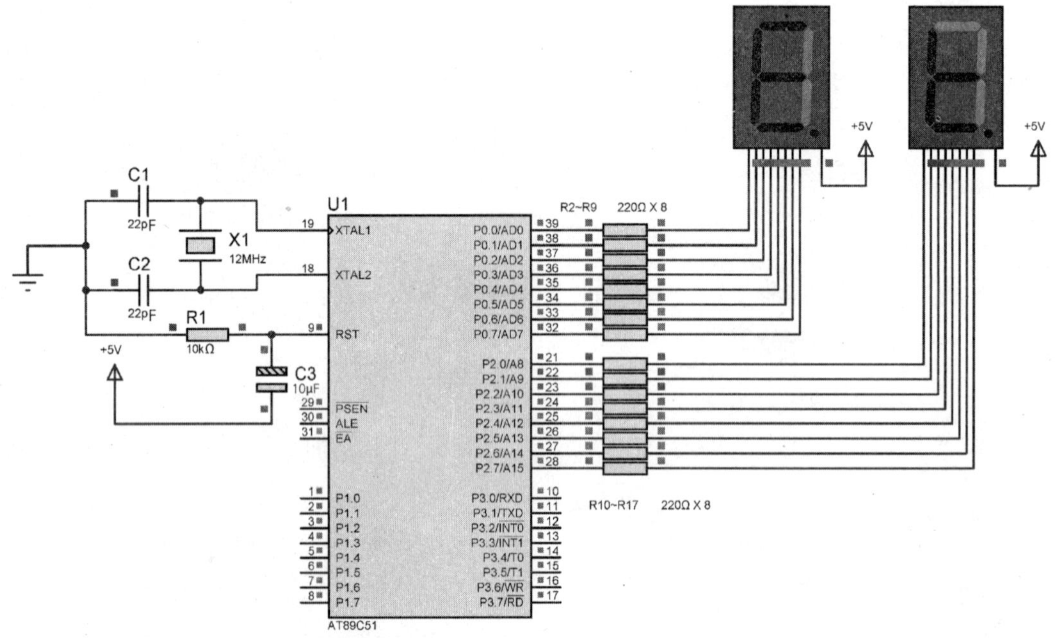

图 4—3—3　0 ~99 加法计数显示器显示仿真效果图

职业能力培养

数码管显示器显示可以用静态方式实现，也可以用动态方式实现，试在指导教师的帮助下，查阅相关书籍或通过互联网检索，进一步熟悉和掌握数码管动、静态显示程序编写，通过小组讨论等方式总结对比静态显示方式和动态显示方式各自的优缺点。

任务评价

根据任务考核评分表（见表 3—1—3）进行任务评价。

知识拓展

数码管显示简易电子时钟设计

1. 简易电子时钟硬件电路设计

数码管显示简易电子时钟的硬件电路如图 4—3—4 所示，选用 8 位共阳极数码管作为计数显示，R2 ~ R17 为限流电阻，数码管的共阳极公共端连接到相应的 PNP 型三极管的集电极上，P0 口作为数码管的段码输出，P2 口作为数码管的位选输出。

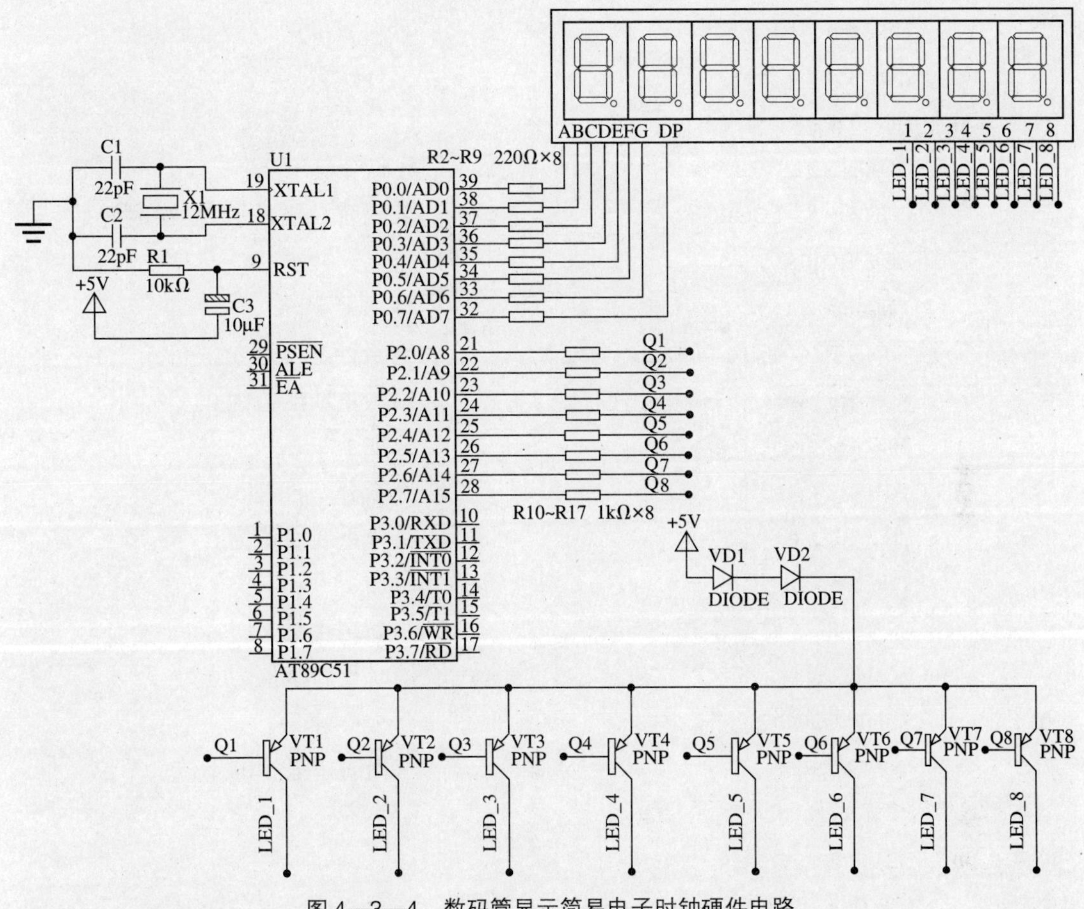

图 4—3—4 数码管显示简易电子时钟硬件电路

2. 简易电子时钟程序设计

由于本任务需要显示时、分、秒，每个显示变量采用“ - ”字符分隔开，故采用动态显示方式显示数字，每个字符等待稳定的时间是 5 ms，通过计算，循环显示 25 次需要的时间是 1 s。本任务中采用 R1、R2、R3 分别代表显示的时、分、秒。

参考程序：

```
        ORG 0000H
        LJMP MAIN                 ；转主程序
        ORG 0030H;
MAIN:   MOV SP, #5FH
        MOV R1, #0                ；时
        MOV R2, #0                ；分
```

```
         MOV R3, #0                    ; 秒
         MOV R4, #25                   ; 循环次数
         MOV DPTR , #TAB
LOOP:    ACALL DISPLAY                 ; 数码管显示
         DJNZ R4, LOOP                 ; 数码管扫描显示25次时间是1s
         MOV R4, #25
         INC R3                        ; 秒加1
         CJNE R3, #60 , NEXT1          ; 判断秒是否是60
         MOV R3, #0                    ; 给秒重新赋值为0
         INC R2                        ; 分加1
         CJNE R2, #60 , NEXT1          ; 判断分是否是60
         MOV R2, #0                    ; 给分重新赋值为0
         INC R1                        ; 时加1
         CJNE R1, #24 , NEXT1          ; 判断是否是24
         MOV R1, #0                    ; 给时重新赋值为0
NEXT1:   SJMP LOOP
DISPLAY: MOV A, R1                     ; 取出时中显示的十位、个位
         MOV B, #10
         DIV AB
         MOVC A, @ A + DPTR            ; 查表
         MOV P0, #0FFH                 ; 段码消隐
         MOV P0, A                     ; 送小时的十位
         MOV P2, #0FEH                 ; 选通位码
         ACALL DELAY5ms
         MOV A, B
         MOVC A, @ A + DPTR            ; 查表
         MOV P0, #0FFH                 ; 段码消隐
         MOV P0, A                     ; 送小时的个位
         MOV P2, #0FDH                 ; 选通位码
         ACALL DELAY5ms
         MOV P0, #0FFH                 ; 段码消隐
         MOV P0, #0BFH                 ; 送动态显示" - "
         MOV P2, #0FBH                 ; 选通位码
```

```
ACALL DELAY5ms
MOV A, R2                        ; 取出分中显示的十位、个位
MOV B, #10
DIV AB
MOVC A, @ A + DPTR               ; 查表
MOV P0, #0FFH                    ; 段码消隐
MOV P0, A                        ; 送分的十位
MOV P2, #0F7H                    ; 选通位码
ACALL DELAY5ms
MOV A, B
MOVC A, @ A + DPTR               ; 查表
MOV P0, #0FFH                    ; 段码消隐
MOV P0, A                        ; 送分的个位
MOV P2, #0EFH                    ; 选通位码
ACALL DELAY5ms
MOV P0, #0FFH                    ; 段码消隐
MOV P0, #0BFH                    ; 送动态显示" - "
MOV P2, #0DFH                    ; 选通位码
ACALL DELAY5ms
MOV A, R3                        ; 取出秒中显示的十位、个位
MOV B, #10
DIV AB
MOVC A, @ A + DPTR               ; 查表
MOV P0, #0FFH                    ; 段码消隐
MOV P0, A                        ; 送秒的十位
MOV P2, #0BFH                    ; 选通位码
ACALL DELAY5ms
MOV A, B
MOVC A, @ A + DPTR               ; 查表
MOV P0, #0FFH                    ; 段码消隐
MOV P0, A                        ; 送秒的个位
MOV P2, #7FH                     ; 选通位码
ACALL DELAY5ms
```

```
          RET
DELAY5ms: MOV R6, #10                        ; 5ms 延时子程序
D3:       MOV R5, #0F8H
          DJNZ R5, $
          DJNZ R6, D3
          RET
TAB:      DB 0C0H, 0F9H, 0A4H, 0B0H, 99H     ; 共阳极数码管 0 ~9 数字段码
          DB 92H, 82H, 0F8H, 80H, 90H
          END
```

思考与练习

1. 数码管有哪几种显示方式？其特点分别有哪些？
2. 使用锁存器驱动方式设计 8 位共阳极数码管的驱动电路。
3. 使用加法指令编写数值 1237H 与数值 25DFH 的求和程序。
4. 采用数码管动态显示方式，编写程序实现“HELLO”图形显示。
5. 采用数码管动态显示方式，编写程序实现从 10 s 到 0 s 的倒计时显示器。

课题五　键 盘 检 测

在日常生活中，人们调整电风扇的挡位、洗衣机洗衣时间、电视机频道、空调的温度时，往往通过按下遥控器的按键或控制面板的按键来输入控制信息，如图 5—0—1 所示。这种通过键盘输入信息的方式是与单片机进行人机交互最常见的方式。本课题将学习通过键盘设备与单片机进行人机交互的方法。

a）

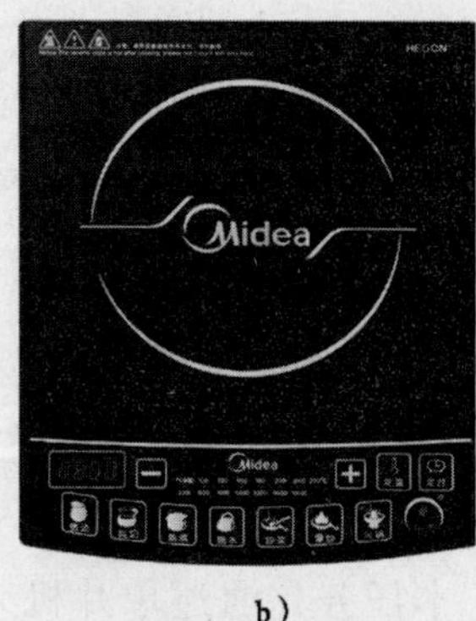

b）

图 5—0—1　家居设备控制面板图

a）空调遥控器　b）电磁炉控制面板

知识目标

➢ 理解中断的概念。
➢ 了解 MCS-51 系列单片机内部中断系统及其工作原理。
➢ 掌握与 MCS-51 系列单片机外部中断相关的特殊功能寄存器。
➢ 掌握 MCS-51 系列单片机外部中断的工作方式及应用。
➢ 掌握中断服务程序的设计方法。
➢ 了解按键的特性及其与单片机端口的连接方法。
➢ 熟悉按键消抖的原理。
➢ 掌握按键值的识别方法。

技能目标

➢ 能编写中断服务程序。
➢ 能设计单片机 I/O 口的按键输入电路。
➢ 能编写单键控制程序。

任务1　防盗报警灯

学习目标

1. 理解中断的概念。
2. 了解 MCS－51 系列单片机外部中断系统及其工作原理。
3. 掌握与 MCS－51 系列单片机外部中断相关的特殊功能寄存器。
4. 掌握 MCS－51 系列单片机外部中断的工作方式及应用。
5. 掌握中断服务程序的设计方法。
6. 能设计防盗报警灯控制器的硬件电路，并编程实现防盗报警灯控制。

任务引入

在日常生活中，人们为了保护贵重物品常安装智能监控设备。当有人入侵时便会触发安全警报，双色报警灯闪烁，如图 5—1—1 所示，通知安防人员进行巡查。本任务是通过单片机来实现防盗报警灯的设计，要求防盗报警灯具有防盗报警功能，当外部中断 0 引脚检测到安防传感器输出为低电平信号时，上下两个 LED 灯进行报警。本任务中，采用独立按键将单片机的 I/O 口接地，模拟安防信号的产生。

图 5—1—1　双色报警灯

分析任务要求可知，本任务可用单片机中断功能设计一个低电平触发中断的防盗报警灯控制器，利用按键模拟人体红外传感器，当按键按下时模拟有人闯入安防区，红、蓝 LED 灯轮流闪烁，发出警报；当按键松开时，红、蓝 LED 灯熄灭。

相关知识

一、中断系统

1. 中断的概念

当单片机 CPU 正在处理某事件时，外界发出紧急事件请求，要求单片机 CPU 暂停当前事件，转去处理紧急事件，处理完成后再回到原来事件被中断的地方继续执行，该过程被称为中断。

单片机 CPU 中断事件的过程如图 5—1—2 所示。

2. 中断的必要性

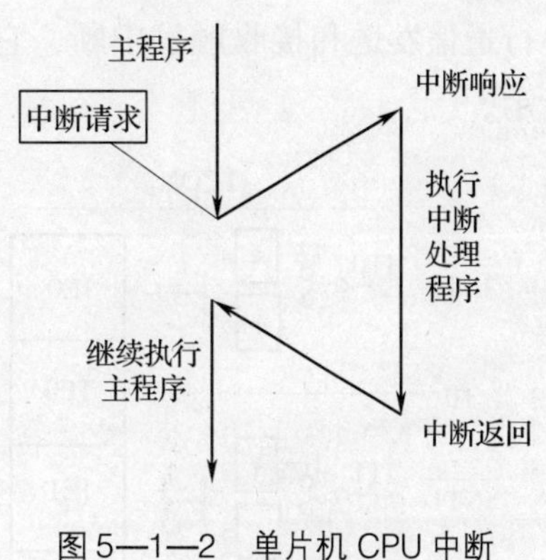

图 5—1—2　单片机 CPU 中断事件的过程

单片机程序应用中使用中断，能有效提高单片机系统的工作效率和处理事件的实时性。单片机中断主要有以下几个功能：

（1）多任务分时处理功能

在多任务时使用定时器中断可以进行任务调度，同时处理多个任务事件，缩短单片机 CPU 的等待时间，提高工作效率。

（2）事件实时处理功能

在实时监控生产中，常需要及时处理外部设备请求事件，利用单片机中断系统及时响应外部设备请求事件进而对事件进行处理，可实现事件的实时处理。

（3）故障及时处理功能

单片机在处理正常事件时常会出现突发故障事件，利用单片机中断系统根据请求暂时中断正在执行的事件，去响应突发故障事件，可实现故障事件的及时处理。

3. 中断源

MCS－51 系列单片机有 3 类中断：外部中断、定时器中断和串口中断。单片机 CPU 中断请求源称为中断源。MCS－51 系列单片机通常包含 5 个中断源，它们分别为外部中断 0（$\overline{\text{INT0}}$）、定时器 0 中断、外部中断 1（$\overline{\text{INT1}}$）、定时器 1 中断和串口（UART）中断。中断号及中断源入口地址见表 5—1—1。

表 5—1—1　　中断号及中断源入口地址

中断源	中断入口地址	中断标志	中断号	中断优先级
外部中断 0（$\overline{\text{INT0}}$）	0003H	IE0	0	高
定时器 0 中断	000BH	TF0	1	↓
外部中断 1（$\overline{\text{INT1}}$）	0013H	IE1	2	↓
定时器 1 中断	001BH	TF1	3	↓
串口中断	0023H	TI、RI	4	低

4. 中断系统内部结构

单片机由外部信号触发产生的中断称为外部中断。MCS－51 系列单片机有两个外部中断，分别为外部中断 0（$\overline{\text{INT0}}$），由 P3.2 引脚输入；外部中断 1（$\overline{\text{INT1}}$），由 P3.3 引脚输入。可选择低电平触发中断或下降沿触发中断。两个内部定时器中断分别为定时器 T0 中断和定时器 T1 中断，它们由定时/计数器 T0、T1 的计数溢出产生中断。串口中断由串行通信发送和接收触发中断，它们共用一个中断源。中断系统内部结构如图 5—1—3 所示。

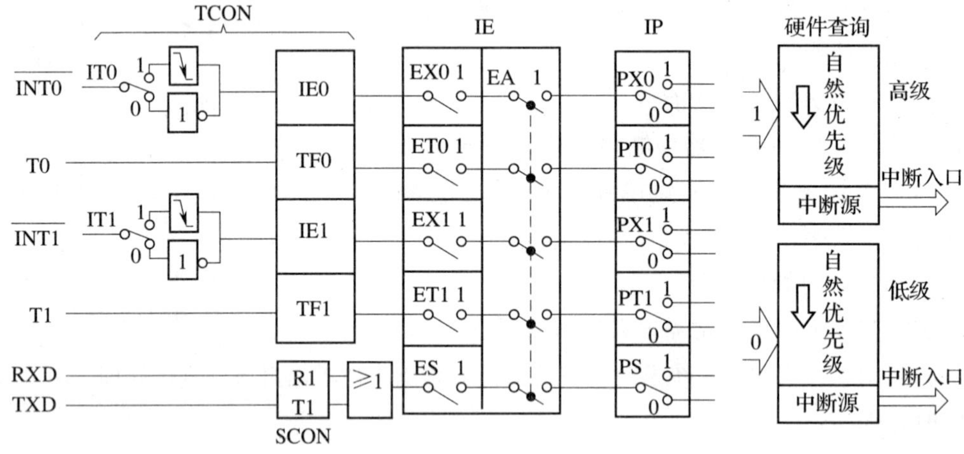

图 5—1—3　中断系统内部结构

二、中断控制相关寄存器

1．中断允许寄存器 IE

用于控制单片机 CPU 总中断和各个对应中断的许可。IE 字节地址为 A8H，可进行位寻址。IE 寄存器位定义见表 5—1—2。

表 5—1—2　IE 寄存器位定义

位地址	AFH	AEH	ADH	ACH	ABH	AAH	A9H	A8H
位定义	EA	—	—	ES	ET1	EX1	ET0	EX0

EA：单片机 CPU 中断总控制位。当 EA =0 时，禁止所有中断，CPU 不再响应任何中断请求。当 EA =1 时，开放所有中断，但 CPU 是否响应相应的中断，还需要看相应的中断源位是否允许。EA 的作用是使中断允许形成两级控制，即首先 EA 总中断控制，其次还受各中断源的允许位控制。

ES：串口中断允许位。当 ES =0 时，禁止串行接口中断；当 ES =1 时，允许串行接口中断。

ET1：定时/计数器 T1 的溢出中断允许位。当 ET1 =0 时，禁止 T1 中断；当 ET1 =1 时，允许 T1 中断。

EX1：外部中断 1（$\overline{\text{INT1}}$）的允许位。当 EX1 =0 时，禁止外部中断 1 中断；当 EX1 =1 时，允许外部中断 1 中断。

ET0：定时/计数器 T0 的溢出中断允许位。当 ET0 = 0 时，禁止 T0 中断；当 ET0 = 1 时，允许 T0 中断。

EX0：外部中断 0（$\overline{\text{INT0}}$）的允许位。当 EX0 = 0 时，禁止外部中断 0 中断；当 EX0 = 1 时，允许外部中断 0 中断。

2. 定时/计数器控制寄存器 TCON

TCON 为定时/计数器 T0、T1 的控制寄存器，包括定时/计数器 T0、T1 的溢出中断请求、外部中断 0 和外部中断 1 的请求。TCON 可进行位寻址，字节地址为 88H。TCON 定时/计数器控制寄存器位定义见表 5—1—3。本任务主要介绍外部中断部分，其他部分将在后续课题中介绍。

表 5—1—3　　TCON 定时/计数器控制寄存器位定义

位地址	8FH	8EH	8DH	8CH	8BH	8AH	89H	88H
位定义	TF1	TR1	TF0	TR0	IE1	IT1	IE0	IT0

IE1：外部中断 1 请求标志位。当外部中断向 CPU 请求中断时，IE1 由硬件置 1；当 CPU 响应该中断时，IE1 由硬件自动清零。

IT1：外部中断 1 中断触发类型选择位。当 IT1 = 0 时，$\overline{\text{INT1}}$/P3. 3 引脚上的中断触发方式为低电平触发；当 IT1 = 1 时，$\overline{\text{INT1}}$/P3. 3 引脚上的中断触发方式为下降沿触发。

IE0：外部中断 0 请求标志位。当外部中断向 CPU 请求中断时，IE0 由硬件置 1；当 CPU 响应该中断时，IE0 由硬件自动清零。

IT0：外部中断 0 中断触发类型选择位。当 IT0 = 0 时，$\overline{\text{INT0}}$/P3. 2 引脚上的中断触发方式为低电平触发；当 IT0 = 1 时，$\overline{\text{INT0}}$/P3. 2 引脚上的中断触发方式为下降沿触发。

3. 中断优先级寄存器 IP

IP 寄存器用于确定每个中断源的优先级别。IP 寄存器的字节地址为 B8H，可进行位寻址。IP 中断优先级寄存器位定义见表 5—1—4。

表 5—1—4　　IP 中断优先级寄存器位定义

位地址	BFH	BEH	BDH	BCH	BBH	BAH	B9H	B8H
位定义	—	—	—	PS	PT1	PX1	PT0	PX0

PS：串口中断优先级设定位。当 PS = 1 时，设置串口中断为最高优先级。

PT1：定时/计数器 1 中断优先级设定位。当 PT1 = 1 时，设置定时/计数器 1 中断为最高优先级。

PX1：外部中断1中断优先级设定位。当PX1=1时，设置外部中断1中断为最高优先级。

PT0：定时/计数器0中断优先级设定位。当PT0=1时，设置定时/计数器0中断为最高优先级。

PX0：外部中断0中断优先级设定位。当PX0=1时，设置外部中断0中断为最高优先级。

MCS-51系列单片机具有两个中断优先级：高优先级和低优先级。单片机复位后中断优先级寄存器IP默认值为0，所有中断都处于低优先级。如果有多个中断源同时向单片机CPU提出中断请求，CPU硬件按表5—1—1所列自然优先级顺序从高优先级到低优先级执行。如果将相应中断源的优先级设定位设置为1，则可将该中断源设置为最高优先级。例如，要将外部中断1设置为中断最高优先级，只需配置PX1=1。中断嵌套示意图如图5—1—4所示。

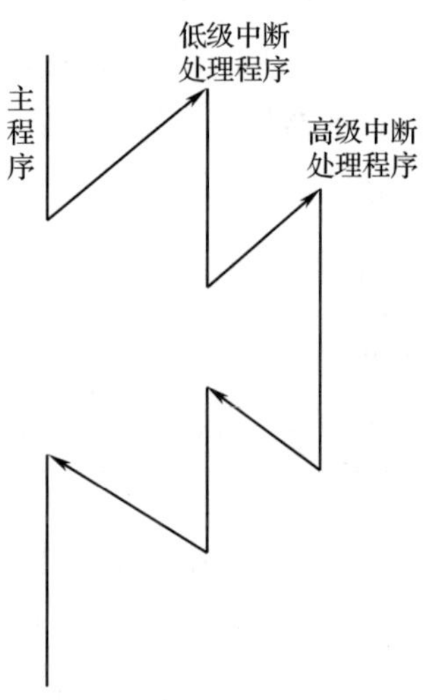

图5—1—4　中断嵌套示意图

中断优先级处理基本规则：

（1）低优先级中断可以被高优先级中断所嵌套中断，反之不能。

（2）任何一种中断不能被它的同级中断所嵌套中断。

三、中断响应过程

中断响应过程主要包含以下几个步骤。

1. 中断请求

当中断源需要中断服务时，首先将中断请求标志位置1。

2. 中断响应

CPU查询到有效中断请求标志位置1，若总中断EA=1且对应的中断源允许位打开，CPU就会响应该中断请求。CPU在响应中断服务前，将当前程序计数器PC的内容入栈，以备返回，同时将中断矢量入口地址装载到程序计数器PC中，并通过入口地址的长跳转指令转向执行响应的中断服务程序。一般在中断源入口地址处放置“LJMP address”指令跳转至指定的中断服务程序，在address单元中实现中断服务程序。

3. 中断返回

当CPU完成中断服务程序后，执行最后一条指令“RETI”时，CPU从堆栈取回原先存入断点的地址送入PC中，并恢复原来的中断设置，CPU返回到原来被中断的地方继续执行程序。

四、中断服务程序

1. 中断服务程序初始化步骤

（1）设置中断优先级寄存器 IP，分配中断源的优先级。

（2）设置中断方式。如果是外部中断，设置 IT1、IT0 位，确定是低电平触发中断还是下降沿触发中断。

（3）设置中断允许寄存器 IE，打开相应的中断允许位。

2. 中断服务程序编写要点

（1）中断现场保护和现场恢复。

（2）打开中断和关闭中断。

（3）中断处理。

（4）中断返回。

3. 中断服务初始化程序示例

例如，设置中断源 $\overline{\text{INT1}}$ 为下降沿触发，且为最高中断优先级，INT_1 为中断服务程序，则中断服务初始化程序如下：

```
        ORG 0000H
        LJMP MAIN                  ；转向开始主程序
        ORG 0013H                  ；外部中断 1 入口地址
        LJMP INT_1                 ；转向中断服务程序
        ORG 0100H
MAIN:   MOV SP，#7FH               ；主程序
        SETB PX1                   ；设置外部中断 1 为最高中断优先级
        SETB IT1                   ；选择下降沿触发
        SETB EX1                   ；允许外部中断 1 中断
        SETB EA                    ；允许全局中断
        …
        …
INT_1:                             ；中断服务程序
        …
        …
        RETI                       ；中断返回
```

任务实施

一、防盗报警灯控制器硬件电路设计

防盗报警灯控制器硬件电路如图 5—1—5 所示。为了能够仿真演示，本任务采用红色、蓝色 LED 灯作为防盗报警指示灯，VD1 ~ VD4 为蓝色 LED 灯，VD5 ~ VD8 为红色 LED 灯，R2 ~ R9 为限流电阻。由于在 Proteus 软件中没有防盗报警传感器模型，所以采用按键模拟仿真，当按键按下时表示有人闯入安保区域，$\overline{\text{INT0}}$/P3.2 引脚输入低电平；当按键松开时表示正常状态。

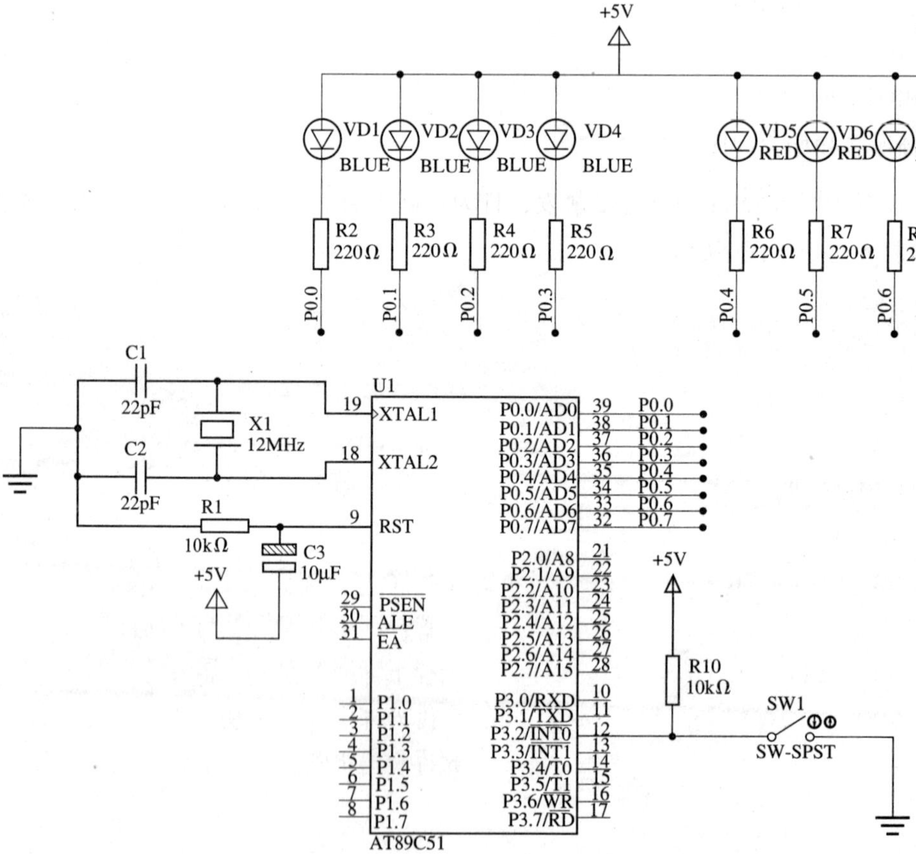

图 5—1—5　防盗报警灯控制器硬件电路

二、防盗报警灯控制程序设计

本任务利用单片机的中断功能实时检测警报信号的触发输入信号，设置中断为低电平触发。当按键按下时模拟有人闯入，发出警报信号，提醒安保人员有人非法闯入，

VD1 ~ VD4 蓝色 LED 灯和 VD5 ~ VD8 红色 LED 灯轮流闪烁 5 次，完成一次中断任务。然后，单片机 CPU 再次检测 $\overline{\text{INT0}}$/P3.2 引脚是否为低电平，符合要求则再次触发中断，直到中断信号消失，LED 灯报警停止。

1. 程序设计流程图

防盗报警灯控制程序设计流程图如图 5—1—6 所示。

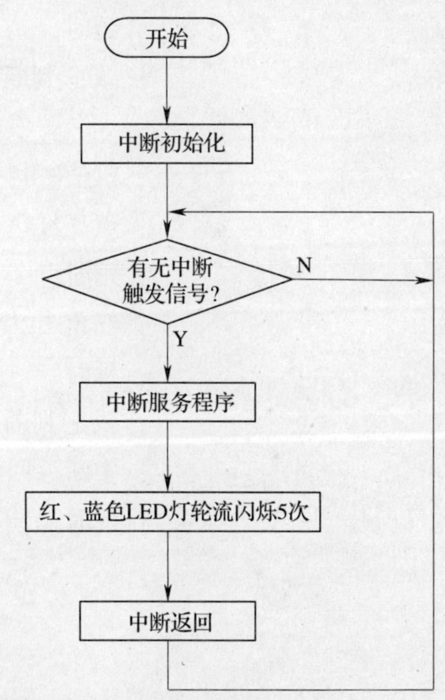

图 5—1—6　防盗报警灯控制程序设计流程图

2. 参考程序

防盗报警灯控制程序示例如下：

```
        ORG 0000H
        LJMP MAIN               ; 转向开始主程序
        ORG 0003H               ; 外部中断 0 入口地址
        LJMP BAOJING            ; 转向中断服务程序
        ORG 0100H
MAIN:   MOV SP, #7FH            ; 主程序
        CLR IT0                 ; 选择低电平触发
        SETB EX0                ; 允许外部中断 0 中断
        SETB EA                 ; 允许全局中断
        SJMP $                  ; 等待触发信息
```

```
BAOJING:                          ; 中断服务程序
        MOV R0, #5                ; 赋值 R0，使蓝色 LED 灯闪烁 5 次
BJ0:    MOV P0, #0F0H             ; 点亮蓝色 LED 灯
        ACALL DELAY               ; 延时
        MOV P0, #0FFH             ; 蓝色 LED 灯熄灭
        ACALL DELAY               ; 延时
        DJNZ R0, BJ0              ; 减 1 判断不为零循环

        MOV R0, #5                ; 赋值 R0，使红色 LED 灯闪烁 5 次
BJ1:    MOV P0, #0FH              ; 点亮红色 LED 灯
        ACALL DELAY               ; 延时
        MOV P0, #0FFH             ; 红色 LED 灯熄灭
        ACALL DELAY               ; 延时
        DJNZ R0, BJ1              ; 减 1 判断不为零循环
        RETI                      ; 中断返回
DELAY:  MOV R6, #90H              ; 延时
  D0:   MOV R5, #0FFH
        DJNZ R5, $
        DJNZ R6, D0
        RET
        END
```

三、程序编译与仿真

程序编写完成后，用 Keil 编译软件进行编译，生成 hex 文件。在 Proteus 仿真软件中按图 5—1—5 所示电路图绘制硬件电路，并将 hex 文件载入单片机中进行仿真运行，观察单片机运行结果，检验程序和电路设计是否达到设计的要求。当按下按键模拟人体红外传感器输出低电平时，蓝、红色 LED 灯应轮流闪烁发出警报。图 5—1—7 所示为防盗报警灯控制仿真效果图。

职业能力培养

单片机中断的应用很广，不同型号单片机的中断源不同，设置方式也不同。试在指导教师的帮助下，查阅相关书籍或通过互联网检索，进一步熟悉和掌握不同型号单片机中断源的设置方式和方法，通过小组讨论等方式进一步熟悉不同中断源的中断服务程序的编写。

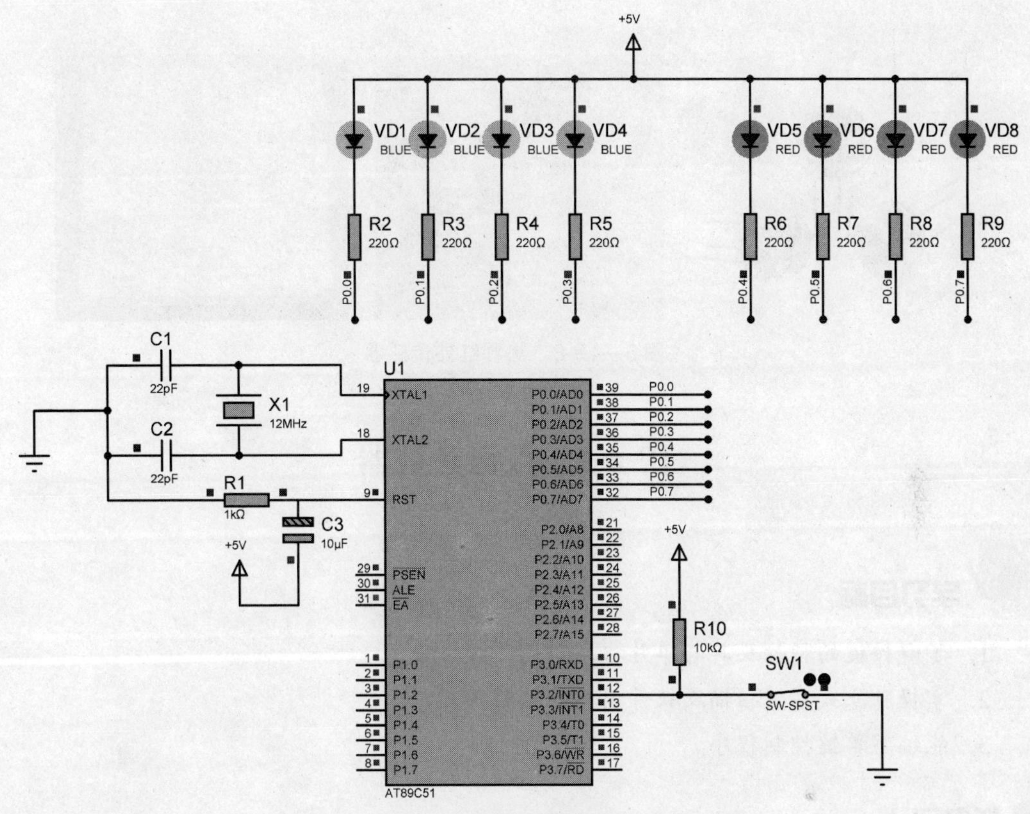

图 5—1—7　防盗报警灯控制仿真效果图

任务评价

根据任务考核评分表（见表 3—1—3）进行任务评价。

知识拓展

热释红外传感器

红外线是一种波长介于微波与可见光之间的电磁波。自然界中很多物体都会发射红外线，例如人体、火焰、电熨斗等。物体的温度不同，所发射的红外线波长也不相同。人体发射的红外线波长为 9 ~ 10 μm，属于远红外区。热释红外传感器能够接收人体发射出来的红外线，并将其转换为电信号输出。热释红外传感器外形如图 5—1—8 所示。热释红外传感器不受白天黑夜影响，广泛用于工厂、家居、博物馆等场所的安防中。将热释红外传感器的输出引脚与单片机的外部中断输入引脚相连接，当有人闯入监测区域时，热释红外传感器就会输出触发信号，单片机产生中断进行报警。

图 5—1—8　热释红外传感器

任务 2　按键计数器

学习目标

1. 了解按键的特性及其与单片机端口的连接方法。
2. 掌握独立式按键扫描及软件消抖的编程原理。
3. 能编写单键控制程序。

任务引入

按键是日常生活中常见的输入设备，如空调、电视机、投影仪的遥控器等都是通过按键来控制的。按键被广泛应用于日常生活、工业生产控制等领域中。本任务将设计一款通过按键加 1 的计数器，每按下 1 次按键，数码管加 1 显示，数值 0 ~ 99 循环显示。

相关知识

键盘是电气设备中常见的进行人机对话的主要设备之一，它是由若干按键组成的信息输入设备。键盘按编码方式分，可以分为编码键盘和非编码键盘。编码键盘主要是利用专用硬件来对按下的按键进行识别并输出键盘码，非编码键盘主要通过软件来识别按下的按键。非编码键盘分为独立式键盘和矩阵式键盘，键盘通常采用轻触式开关按键构成，如图 5—2—1 所示。

一、独立式键盘

独立式键盘中每个按键的电路是相对独立的，直接与单片机的 I/O 口连接，每个按键单独占用一根 I/O 线，按键是否按下不会影响其他按键的 I/O 口状态。独立式键盘电路如图 5—2—2 所示。

图 5—2—1　轻触式开关按键

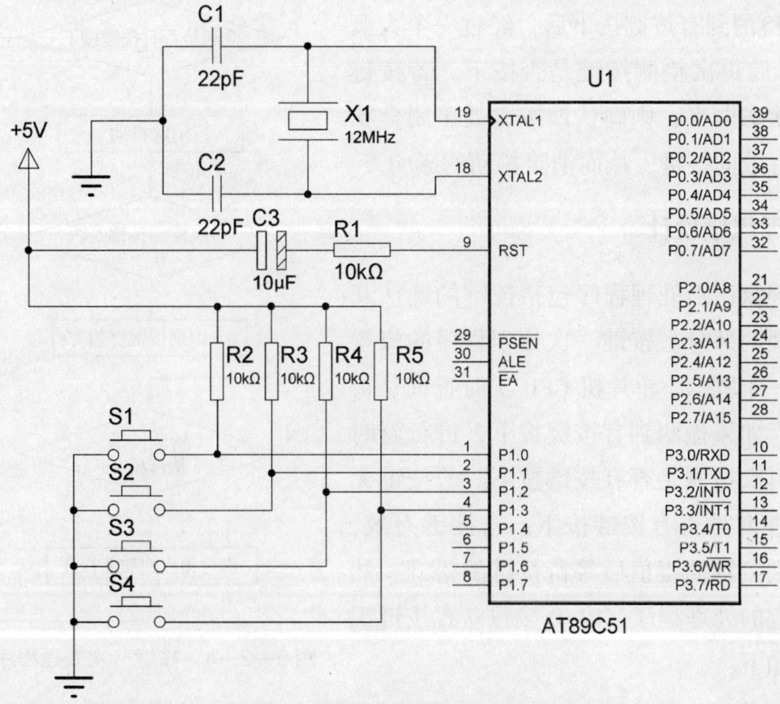

图 5—2—2　独立式键盘电路

独立式键盘具有结构简单、配置灵活、识别程序容易编写等优点，但由于每个按键占用一个单片机的 I/O 口，占用硬件资源较多，适合按键数量不多的场合使用。

独立式键盘的每个按键都连接一个上拉电阻，当按键没有按下时，对应的单片机 I/O 口为高电平。当按键按下时，对应的单片机 I/O 口被拉低为低电平。

二、按键抖动消除

机械式按键完成一次通断过程是利用机械触点的断、合来实现的，机械式按键触点在断开和闭合的瞬间，由于弹性作用会存在接触不良的抖动现象，如图 5—2—3 所示。按键按下到闭合稳定所需时间一般在 5 ~ 10 ms，如果不对按键抖动现象做处理，CPU 会将一次按键按下误判为多次按键按下。因此，在单片机键盘识别中必须考虑按键的抖动所引起的识别错误。

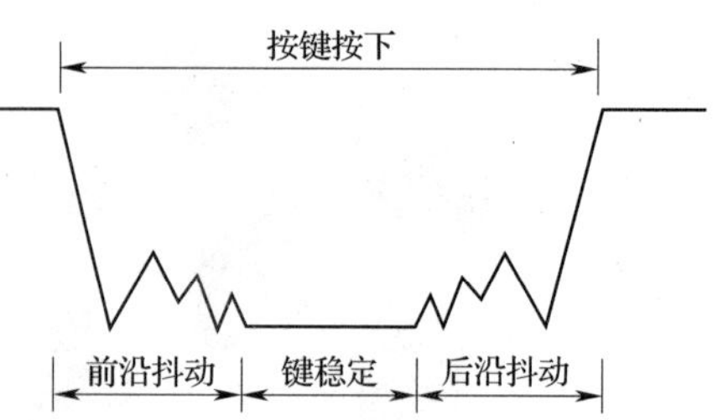

图 5—2—3　按键触点的机械抖动

消除按键抖动产生的误判主要有两种方法：硬件方法和软件方法。硬件方法消除抖动主要是通过单稳态触发器或 RS 触发器去消除按键抖动。该方法单片机的程序处理简单，但键盘电路复杂，增加了硬件部分，成本增加。软件方法消除抖动主要是 CPU 检测到有按键按下后，经过一个大概 10 ms 的延时后再次检测按键是否按下。若按键仍保持闭合状态电平，则确认该按键处于闭合状态，是一次有效的按键，从而消除抖动的影响。

三、键盘处理程序设计

单片机键盘识别处理程序包括按键的确认和按键功能处理两部分。按键一次处理程序的流程图如图 5—2—4 所示。单片机 CPU 实时查询是否有按键按下，如果检测到有按键按下，进行延时消除抖动，再次检测是否有按键按下。若按键无效，则继续查询是否有按键按下；若按键有效，则单片机识别按键的键值后等待按键的松开，然后跳转到相应的处理程序。P1.0 接独立式按键识别处理程序如下：

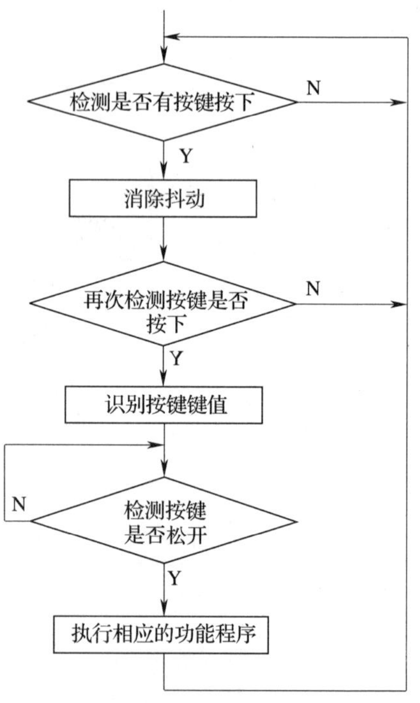

图 5—2—4　按键一次处理程序的流程图

```
              ORG 0030H
KEY：         JB P1.0， KEY            ；扫描判断 P1.0 是否按下
              LCALL DELAY10ms          ；延时 10ms 消除抖动
              JB P1.0， KEY            ；判断 P1.0 是否仍然为低电平
              JNB P1.0， $             ；等待 P1.0 按键松开
              ACALL KEY_OPERATE        ；调用 KEY_OPERATE 按键处理程序
              SJMP KEY                 ；重新再次扫描按键
KEY_OPERATE： …
              …
              RET
              END
```

任务实施

一、按键计数器硬件电路设计

按键计数器硬件电路如图 5—2—5 所示，采用两个共阳极数码管作为十位、个位数显示，R2 ~ R17 为数码管的限流电阻，独立按键 SW1 作为输入设备。

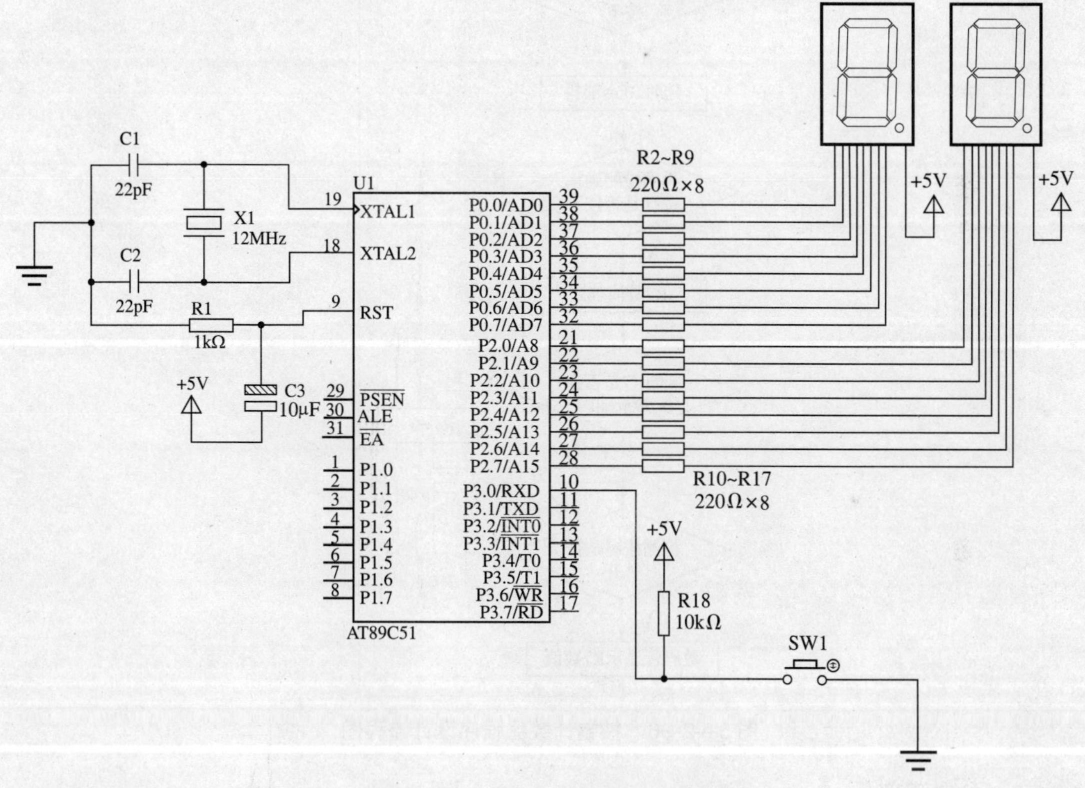

图 5—2—5　按键计数器硬件电路

二、按键计数器程序设计

本任务采用独立按键作为输入设备，单片机 CPU 不断扫描按键是否按下，当检测到 SW1 按键按下时，延时 10 ms 消除抖动，再次检测 SW1 按键是否按下，如果检测到没有按键按下，则结束返回。如果检测到有按键按下，则将存放计数变量寄存器 R7 加 1，同时判断 R7 存放的数值是否在 0 ~ 99 范围内，如果超出范围则将 R7 赋值为 0，最后等待按键松开，并将 R7 的数值在数码管上显示。

1．程序设计流程图

按键计数器程序设计流程图如图 5—2—6 所示。

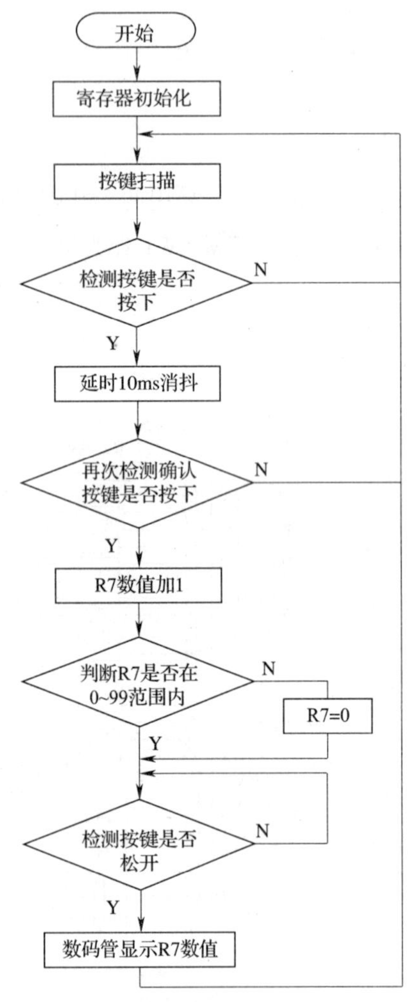

图 5—2—6　按键计数器程序设计流程图

2. 参考程序

按键计数器参考程序如下：

```
        ORG 0000H
        LJMP MAIN                    ；转主程序
        ORG 0030H
MAIN:   MOV SP, #5FH
        MOV R7, #0                   ；计数器变量初始化
LOOP:
        ACALL KEY_ SCAN              ；按键扫描子程序
        ACALL DISPLAY                ；数码管显示子程序
```

```
        LJMP LOOP                    ；循环

 KEY_SCAN:                           ；按键扫描
        JB P3.0, KEY_NEXT            ；检测 P3.0 引脚按键是否按下
        ACALL DELAY10ms              ；消除抖动延时
        JB P3.0, KEY_NEXT            ；再次检测 P3.0 引脚按键是否按下
        JNB P3.0, $                  ；等待按键松开
        INC R7                       ；R7 寄存器变量加 1
        MOV A, R7
        CJNE A, #100, KEY_NEXT       ；判断 R7 是否在 0 ~99 范围
        MOV R7, #0                   ；否，重新赋值 R7 =0
KEY_NEXT:
        RET                          ；返回

DISPLAY:
        MOV A, R7                    ；取出 R7 的十位、个位
        MOV B, #10
        DIV AB
        MOV DPTR , #TAB
        MOVC A, @ A + DPTR           ；查表
        MOV P0, A                    ；送十位的段码
        MOV A, B
        MOVC A, @ A + DPTR           ；查表
        MOV P2 , A                   ；送个位的段码
        RET
DELAY10ms:
        MOV R6, #14H                 ；10ms 延时子程序
D0:     MOV R5, #0F8H
        DJNZ R5, $
        DJNZ R6, D0
        RET
TAB:    DB 0C0H, 0F9H, 0A4H, 0B0H, 99H    ；0 ~9 数字段码
        DB 92H, 82H, 0F8H, 80H, 90H
        END
```

三、程序编译与仿真

程序编写完成后，用 Keil 编译软件进行编译，生成 hex 文件。在 Proteus 仿真软件中按图 5—2—5 所示电路图绘制硬件电路，并将 hex 文件载入单片机中进行仿真运行，观察单片机运行结果，检验程序和电路设计是否达到设计的要求。当按键按下时计数器加 1，数码管显示按键按下的次数，0 ~ 99 循环显示。按键计数器仿真效果图如图 5—2—7所示。

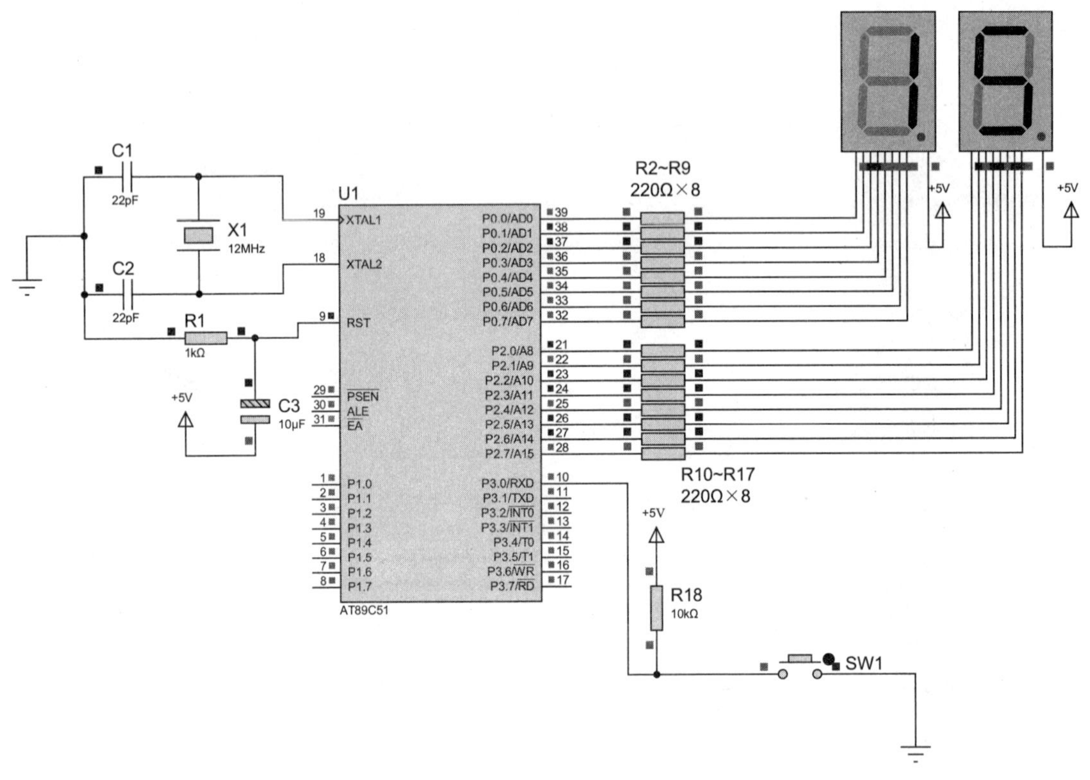

图 5—2—7　按键计数器仿真效果图

职业能力培养

单片机键盘接口电路有多种形式，有编码式的，也有无编码式的。试在指导教师的帮助下，查阅相关书籍或通过互联网检索，进一步熟悉和掌握单片机键盘接口电路的设计，通过小组讨论等方式熟悉键盘检测程序的编写。

任务评价

根据任务考核评分表（见表 3—1—3）进行任务评价。

矩阵键盘

矩阵键盘又称为行列式键盘，它是用 I/O 口线组成的行列式结构，在行列的交叉线上设置按键，当按键按下时交叉线就会接通，松开时交叉线互不连接。当按键数量较多时，采用矩阵键盘方式可以节省 I/O 口。在单片机按键接口电路中常用 4×4 行列式结构，可安装 16 个按键。4×4 矩阵键盘如图 5—2—8 所示。

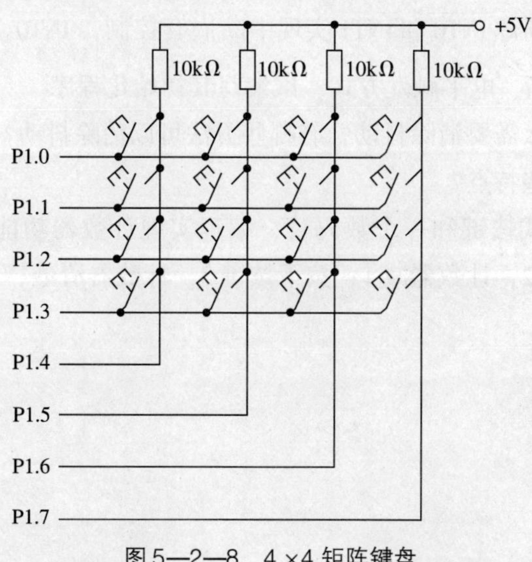

图 5—2—8　4×4 矩阵键盘

单片机键盘扫描电路中常采用反转法来识别键盘的按键值。在识别按键时，首先要判断是否有按键按下，如果有则消除抖动，再判断是键盘中的哪个按键被按下。

采用反转法识别矩阵键盘按键值的方法如下：

1. 判断是否有按键按下

（1）P1.0～P1.3 行线应输出低电平。

（2）读取列线 P1.4～P1.7 的电平状态，若全部为 1，则没有按键按下；若不全部为 1，则有按键按下。

2. 反转法扫描取得闭合键的行、列号

（1）将所有的列线置为高电平，行线置为低电平，读取列线状态。若有按键按下，则对应列线为低电平，得到当前列号。

（2）将行线和列线反转，即所有的行线置为高电平，列线置为低电平，读取行线状态。若有按键按下，则对应行线为低电平，得到当前行号。

3. 计算键值：键值 = 行号 ×4 + 列号。

思考与练习

1. MCS－51 系列单片机有几个中断源？各中断标志是如何产生的？

2. 简述 MCS－51 系列单片机的中断过程。

3. 各中断源的入口地址分别是什么？

4. 简述外部中断 $\overline{INT0}$ 和 $\overline{INT1}$ 两种触发方式（电平、边沿）的异同。

5. 在单片机复位后，如何设置中断相关寄存器，使外部中断 1 为高级中断源、下降沿触发？

6. 现想用两个中断源 $\overline{INT0}$ 和 $\overline{INT1}$ 实现中断嵌套控制，$\overline{INT0}$ 为高级中断，边沿触发方式；$\overline{INT1}$ 为低级中断，电平触发方式，试编写其初始化程序。

7. 按键识别为什么需要消除抖动？有哪些方法可以消除抖动？

8. 独立键盘有哪些特点？

9. 利用 3 个独立式按键和一个数码管，编程实现计数器功能。要求：按下按键 1，计数器加 1；按下按键 2，计数器减 1；按下按键 3，计数器清零。

课题六 定时/计数器应用

单片机定时可采用软件定时和硬件定时两种方式。软件定时是利用指令执行的时间来达到定时的目的，一般是利用循环执行一段指令来定时一段比较长的时间。软件定时的突出优点是不需要占用硬件资源，编程简单，但也存在明显的缺点，即占用 CPU 的时间，CPU 利用率低。长时间的软件定时会让系统的实时性变差。单片机软件定时一般适用于微秒级的短时间延时、系统实时性要求不高和硬件资源紧张的场合。单片机硬件定时是指利用定时器来计算时间。硬件定时的优点是定时准确，不占用 CPU 的时间，系统响应速度快，缺点是占用硬件资源。

在生活和工业控制中往往需要对时间进行定时、对物体数量进行计数。例如，用微波炉加热食物需要设定一定的时间，生产线上对每 30 包洗衣粉进行打包装箱需要对洗衣粉进行计数。若采用单片机内部 CPU 空转延时等待来计算微波炉加热时间或洗衣粉打包装箱生产线上传感器的脉冲计数，必然增加其负担，影响效率。此时，就可以利用 MCS－51 系列单片机内含有的可编程定时/计数器，独立进行定时和对输入脉冲进行计数。如图 6—0—1 所示微波炉定时器控制板就是利用单片机内含的可编程定时/计数器实现定时控制的。

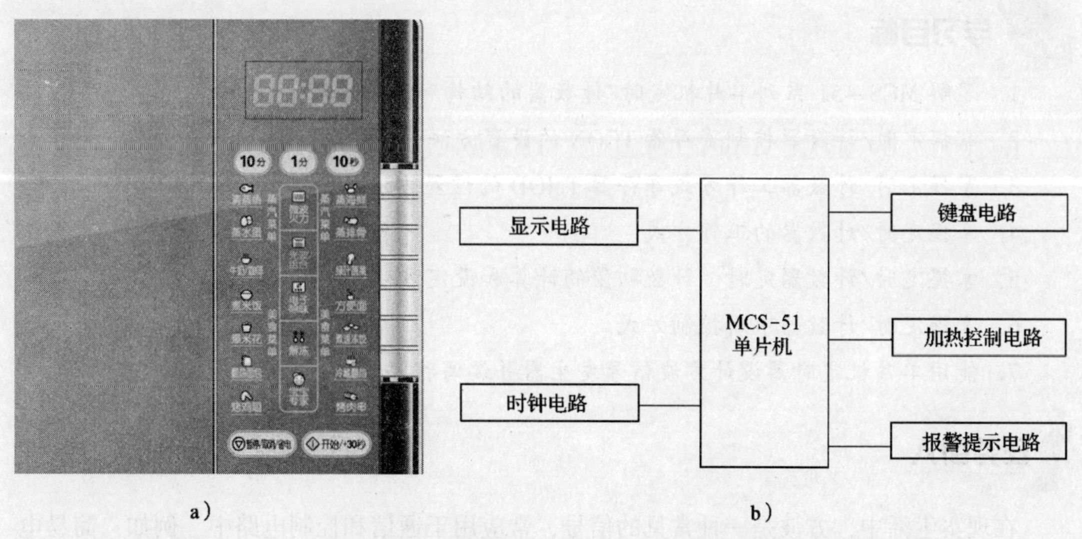

图 6—0—1 微波炉定时器控制板及控制框图

a）微波炉定时器控制板 b）单片机定时加热控制框图

知识目标

➢ 了解 MCS－51 系列单片机定时/计数器的结构。
➢ 了解单片机定时/计数器工作原理。
➢ 掌握定时/计数器控制寄存器 TCON 的设置方法。
➢ 掌握定时/计数器工作方式寄存器 TMOD 的设置方法。
➢ 掌握定时/计数器的工作方式。
➢ 掌握定时/计数器查询和中断控制方式。
➢ 掌握定时/计数器定时、计数初值的计算和设定方法。

技能目标

➢ 能编写定时/计数器初始化程序。
➢ 能编写定时/计数器中断服务程序。
➢ 能设计简单的定时/计数器控制应用电路。
➢ 能编写简单的定时/计数器应用程序。

任务1　方波信号发生器

学习目标

1. 了解 MCS－51 系列单片机定时/计数器的结构和工作原理。
2. 掌握定时/计数器控制寄存器 TCON 的设置方法。
3. 掌握定时/计数器工作方式寄存器 TMOD 的设置方法。
4. 掌握定时/计数器的工作方式。
5. 掌握定时/计数器定时、计数初值的计算和设定方法。
6. 掌握定时/计数器中断控制方式。
7. 能用单片机定时器设计方波信号发生器并编写程序。

在现实生活中，方波是一种常见的信号，常应用于通信和控制电路中。例如，简易电子琴音频控制、报警器闪烁控制和电动机停转控制等都需要方波来作为控制信号。方波信号只有高电平和低电平两个值，其可以用多谐振荡器、555 器件、单片机等产生，其中采用单片机设计方波信号发生器，具有外围电路少、精度较高等优点。本任务将利用单片机

定时器设计一个方波信号发生器，在单片机的 P2.0 引脚输出频率为 1 kHz 的等宽连续正方波脉冲，如图 6—1—1 所示。单片机系统的外接晶振频率f_{osc} = 12 MHz。

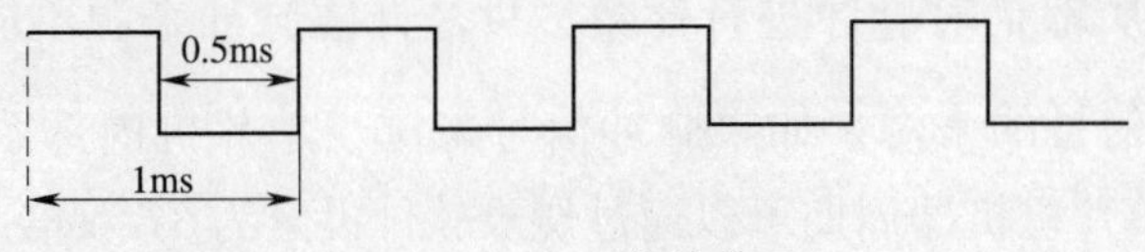

图 6—1—1　方波信号

分析任务要求可知，本任务可利用单片机定时器进行编程控制，产生间隔为 0.5 ms 的高、低电平周期变化的控制信号，并从 P2.0 端口输出，单片机系统的外接晶振频率 f_{osc} = 12 MHz，作为单片机定时器时间基准信号。为完成此任务，需要学习定时/计数器的结构及工作原理、定时寄存器设置和定时器初始值计算等知识。

相关知识

一、定时/计数器结构及工作原理

1. 定时/计数器的结构

MCS - 51 系列单片机内部包含有两个 16 位定时/计数器 T0 和 T1，分别由两个独立的 8 位专用寄存器组成，即 T0 由高 8 位 TH0、低 8 位 TL0 寄存器组成，T1 由高 8 位 TH1、低 8 位 TL1 寄存器组成。定时/计数器可作为定时器和计数器使用，但任一时刻，只能使用其中的一种功能。从图 6—1—2 中可以看出，定时/计数器主要由 TCON、TMOD、TH1、TL1、TH0、TL0 寄存器组成。TCON 寄存器中的 TR0、TR1 位负责定时/计数器 T0、T1 的启动计数和停止计数。TMOD 寄存器用于进行定时或计数功能选择、启动方式选择及工作方式选择。TH1、TL1 和 TH0、TL0 寄存器分别存放 T1 和 T0 计数的初始值。

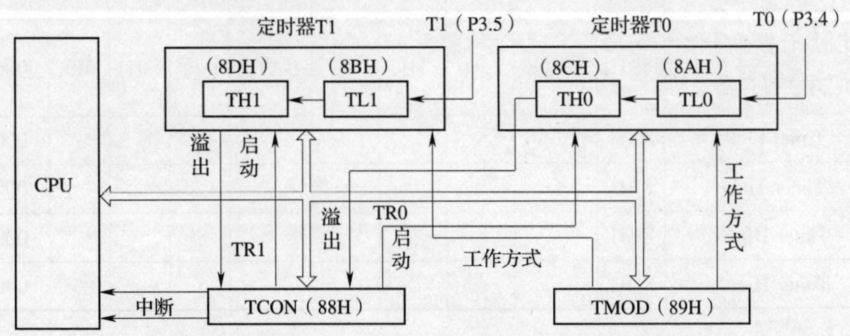

图 6—1—2　定时/计数器寄存器结构图

注意　STC89C51 系列单片机定时/计数器比 MCS - 51 系列单片机多 1 个定时/计数器 T2，其定时/计数器 T0、T1 和 MCS - 51 系列单片机完全兼容。

2. 定时/计数器的工作原理

MCS－51 系列单片机的定时/计数器的主要核心部件就是计数器，无论作为定时功能还是计数功能，其本质都是对脉冲进行计数，只是计数脉冲来源不同。TMOD 寄存器的 C/$\overline{T}$ 控制位选择脉冲信号的来源。如果脉冲信号来源于单片机内部系统时钟即为定时方式，STC89C51 系列单片机机器周期可以通过烧录软件设定为6T 双倍速和12T 单倍速，如图 6—1—3 所示。选定为6T 双倍速时，定时/计数器每 6 个晶体时钟振荡周期得到一个计数脉冲；选定为12T 单倍速时，定时/计数器每 12 个晶体时钟振荡周期得到一个计数脉冲。如果脉冲信号来自单片机外部引脚即为计数方式，T0 计数器为 P3.4 引脚，T1 计数器为 P3.5 引脚，相应引脚每来一个脉冲，相应的计数寄存器加 1。

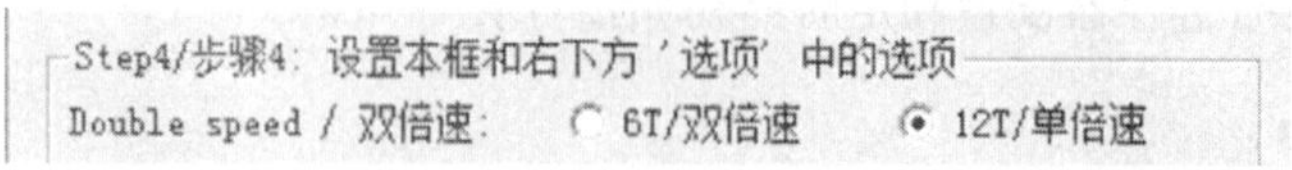

Step4/步骤4：设置本框和右下方‘选项’中的选项
Double speed / 双倍速：　○ 6T/双倍速　◉ 12T/单倍速

图 6—1—3　STC89C51 系列单片机系统时钟周期设定

二、定时/计数器控制

单片机定时/计数器的功能由 TMOD 和 TCON 寄存器设定，通过设定这两个寄存器即可以实现不同的功能。表 6—1—1 所列为定时/计数器相关特殊寄存器的地址、位地址符号及复位值。

表 6—1—1　　定时/计数器控制寄存器

符号	描述	地址	位地址符号								复位值
TCON	定时/计数器控制寄存器	88H	TF1	TR1	TF0	TR0	IE1	IT1	IE0	IT0	0000 0000B
TMOD	定时/计数器工作方式寄存器	89H	GATE	C/$\overline{T}$	M1	M0	GATE	C/$\overline{T}$	M1	M0	0000 0000B
TL0	Timer Low0	8AH									0000 0000B
TL1	Timer Low1	8BH									0000 0000B
TH0	Timer High0	8CH									0000 0000B
TH1	Timer High1	8DH									0000 0000B

1. 定时/计数器的控制寄存器 TCON

定时/计数器的控制寄存器 TCON 为一个 8 位的可位寻址寄存器，用于控制定时/计数器 T0、T1 的启动和停止，同时控制定时器中断溢出标志位及外部中断源的中断请求标志位。TCON 寄存器格式如图 6—1—4 所示。

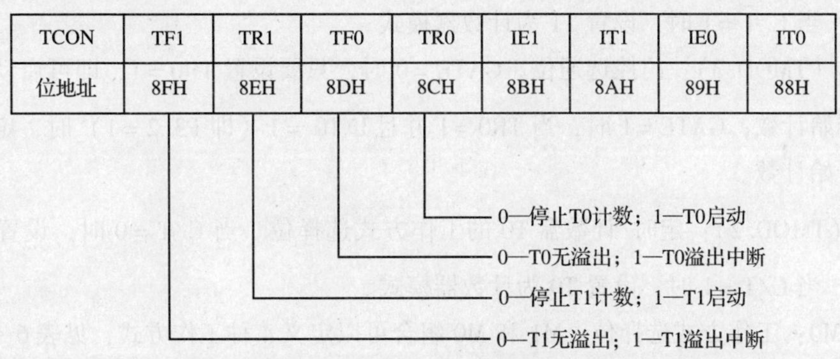

TCON	TF1	TR1	TF0	TR0	IE1	IT1	IE0	IT0
位地址	8FH	8EH	8DH	8CH	8BH	8AH	89H	88H

图 6—1—4　TCON 寄存器格式

TF1：定时/计数器 T1 溢出标志位。T1 被允许计数后，TH1 和 TL1 数值寄存器从初始值开始加 1 计数，直到最高位产生计数溢出时 TF1 标志位置 1，向 CPU 请求中断，直到 CPU 响应中断时，才由硬件清 0，也可以由软件清 0。

TR1：定时/计数器 T1 允许计数控制位。当 TR1 =1 时，定时/计数器 T1 允许开始加 1 计数；当 TR1 =0 时，定时/计数器 T1 停止计数。

TF0：定时/计数器 T0 溢出标志位。T0 被允许计数后，TH0 和 TL0 数值寄存器从初始值开始加 1 计数，直到最高位产生计数溢出时 TF0 标志位置 1，向 CPU 请求中断，直到 CPU 响应中断时，才由硬件清 0，也可以由软件清 0。

TR0：定时/计数器 T0 允许计数控制位。当 TR0 =1 时，定时/计数器 T0 允许开始加 1 计数；当 TR0 =0 时，定时/计数器 T0 停止计数。

2. 定时/计数器的工作方式寄存器 TMOD

定时/计数器的工作方式寄存器 TMOD 为一个 8 位寄存器，用于控制 T0、T1 定时/计数器的工作方式，高 4 位控制定时/计数器 T1，低 4 位控制定时/计数器 T0。TMOD 寄存器格式如图 6—1—5 所示。TMOD 不能位寻址，只能进行字节设置，复位时寄存器初始值为 00H。

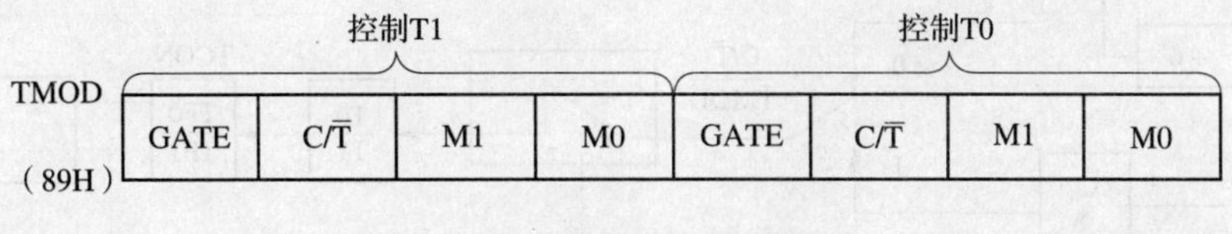

TMOD (89H)	GATE	C/$\overline{T}$	M1	M0	GATE	C/$\overline{T}$	M1	M0

图 6—1—5　TMOD 寄存器格式

GATE（TMOD.7）：门控选通位。GATE =0 时，只要设置 TR1 =1，即可启动定时/计数器 T1 开始计数；GATE =1 时，当 TR1 =1 并且 $\overline{INT1}$ =1（即 P3.3 =1）时，定时/计数器 T1 才开始计数。

C/$\overline{T}$（TMOD.6）：定时/计数器 T1 的工作方式选择位。当 C/$\overline{T}$ =0 时，设置 T1 为定

时器模式；当 $C/\overline{T}=1$ 时，设置 T1 为计数器模式。

GATE（TMOD.3）：门控选通位。GATE＝0 时，只要设置 TR0＝1，即可启动定时/计数器 T0 开始计数；GATE＝1 时，当 TR0＝1 并且 $\overline{INT0}=1$（即 P3.2＝1）时，定时/计数器 T0 才开始计数。

$C/\overline{T}$（TMOD.2）：定时/计数器 T0 的工作方式选择位。当 $C/\overline{T}=0$ 时，设置 T0 为定时器模式；当 $C/\overline{T}=1$ 时，设置 T0 为计数器模式。

M1、M0：工作方式选择位。M1 和 M0 组合可以定义 4 种工作方式，见表 6—1—2。

表 6—1—2　　定时/计数器模式选择

M1 M0	工作方式	说　明
0 0	方式 0	13 位定时/计数器
0 1	方式 1	16 位定时/计数器
1 0	方式 2	8 位自动重装初值的定时/计数器
1 1	方式 3	T0 分成两个独立的 8 位定时/计数器，T1 停止计数

三、定时/计数器工作方式

定时/计数器 T0、T1 可以通过 $C/\overline{T}$ 位设置为定时器模式和计数器模式。定时/计数器 T0、T1 有 4 种工作方式，分别为工作方式 0、工作方式 1、工作方式 2 和工作方式 3。定时/计数器 T0 和 T1 的工作原理完全相同，下面以 T0 为例进行介绍。定时/计数器的控制框图如图 6—1—6 所示。

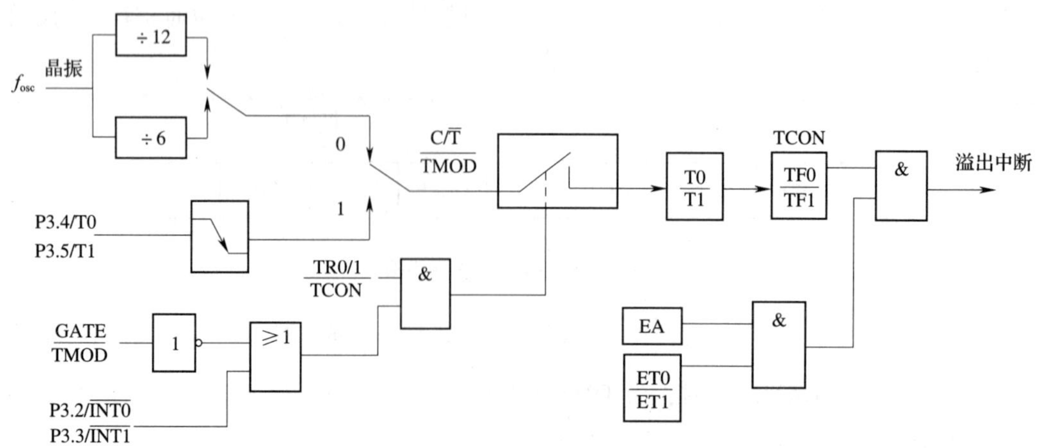

图 6—1—6　定时/计数器控制框图

1. 工作方式 0

工作方式 0 为 13 位定时/计数器，在此工作方式下的 T0 计数由 TH0 的 8 位和 TL0 的低 5 位组成，TL0 的高 3 位没有使用。TL0 的低 5 位溢出后向 TH0 进位，TH0 计数溢出后置位 TF0 标志位，向 CPU 提出中断申请，直到 CPU 响应转入中断时，硬件系统自动将 TF0 清零。TF0 也可由程序查询和清 0。工作方式 0 的最大计数值为 2^{13} （8192）。定时/计数器 T0 工作方式 0 的逻辑图如图 6—1—7 所示。

工作方式 0 的定时时间为：$T=$ （2^{13} − T0 计数初始值） × 机器周期

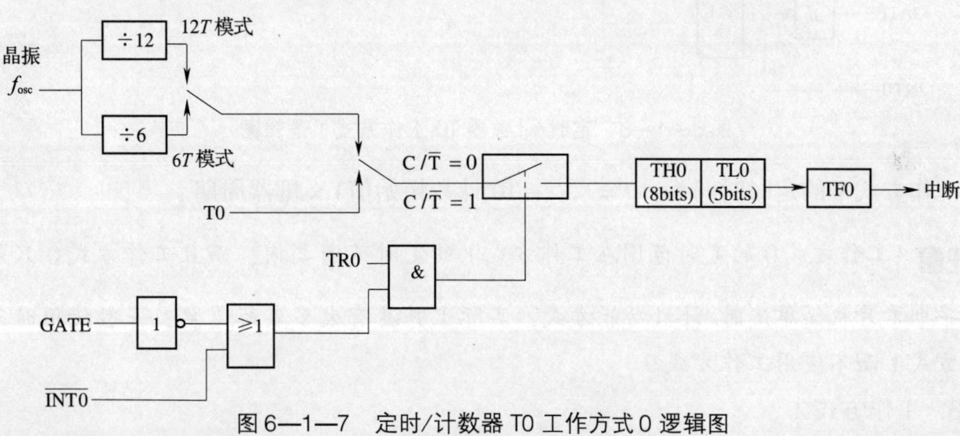

图 6—1—7　定时/计数器 T0 工作方式 0 逻辑图

STC89C51 系列单片机系统时钟有两种模式：一种是 12T 模式，每 12 个晶体时钟振荡周期为一个机器周期，定时器计数加 1。另外一种是 6T 模式，每 6 个晶体时钟振荡周期为一个机器周期，定时器计数加 1。

（1）当 C/$\overline{T}$ = 0 且 GATE = 0 时，多路开关向上闭合，T0 选择定时器模式，T0 对单片机系统机器周期计数，每个机器周期 T0 定时器计数加 1，定时时间为：$T=$（2^{13} − T0 计数初始值） × 机器周期。

（2）当 C/$\overline{T}$ = 1 且 GATE = 0 时，多路开关向下闭合，T0 选择计数器模式，T0 对单片机外部 T0（P3.4）引脚脉冲计数。

（3）当 C/$\overline{T}$ = 1 且 GATE = 1 时，仅有 $\overline{INT0}$ = 1 且 TR0 = 1 时，设置为计数器对单片机外部 T0（P3.4）引脚脉冲计数。

（4）当 C/$\overline{T}$ = 0 且 GATE = 1 时，仅有 $\overline{INT0}$ = 1 且 TR0 = 1 时，启动定时器对系统机器周期进行计数，该方式可以对 $\overline{INT0}$ 引脚脉冲宽度进行测量。

2. 工作方式 1

工作方式 1 为 16 位定时/计数器，在此工作方式下的 T0 计数由 TH0 的 8 位和 TL0 的 8 位组成。工作方式 1 与工作方式 0 只是计数的最大值不同，其他功能与工作方式 0 相同。定时/计数器 T0 工作方式 1 的逻辑图如图 6—1—8 所示。

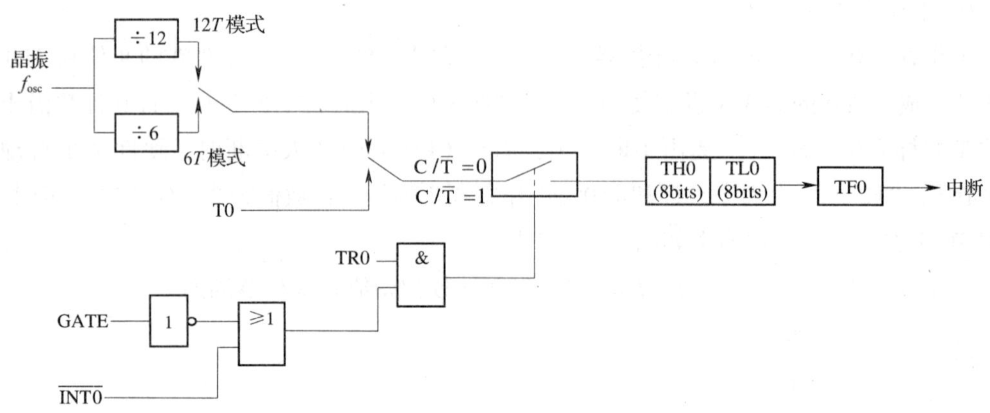

图 6—1—8　定时/计数器 T0 工作方式 1 逻辑图

工作方式 1 的定时时间为：$T=(2^{16}-$T0 计数初始值$)\times$机器周期。

注意 工作方式 0 的定时范围在工作方式 1 的定时范围之内，而且工作方式 0 只是保留了早期单片机简单定时/计数功能方式，实际上并没有太多实际需要，一般使用时采用工作方式 1 而不使用工作方式 0。

3．工作方式 2

工作方式 2 为 8 位可自动重装初值的定时/计数器，定时/计数器 T0 工作方式 2 的逻辑图如图 6—1—9 所示。在此工作方式下 TL0 负责计数，TH0 不参与计数，只是负责存放计数器初始值。当 T0 计数至 TL0 计数溢出时，硬件将中断请求标志位 TF0 置 1，同时自动将 TH0 的数值赋给 TL0，即 TL0 = TH0，重装时 TH0 数值不变。TL0 从该数值开始计数，直到下次计数溢出又进行重新装载。

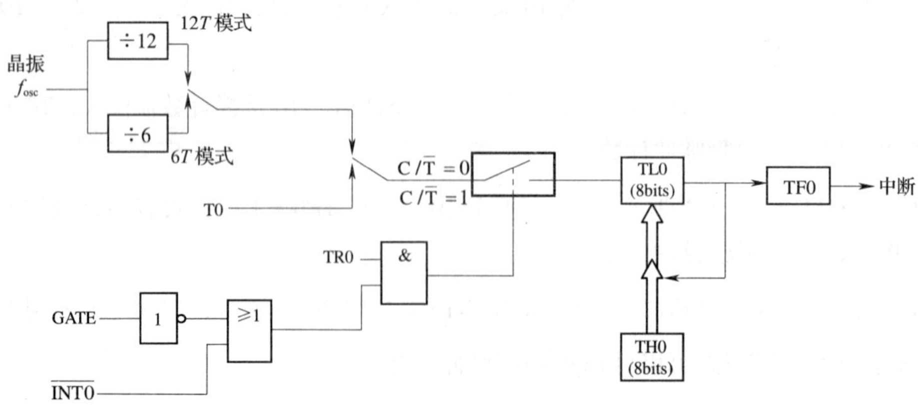

图 6—1—9　定时/计数器 T0 工作方式 2 逻辑图

定时器在该工作方式下的定时时间为：$T=(2^{8}-$TH0 数值$)\times$机器周期。虽然定时时间相比工作方式 0 和 1 短了，但由于有自动重装初始值功能，减少了程序初始值赋值运行时间，所以定时时间更加精确。

4. 工作方式 3

工作方式 3 与前面 3 种工作方式有很大不同，T1 在此工作方式下无效，T0 拆分成两个独立的 8 位定时/计数器使用，其中 TL0 作为不能自动重装初始值的 8 位定时/计数器来使用，计数初始值仍需在程序中加载。TL0 可以作为定时器和计数器使用，由控制 T0 的 $C/\overline{T}$ 位设置选择。其功能和控制方式同工作方式 0 和 1，最大计数值为 2^8（256）。定时/计数器 T0 工作方式 3 的逻辑图如图 6—1—10 所示。

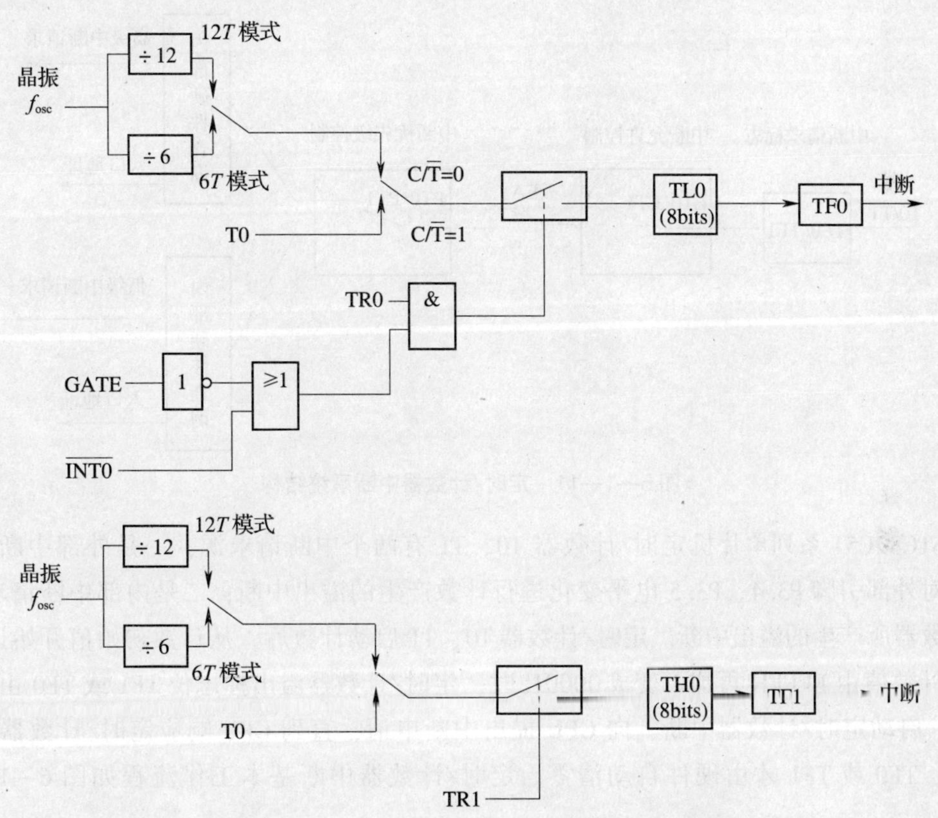

图 6—1—10　定时/计数器 T0 工作方式 3 逻辑图

工作方式 3 中 TH0 只能作为定时器使用，而不能用于计数，因此没有 $C/\overline{T}$ 控制位选择。TH0 的启动只受 T1 的启动位 TR1 控制，当 TH0 计数溢出时置位 TF1 标志位，向 CPU 提出中断申请，直到 CPU 响应转入中断时，硬件系统自动将 TF1 清零。定时时间 $T=(2^8-\text{TH0 数值})\times$ 机器周期。TH0 的中断服务地址占用 T1 的中断服务入口地址。

当 T0 运行在工作方式 3 时，由于 TH0 占用了 T1 启动位 TR1 和溢出标志位 TF1，因此 T1 使用受到了限制。在此情况下，T1 仍然可以工作在方式 0、1、2 中，既可作为定时器使用，又可作为计数器使用。只是计数器计满溢出不能使用 TF1 溢出标志位，不能向 CPU 申请中断，只能将溢出信号直接送到串口，此时 T1 可以作为波特率发生器。如需要停止 T1 工作，在程序中将 T1 控制方式设置为工作方式 3 即可，因为 T1 是不能工作在工作方式 3 的，强行设置为工作方式 3，T1 自然会停止工作。

四、定时/计数器中断控制方式

定时/计数器中断系统结构如图 6—1—11 所示。

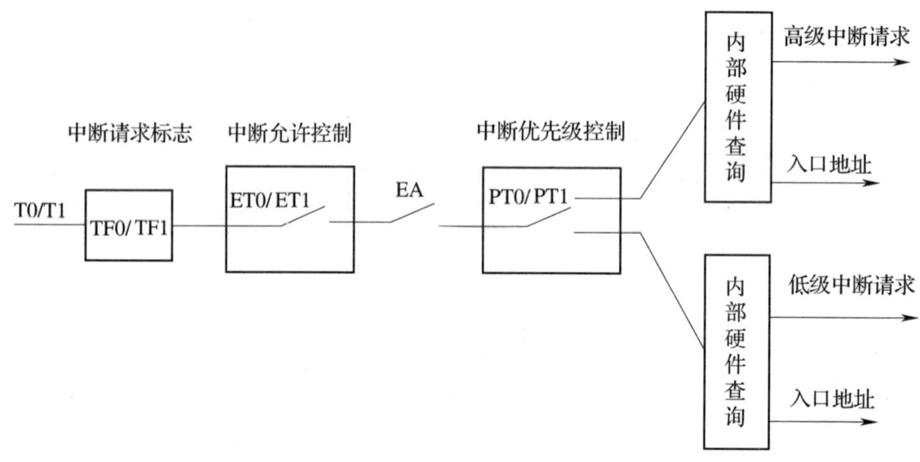

图 6—1—11 定时/计数器中断系统结构

STC89C51 系列单片机定时/计数器 T0、T1 有两个中断请求源，一是外部中断请求源，对外部引脚 P3.4、P3.5 电平变化进行计数产生的溢出中断；二是内部中断请求源，对计数器所产生的溢出中断。定时/计数器 T0、T1 启动计数后，从计数初始值开始计数，直到计数值由 FFFFH 再加 1 变成 0000H 时，定时/计数器溢出标志位 TF1 或 TF0 由硬件置 1，启动定时/计数器中断，向 CPU 提出中断申请，直到 CPU 响应定时/计数器中断程序，TF0 或 TF1 才由硬件自动清零。定时/计数器中断基本工作流程如图 6—1—12 所示。

五、定时/计数器的初始值计算

定时/计数器 T0、T1 启动后，计数从初始值开始加 1 计数到溢出，产生中断请求，TF0、TF1 置 1。初始值的设定需根据定时时间或计数需要计算，定时器初始值设定的计算方法为：

设单片机的机器周期为 T，定时器的最大计数溢出值为 M，需要定时的时间为 t，单片机定时器需要计数的机器周期个数为 $N=\frac{t}{T}$，则定时器设定的初始值为 $N_S=M-N$。

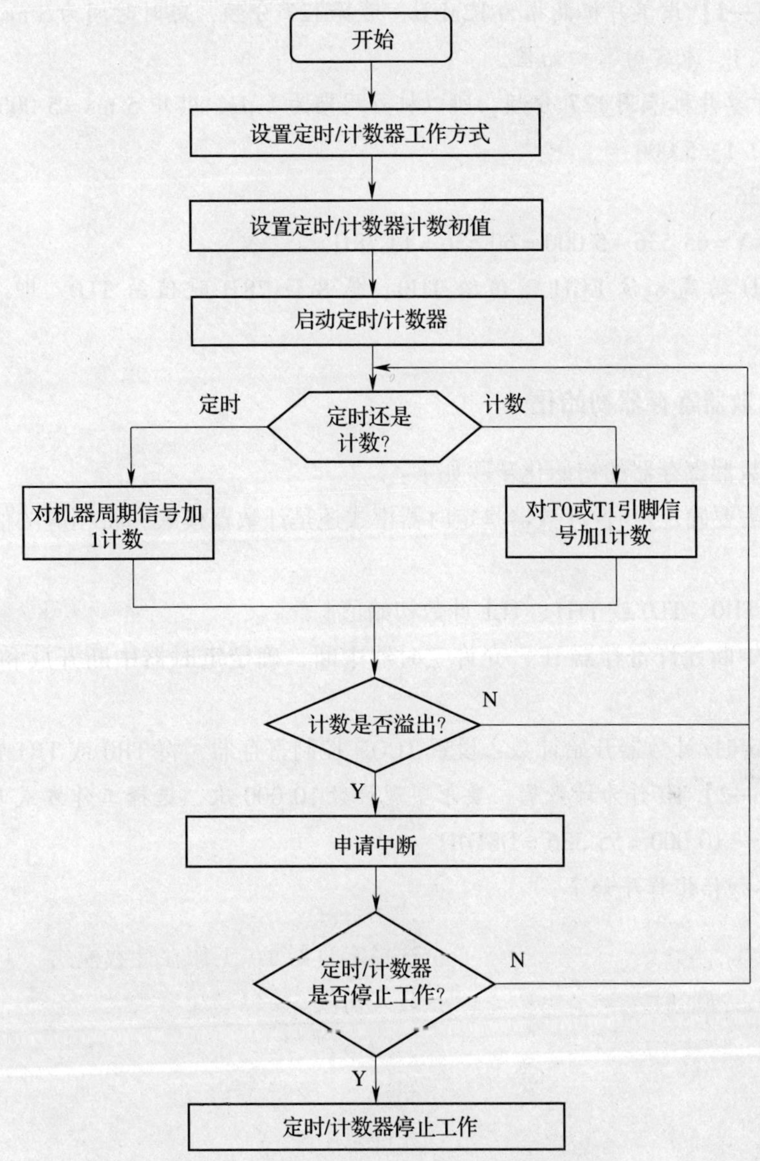

图 6—1—12　定时/计数器中断基本工作流程

将 N_S转换为 16 进制，写入 TH0、TL0 或 TH1、TL1 作为定时器初始值。其中不同工作方式的 M 值不同，具体如下：

（1）工作方式 0：$M=2^{13}=8\ 192$。

（2）工作方式 1：$M=2^{16}=65\ 536$。

（3）工作方式 2：$M=2^{8}=256$。

（4）工作方式 3：$M=2^{8}=256$。

定时/计数器根据选择的工作方式选取 M 的计数值。

【例 6—1—1】 设单片机晶振为 12MHz，选择 12*T* 分频，定时时间为 5 ms，采用 T0 定时器工作方式 1，求定时器初始值。

解： 由于单片机采用 12*T* 分频，所以机器周期为 1 μs，其中 5 ms = 5 000 μs。

$N = 5\ 000/1 = 5\ 000$

$M = 65\ 536$

$N_S = M - N = 65\ 536 - 5\ 000 = 60\ 536 = \text{EC78H}$

把 EC78H 的高 8 位 ECH 赋值给 TH0，低 8 位 78H 赋值给 TL0。即 TH0 = ECH，TL0 = 78H。

六、定时/计数器寄存器初始化

定时/计数器寄存器的初始化步骤如下：

1. 根据需要确定定时/计数器是定时器模式还是计数器模式，将相应的值写入 TMOD 寄存器中。
2. 设定 TH0、TL0 或 TH1、TL1 计数初始值。
3. 设置中断允许寄存器 IE，允许定时器中断，确定定时器中断开放和复位中断标志位。
4. 启动定时/计数器开始计数，设置 TCON 控制寄存器，将 TR0 或 TR1 置 1。

【例 6—1—2】 T0 作为计数器，要求实现计数 10 000 次，选择工作方式 1，寄存器初始值为 65 536 - 10 000 = 55 536 = D8F0H。

解： 具体初始化程序如下：

```
MOV TMOD , #05H          ; 选择定时器 T0 工作在计数模式，工作于方式 1
MOV TH0 , #0D8H          ; 装入初值
MOV TL0 , #0F0H          ;
SETB ET0                 ; 允许 T0 中断
SETB EA                  ; 允许总中断
SETB TR0                 ; 启动计数器 T0
```

任务实施

一、方波信号发生器硬件电路设计

1 kHz 方波信号发生器硬件电路如图 6—1—13 所示，只需要在单片机的 P2.0 引脚用导线引出信号输出端子即可，不需要设计外围电路。

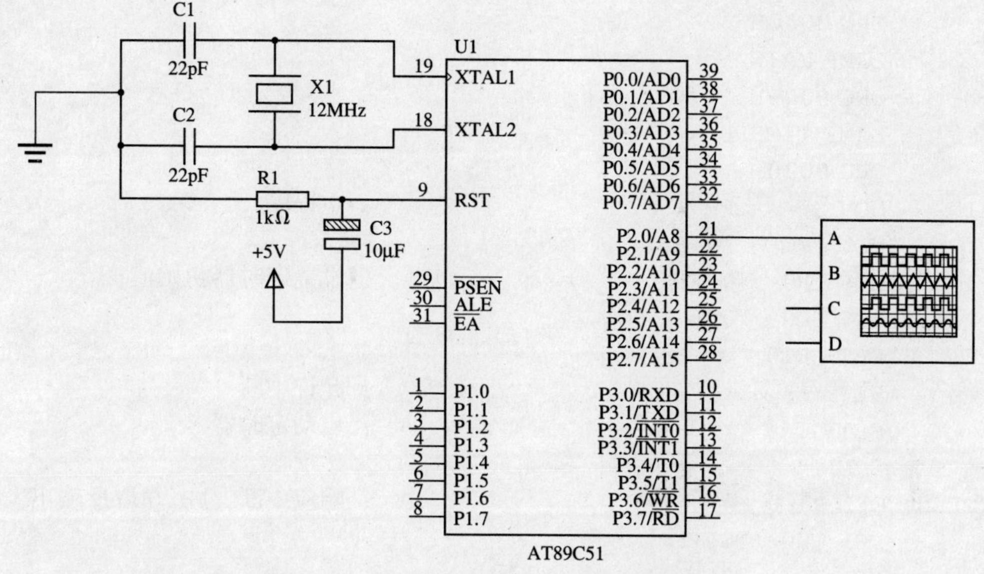

图 6—1—13　1kHz 方波信号发生器硬件电路

二、方波信号发生器程序设计

1. 程序设计思路

设单片机系统晶振为 $f_{osc}=12$ MHz，单片机时钟分频选择 12 T 单倍速，机器周期为 $T=1$ μs。由于频率为 1 kHz，周期为 1 ms，故高、低电平占用的时间均为 0.5 ms，即 500 μs。利用定时器产生周期为 0.5 ms 的方波，即软件计数器 TH0、TL0 从设定的初始值开始计数直到溢出触发中断，每隔 0.5 ms 产生中断，定时器 T0 设置为工作方式 1，并由 P2.0 口输出。1 kHz 方波信号发生器程序设计流程图如图 6—1—14 所示。

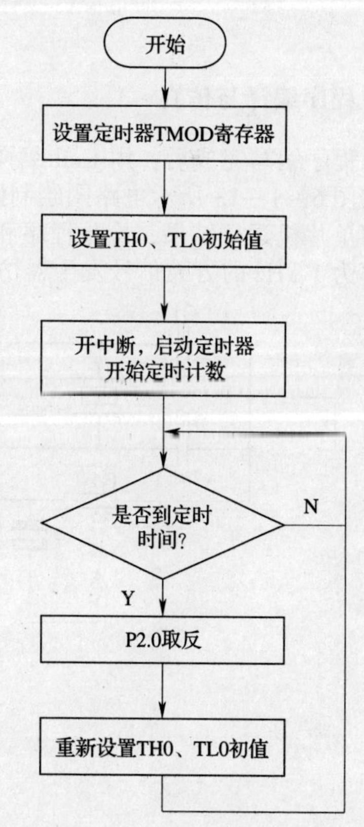

图 6—1—14　1 kHz 方波信号发生器程序设计流程图

计算计数初始值：

$N=500/1=500$

$M=65\ 536$

$N_S=M-N=65\ 536-500=65\ 036=$ FE0CH

TH0 = 0FEH，　TL0 = 0CH

2. 参考程序

方波信号发生器参考程序如下：

```
        ORG 0000H
        LJMP MAIN
        ORG 000BH
        LJMP TIMER0
        ORG 0030H
MAIN:   MOV SP , #5FH              ; 主程序
        MOV TMOD , #01H
        MOV TH0 , #0FEH            ; 设置定时器初始值
        MOV TL0 , #0CH
        SETB ET0
        SETB EA                    ; 允许中断
        SETB TR0                   ; 启动定时器
        SJMP $
TIMER0: CPL P2.0                   ; 响应中断，P2.0 取反输出
        MOV TH0 , #0FEH
        MOV TL0 , #0CH
        RETI
        END
```

三、程序编译与仿真

程序编写完成后，用 Keil 编译软件进行编译，生成 hex 文件。在 Proteus 仿真软件中按图 6—1—13 所示电路图绘制硬件电路，并将 hex 文件载入单片机中进行仿真运行，观察单片机运行结果，检验程序和电路设计是否达到设计的要求。图 6—1—15 所示为频率为 1 kHz 的方波信号发生器仿真电路图，图 6—1—16 所示为仿真效果图。

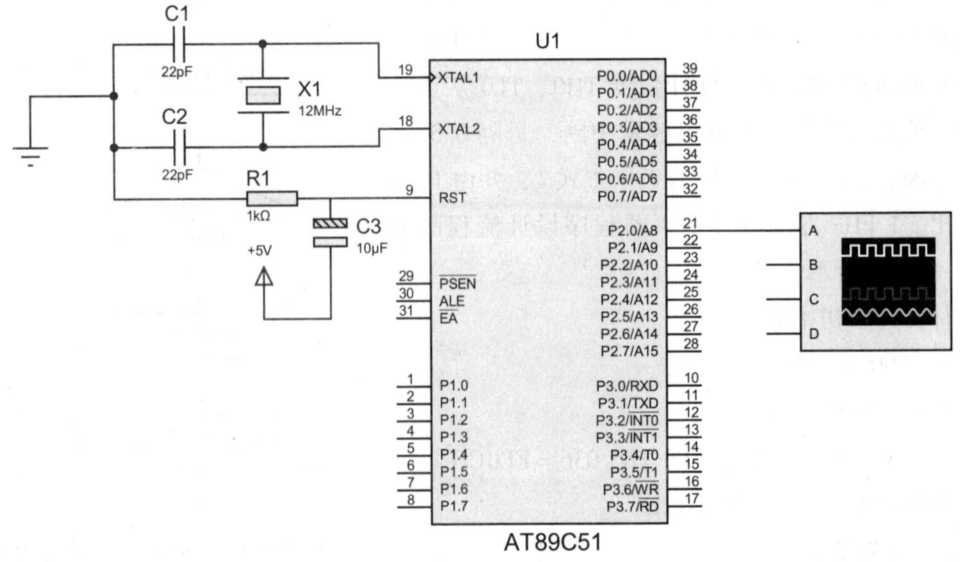

图 6—1—15　频率为 1 kHz 的方波信号发生器仿真电路图

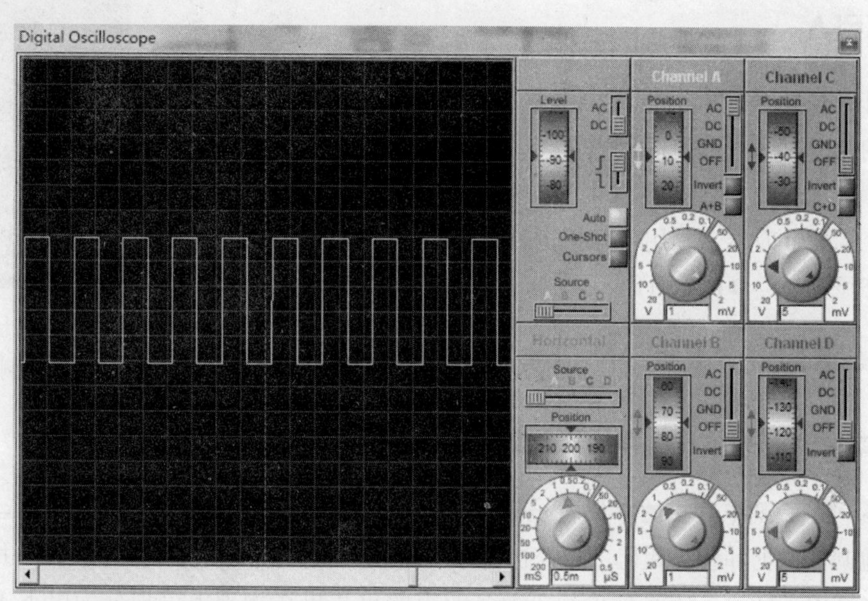

图 6—1—16　频率为 1 kHz 的方波信号仿真效果图

职业能力培养

单片机定时器的应用非常广泛。试在指导教师的帮助下，查阅相关书籍或通过互联网检索，进一步掌握定时器的设置方式和方法，并通过小组讨论的方式熟悉占空比不同的方波信号源的程序编写。

任务评价

根据任务考核评分表（见表 3—1—3）进行任务评价。

任务 2　倒数计时器

学习目标

1. 了解 MCS－51 系列单片机存储器及其应用。
2. 掌握定时/计数器查询控制方式。
3. 能设计倒数计时器硬件电路。
4. 能用中断和查询方式编写倒数计时器程序。

任务引入

图 6—2—1 倒计时应用示例

倒计时在平时的生产生活中十分常见，例如交通信号灯显示剩余的通过时间或等待时间（图 6—2—1）、微波炉加热食物时显示剩余加热时间、火箭发射升空倒计时显示等。本任务是设计一个倒数计时器，利用单片机定时器功能，每隔 1 s 在数码管上动态显示 99 ~0 倒数计时。

相关知识

一、MCS－51 系列单片机存储器及其应用

MCS－51 系列单片机的存储器被划分成几个不同的区域。为了单片机程序运行时可以方便地调取数据和程序代码，单片机程序中的数据和程序代码被分类存放在单片机的不同存储区域内。MCS－51 系列单片机及其兼容的单片机在物理上可划分为以下 4 个不同的存储区：

片内数据存储区（片内 RAM）

片外数据存储区（片外 RAM）

片内程序存储区（片内 ROM）

片外程序存储区（片外 ROM）

单片机在日常应用中需要执行多种任务，片内资源往往不能满足现实需求，因此需要对单片机的程序存储器和数据存储器进行扩展。MCS－51 系列单片机采用总线结构，只需外接很少的元器件即可实现存储器的扩展。MCS－51 系列单片机存储器扩展结构如图 6—2—2 所示。

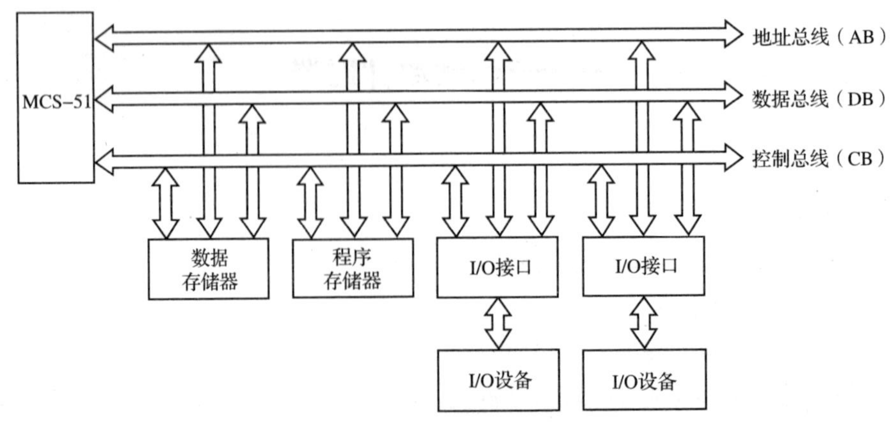

图 6—2—2 MCS－51 系列单片机存储器扩展结构

1. 存储器扩展总线结构

P0 口作为低 8 位地址总线接口和数据总线接口。单片机访问外部存储器采用分时复用，P0 口先输出低 8 位地址信号送给地址锁存器，随后 P0 口又作为数据总线接口。MCS－51 系列单片机存储器扩展总线如图 6—2—3 所示。

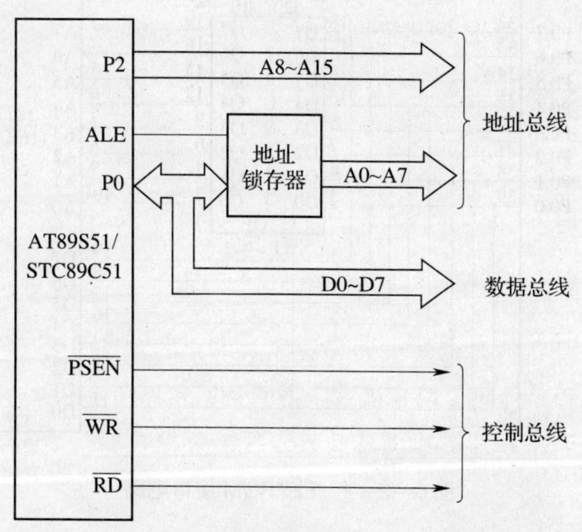

图 6—2—3　MCS－51 系列单片机存储器扩展总线

P2 口作为高 8 位地址总线，加上 P0 口输出给地址锁存器的低 8 位地址总线组成 16 位地址总线 A0～A15。

$\overline{\text{PSEN}}$：扩展程序存储器读选通控制信号。

$\overline{\text{RD}}$和$\overline{\text{WR}}$：扩展数据存储器的读、写选通控制信号。

$\overline{\text{EA}}$：片内或片外程序存储器选择引脚。

ALE：P0 口低 8 位地址锁存器控制信号。

2. MCS－51 系列单片机典型的 EEPROM 接口电路

EEPROM 电擦除可编程只读存储器不但可以修改存储内容，而且断电后能保持存储单元中程序与数据内容不变，因此被广泛应用于多种领域。如图 6—2—4所示为 EEPROM 接口电路。

（1）数据总线的连接

MCS－51 系列单片机的 P0.0～P0.7 与 EEPROM 27128 的 D0～D7 直接连接。

（2）地址总线的连接

MCS－51 系列单片机的 P0.0～P0.7 经过 74LS373 锁存器与 EEPROM 27128 地址总线的低 8 位A0～A7连接。单片机的 P2.0～P2.5 与 EEPROM 27128 地址总线的高 6 位 A8～A13 直接连接，扩展了 16K 的存储空间。

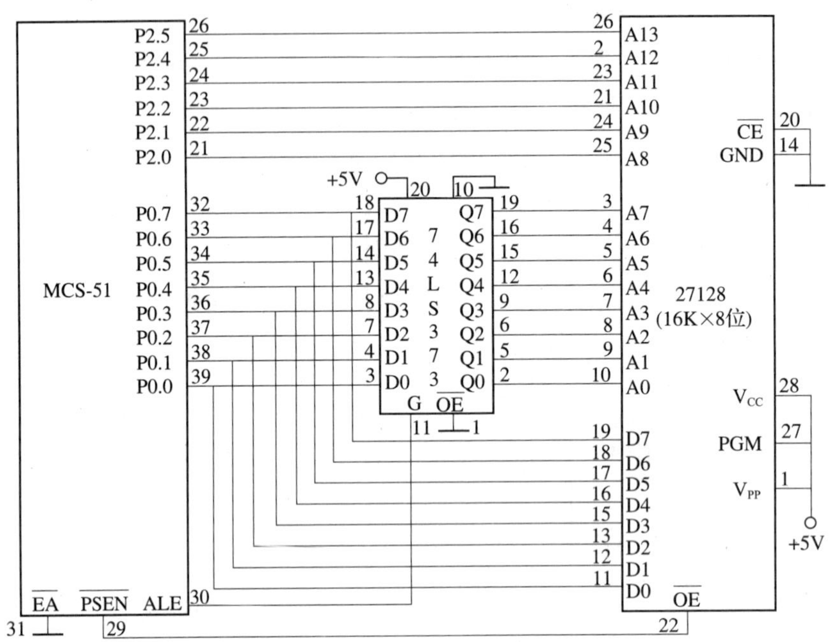

图 6—2—4　EEPROM 接口电路

3．单片机片外数据区数据的读写

MOV 指令用于单片机内部的寄存器或者存储器之间相互传递数据，而 MOVX 则用于单片机内部的累加器 A 与片外的数据存储器传递数据。例如，把片外 2000 H 单元的数据送到片内 RAM 60 H 单元，程序如下：

```
MOV DPTR, #2000H
MOVX A, @ DPTR
MOV 60H, A
```

二、定时/计数器查询控制

查询方式是一种条件传送。在执行服务程序前，首先查询定时/计数器溢出标志位 TF0 或 TF1 状态信息，并加以测试判断，条件满足时才执行服务程序，并需软件使溢出标志位清零，等待下一次溢出。在查询过程中，CPU 的利用率不高，因此查询方式适合于实时性要求不高的情况。定时/计数器查询方式控制流程图如图 6—2—5 所示。

查询方式定时，主要是循环查询等待 TF0 或 TF1 溢出标志位是否置 1，如果定时时间到，则 TF0 或 TF1 由硬件自动置位。查询判断 TF0 或 TF1 是否置位可以使用以下指令实现：

```
JNB TF0, $                    ；判断中断标志位 TF0 是否置 1
```

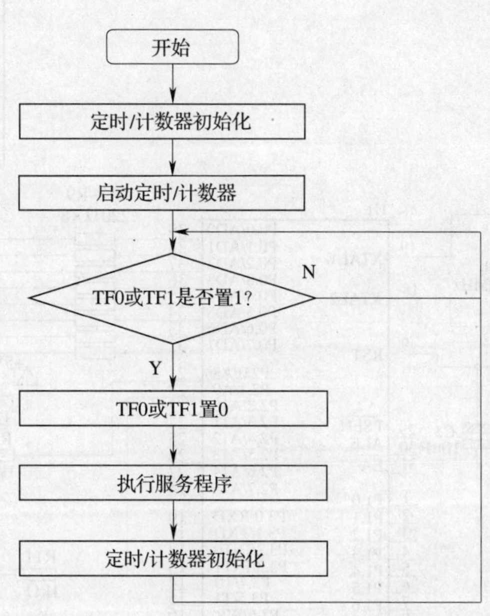

图6—2—5　定时/计数器查询方式控制流程图

一、倒数计时器硬件电路设计

本任务倒计时时间在百秒内，可采用两位数码管作为显示器件，由单片机控制输出显示，两位数码管采用动态显示方式，可以节省单片机的I/O口。倒数计时器硬件电路利用共阳极数码管，由于驱动数码管需要提供较大的驱动电流，因此选用两个PNP型三极管作为开关管，当VT1、VT2的基极为低电平时，VT1、VT2三极管导通，为数码管提供电源。单片机轮流选通数码管的位选端和段选端，赋予相应的数据，即可实现数码管的动态显示。倒数计时器的硬件电路如图6—2—6所示。

二、倒数计时器程序设计

设单片机系统晶振为$f_{osc}=12$ MHz，单片机时钟分频选择12 T单倍速，即机器周期为$T=1$ μs。数码管倒数计时时间间隔为1 s，根据任务要求使用定时器T0、工作方式0，每次定时50 ms产生中断，中断20次，即50 ms×20＝1 s。本任务可以用两种方式实现：定时器查询方式和定时器中断方式。

1. 定时器查询方式实现倒数计时程序设计

（1）定时器查询方式实现倒数计时程序流程图如图6—2—7所示。

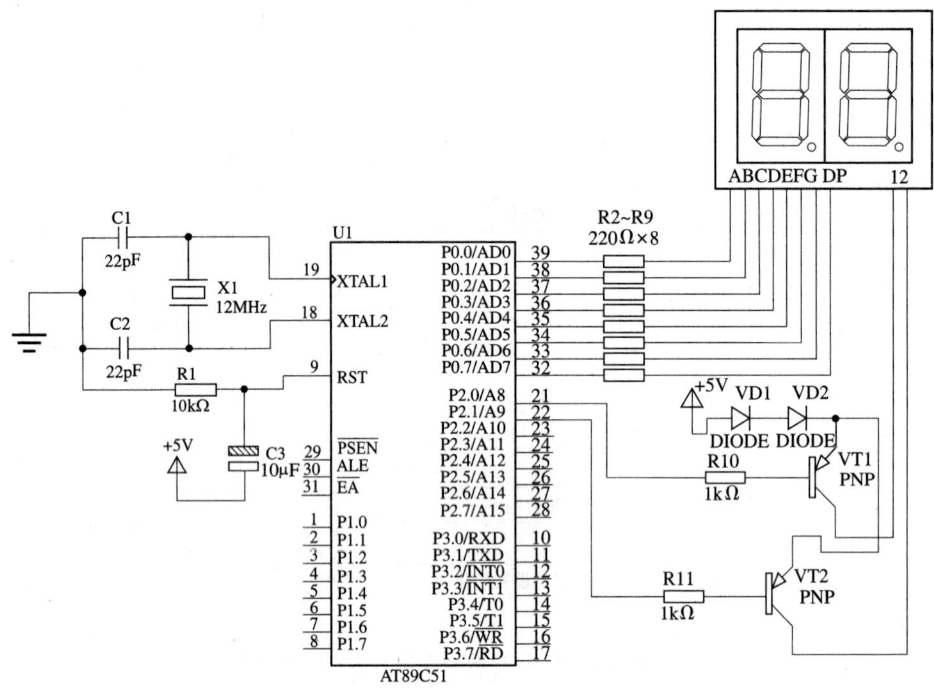

图 6—2—6　倒数计时器硬件电路

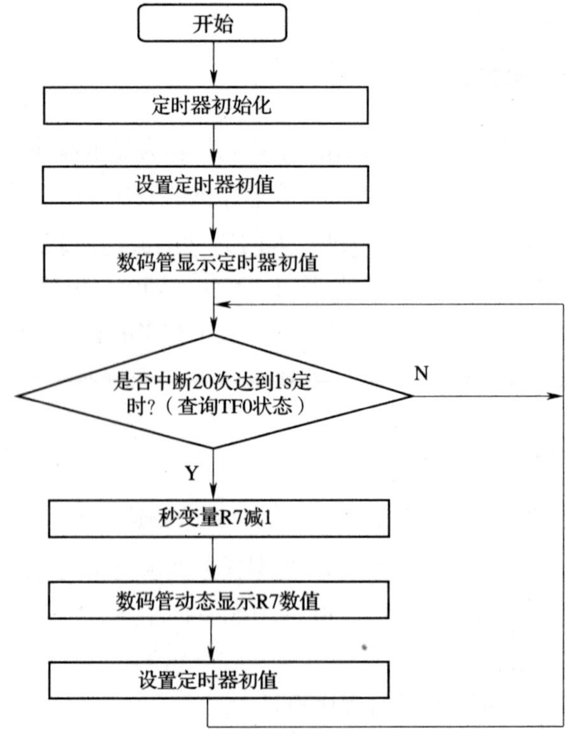

图 6—2—7　定时器查询方式实现倒数计时程序流程图

（2）定时器查询方式实现倒数计时显示参考程序如下。

```
        ORG 0000H
        LJMP MAIN
        ORG 0030H
MAIN:   MOV SP, #5FH
        MOV TMOD, #01H             ; 设置定时器 T0，工作方式 1
        SETB TR0                   ; 启动定时器计数
        MOV A, #0
        MOV R7, #99                ; 计数值变量
LOOP:   CLR TF0
        MOV R1, #20                ; 定时溢出 20 次为 1 s
NEXT1:  MOV TH0, #3CH              ; 设置定时器计数初始值
        MOV TL0, #0B0H
DISP:   MOV A, R7                  ; 取出 R7 计数变量的十位、个位
        MOV B, #10
        DIV AB
        MOV DPTR, #TAB
        MOV P2, #0FEH              ; 选通十位
        MOVC A, @ A + DPTR         ; 查表
        MOV P0, A                  ; 送十位的段码
        LCALL DELAY                ; 延时
        MOV P0, #0FFH;             ; 段码消隐
        MOV A, B
        MOVC A, @ A + DPTR         ; 查表
        MOV P2, #0FDH              ; 选通个位
        MOV P0, A                  ; 送个位的段码
        LCALL DELAY                ; 延时
        JNB TF0, DISP              ; 判断中断标志位 TF0 是否置 1
        MOV P0, #0FFH              ; 段码消隐
        CLR TF0
        DJNZ R1, NEXT1
        DJNZ R7, TIMER0
        MOV R7, #99                ; 重新赋值
TIMER0: MOV TH0, #3CH              ; 重新给计数初始值
        MOV TL0, #0B0H
        SJMP LOOP
```

```
DELAY: MOV R6, #0AH                          ; 延时子程序
D0:    MOV R5, #64H
       DJNZ R5, $
       DJNZ R6, D0
       RET
TAB:   DB 0C0H, 0F9H, 0A4H, 0B0H, 99H       ; 0 ~9 数字段码
       DB 92H, 82H, 0F8H, 80H, 90H
       END
```

在现实应用中常会遇到单片机存储容量不足的问题，需要对单片机的存储容量进行扩展。例如，倒数计时器中，可以将数码管的数字段码存放在 EEPROM 中，在查表时将数字段码表首地址赋值给 DPTR，再进行查表操作。如本例中，若数字段码存放在 3 000 H 起始地址单元中，则读取 3 000 H 单元的段码数据的相关程序如下：

```
MOV DPH, #30 H
MOV DPL, #00 H
MOVX A, @ DPTR
```

2. 定时器中断方式实现倒数计时程序设计

（1）定时器中断方式实现倒数计时程序流程图如图 6—2—8 所示。

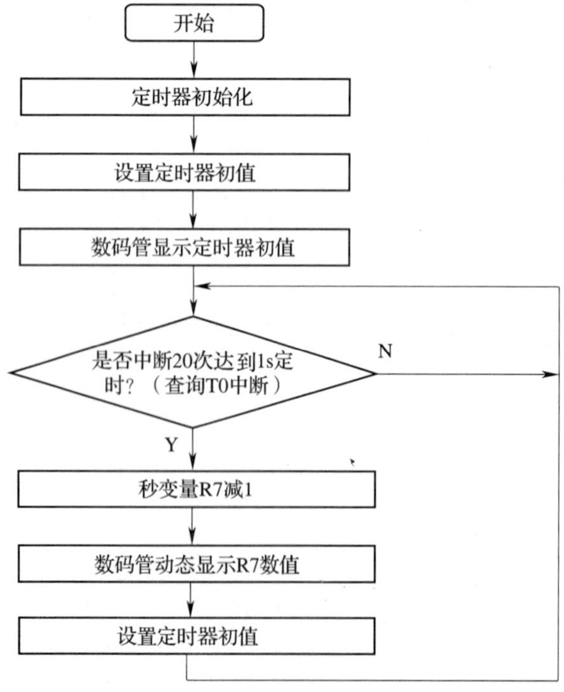

图 6—2—8　定时器中断方式实现倒数计时程序流程图

（2）定时中断方式实现倒数计时显示参考程序如下。

```
        ORG 0000H
        LJMP MAIN
        ORG 000BH                   ；定时器 T0 的中断入口地址
        LJMP TIMER0
        ORG 0030H
MAIN:   MOV SP, #5FH
        MOV TMOD, #01H              ；设置定时器 T0，工作方式 1
        MOV TH0, #3CH               ；设置定时器计数初始值
        MOV TL0, #0B0H
        SETB ET0                    ；允许定时器 T0 中断
        SETB EA                     ；开启全局中断
        SETB TR0                    ；启动定时器计数
        MOV R1, #20                 ；中断次数计数
        MOV R7, #99                 ；数码管显示变量
LOOP:   MOV A, R7                   ；取出 R7 的十位、个位
        MOV B, #10
        DIV AB
        MOV DPTR, #TAB
        MOV P2, #0FEH               ；选通十位
        MOVC A, @ A + DPTR          ；查表
        MOV P0, A                   ；送十位的段码
        LCALL DELAY                 ；延时
        MOV P0, #0FFH               ；段码消隐
        MOV A, B
        MOVC A, @ A + DPTR          ；查表
        MOV P2, #0FDH               ；选通个位
        MOV P0, A                   ；送个位的段码
        LCALL DELAY                 ；延时
        MOV P0, #0FFH;              ；段码消隐
        LJMP LOOP
TIMER0: DJNZ R1, NEXT               ；20 次中断为 1 s
        MOV R1, #20
        DJNZ R7, NEXT
        MOV R7, #99
```

```
NEXT:    MOV TH0, #3CH
         MOV TL0, #0B0H
         RETI
DELAY:   MOV R6, #0AH                          ; 延时子程序
D0:      MOV R5, #64H
         DJNZ R5, $
         DJNZ R6, D0
         RET
TAB:     DB 0C0H, 0F9H, 0A4H, 0B0H, 99H        ; 0 ~9 数字段码
         DB 92H, 82H, 0F8H, 80H, 90H
         END
```

三、程序编译与仿真

程序编写完成后，用 Keil 编译软件进行编译，生成 hex 文件。在 Proteus 仿真软件中按图 6—2—6 所示电路图绘制硬件电路，并将 hex 文件载入单片机中进行仿真运行，观察单片机运行结果，检验程序和电路设计是否达到设计的要求。倒数计时器仿真效果图如图 6—2—9 所示。

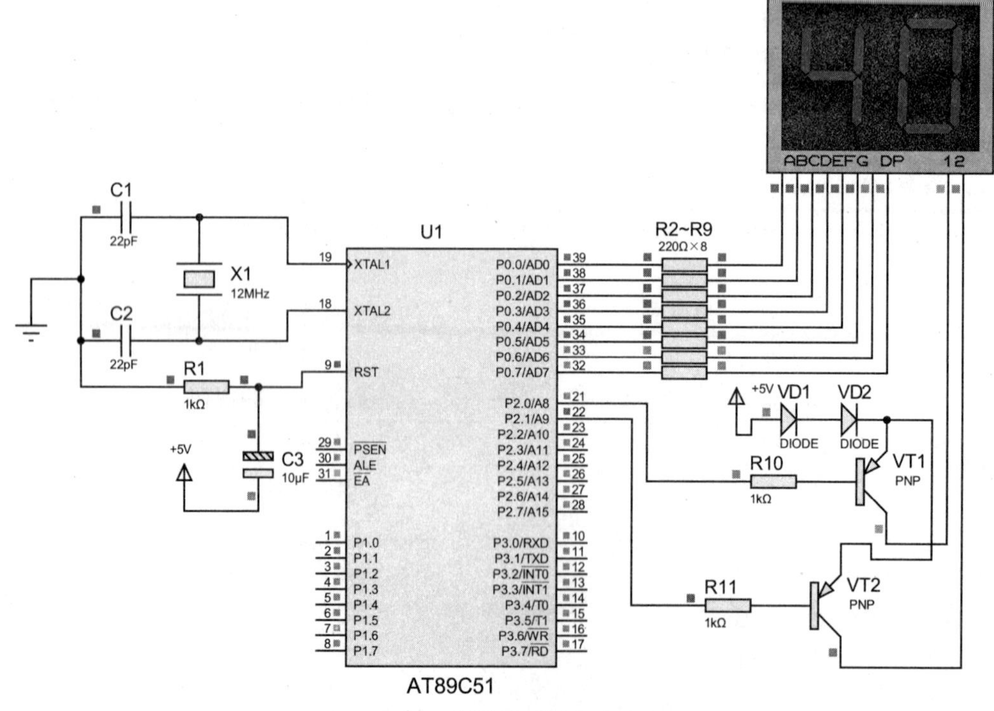

图 6—2—9　倒数计时器仿真效果图

任务评价

根据任务考核评分表（见表3—1—3）进行任务评价。

职业能力培养

舵机被广泛应用于工业机器人、航空、航模等多种领域，它由直流电动机、传感器、减速齿轮组和控制电路组成。图6—2—10和图6—2—11所示分别为舵机机器人实物图和舵机。

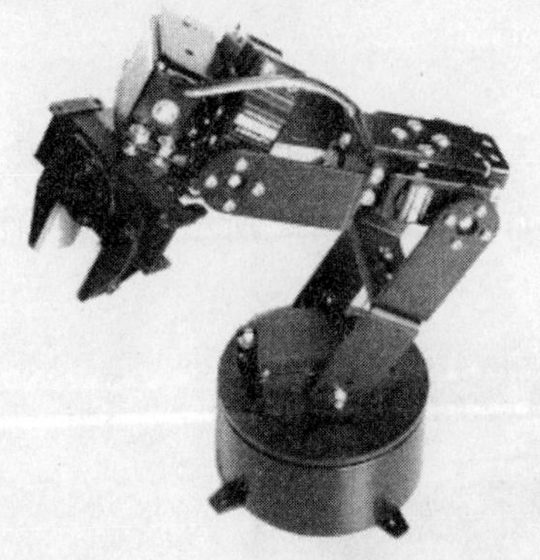

图6—2—10　舵机机器人实物图

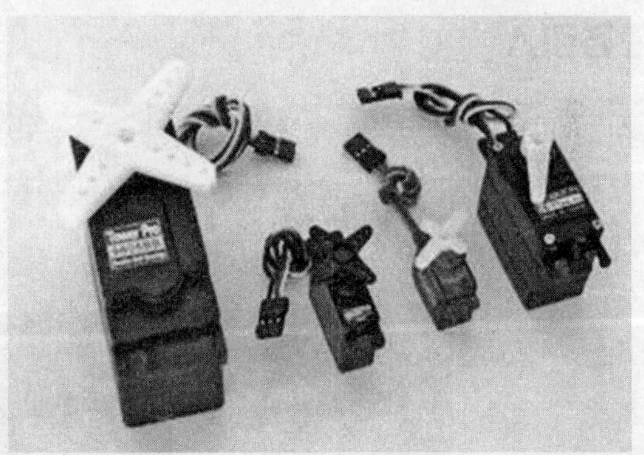

图6—2—11　舵机

舵机的旋转角度一般大于180°，其控制由可变宽度的脉冲PWM来实现。舵机有3根引线，分别为V_{CC}、GND和信号线，其中信号线用于传送控制脉冲信号。一般舵机的基准信号周期为20 ms，高电平宽度为1.5 ms，指向中间位置时定义为0°。高电平占空比不同，舵机旋转角度也不同，如图6—2—12所示为舵机信号脉冲宽度与旋转角度的关系图。试根据所学的定时器知识，查阅相关资料，在指导教师的帮助下，利用单片机实现对舵机旋转角度的控制。

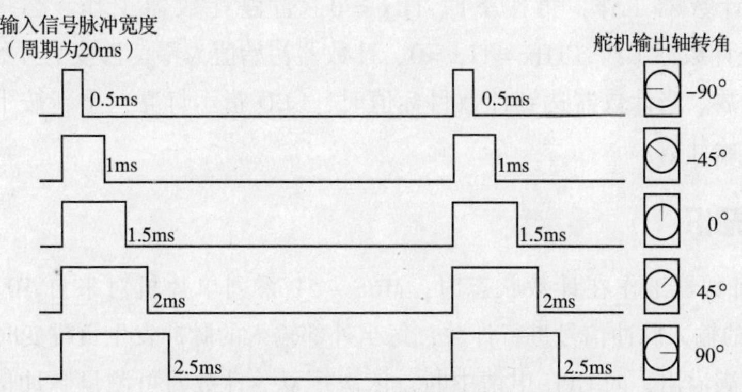

图6—2—12　舵机信号脉冲宽度与旋转角度的关系图

任务3　数字计数器

学习目标

1. 掌握定时/计数器计数方式。
2. 能设计数字计数器硬件电路。
3. 能编写单片机数字计数器程序。

任务引入

在工业中，用数字计数器可接收开关量、电平脉冲等输入信号，用于机床、纺织、印刷、食品、包装等行业，实现对数量的记录和控制。例如，图6—3—1所示罐头装箱流水线中就是用计数器实现对罐头的计数。

图6—3—1　罐头装箱流水线

本任务是用单片机设计一款工业用数字计数器，要求有两位LED数码显示，具有开始/暂停、清零功能键，带LED指示。分析任务要求可知，利用单片机定时/计数器的计数功能很容易实现计数，可选择T0或T1外接计数引脚引入。当按下开始/暂停键时，TRx＝1启动计数器工作，再按下时TRx＝0，暂停计数器工作。当按下清零键时，TRx＝0，停止计数器工作，THx＝TLx＝0，计数器初始值为零，再按下开始键时，启动计数器，开始计数。当计数器达到计数目标值时，LED指示灯亮，重新按下开始键时，计数器清零，开始计数。

相关知识

当定时/计数器工作在计数状态时，MCS－51系列单片机对来自T0（P3.4）或T1（P3.5）引脚的输入脉冲信号进行计数，每当外部输入的脉冲发生负跳变时，计数器加1，直到计数器加满溢出，向CPU申请中断，依次重复。计数器可测量脉冲信号的宽度、周期、频率，也可实现自动计数。由于单片机确认一次负跳变需要花两个机器周期，即24

个时钟周期，所以单片机最大的计数脉冲频率值是时钟信号的 1/24，即$f_x = f_{osc}/24$。如单片机的时钟信号频率为 12 MHz，则最大计数频率为 500 kHz。

在应用中，测量脉冲计数值时，若需要计数脉冲数值较大，可以通过溢出中断次数来计算脉冲数值。如定时/计数器工作在方式 1，假设计数脉冲溢出了 n 次，最后一次计数值为 A，则计数脉冲数值为：

$$N = n \times 65\ 536 + A$$

当应用在测量脉冲信号的频率时，可以设置定时器为 1 s，计数器在此期间计数脉冲的数值就是此信号的频率。

任务实施

一、数字计数器硬件电路设计

数字计数器硬件电路如图 6—3—2 所示，选用两位数码管作为脉冲输入计数显示，数字计数器的输入由两个按键组成，按键 1 为开始计数或暂停计数功能，按键 2 为清零功能。P3.0 连接 LED 表示计数值到溢出指示。

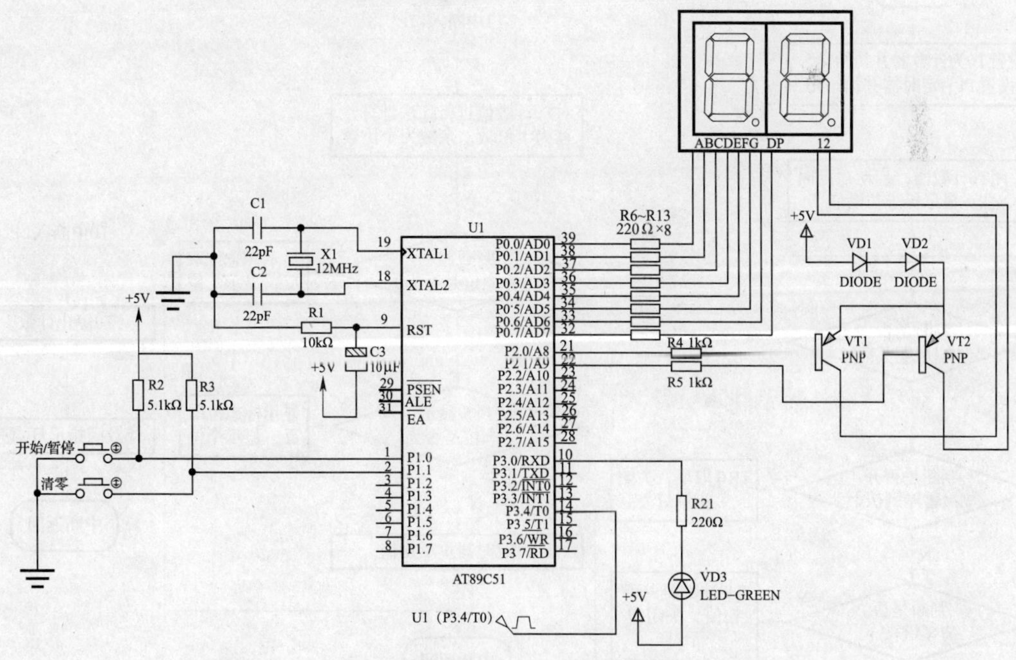

图 6—3—2　数字计数器硬件电路

二、数字计数器程序设计

1. 数字计数器程序设计思路

设单片机定时/计数器用作计数器，设置 $C/\overline{T}=1$ 且 GATE＝0 时，多路开关向下闭合，T0 选择计数器模式，T0 对单片机外部 T0（P3.4）引脚脉冲计数。本任务程序设计由按键扫描子程序、数码管动态显示子程序和计数程序组成。其中，将 T1 设置为定时器、工作方式 1，用于数码管的动态扫描。T0 设置为计数器、工作方式 2，使软件计数器 TH0、TL0 从设定的初始值开始计数，直到溢出触发中断，每计数 50 个脉冲产生一次中断，P3.0 输出低电平，点亮 LED 提示。数字计数器程序设计流程图如图 6—3—3 所示。

计算计数初始值：

$N=50/1=50$

$M=256$

$N_S=M-N=256-50=206$

TH0＝206，TL0＝206

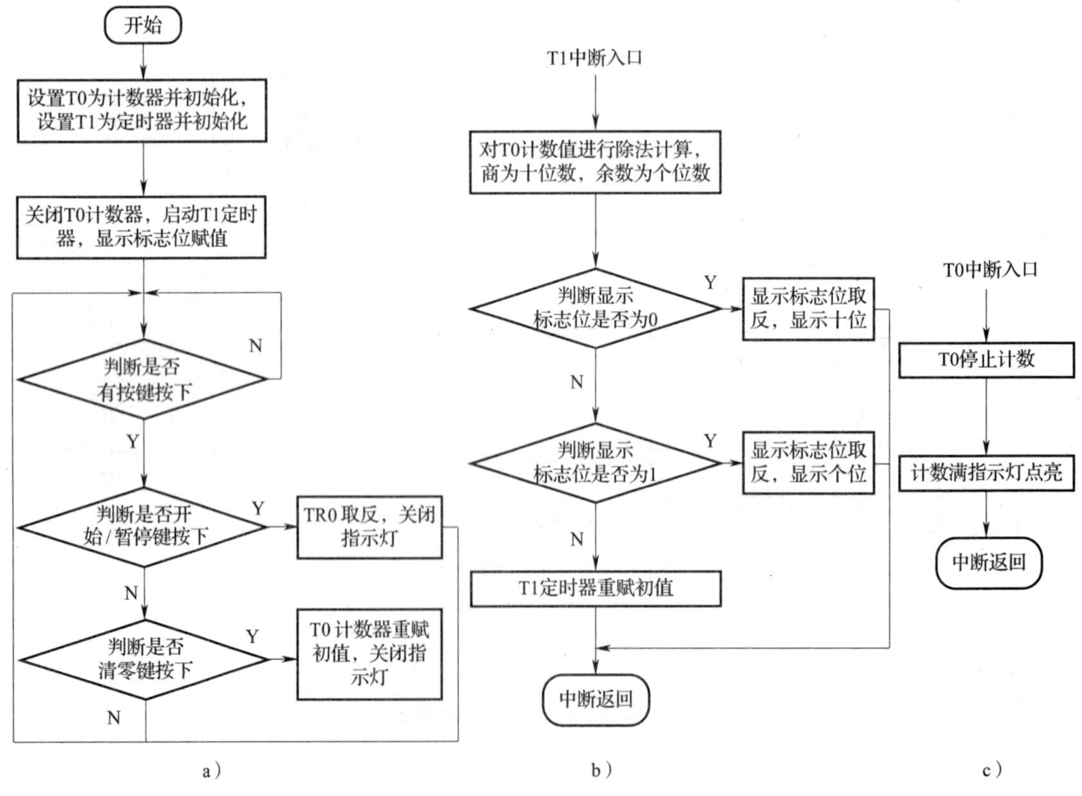

图 6—3—3　数字计数器程序设计流程图

a）主程序　b）T1 中断服务程序　c）T0 中断服务程序

2. 参考程序

数字计数器参考程序如下：

```
        FLAG BIT 08H            ；设置数码管动态显示顺序标志位，“1”显示个位，
                                ；“0”显示十位
        ORG 0000H
        LJMP MAIN
        ORG 000BH               ；定时/计数器 T0 的中断入口地址
        LJMP TIMER0
        ORG 001BH               ；定时/计数器 T1 的中断入口地址
        LJMP TIMER1
        ORG 0030H
MAIN:   MOV TMOD, #16H          ；设置 T0 为计数器，工作模式 2；
                                ；T1 为定时器，工作模式 1
        MOV TH0, #206           ；设置计数器 T0 计数初始值，即计满 50 个脉冲
        MOV TL0, #206           ；溢出初始值
        MOV TH1, #0F8H          ；设置定时器 T1 计数初始值，即定时 2 ms 初始值
        MOV TL1, #30H
        SETB ET0                ；允许计数器 T0 中断
        SETB ET1                ；允许定时器 T1 中断
        SETB EA                 ；允许全局中断
        CLR TR0                 ；计数器 T0 初始化不启动
        SETB TR1                ；启动定时器 T1
        SETB P3.0               ；LED 指示灯初始化灭
        SETB FLAG               ；标志位置 1
        MOV P1, #0FFH
LOOP:   MOV A, P1
        CJNE A, #0FFH, LOOP
        LCALL KEY_ SCAN         ；扫描是否有按键按下
        LJMP LOOP
```

```
DISPLAY: MOV DPTR, #TAB           ; 数码管动态显示子程序
         CLR C                    ; 清除进位
         MOV A, TL0               ; 计算计数值
         SUBB A, #206
         MOV B, #10               ; 计算得到个位和十位数值
         DIV AB                   ; A存放十位数值，B存放个位数值
         JB FLAG, DIS0            ; 标志位为“1”显示个位，为“0”显示十位
         CPL FLAG                 ; 标志位取反，2 ms后显示个位
         MOVC A, @A+DPTR          ; 查表
         MOV P0, #0FFH            ; 段码消隐
         MOV P0, A                ; 送十位的段码
         MOV P2, #0FEH            ; 选通十位显示
         SJMP DIS_END
DIS0:    CPL FLAG                 ; 标志位取反，2ms后显示十位
         MOV A, B
         MOVC A, @A+DPTR
         MOV P0, #0FFH            ; 消隐
         MOV P0, A                ; 送个位的段码
         MOV P2, #0FDH            ; 选通个位显示
         SJMP DIS_END
DIS_END: RET
TIMER0:
         CLR P3.0                 ; 指示灯亮
         CLR TR0                  ; T0停止计数
         RETI
TIMER1:
         LCALL DISPLAY
         MOV TH1, #0F8H           ; 设置定时器T1初始值
```

```
        MOV TL1, #30H
        RETI
DELAY:  MOV R6, #14H        ; 延时约10ms
D0:     MOV R5, #0FFH
        DJNZ R5, $
        DJNZ R6, D0
        RET
KEY_SCAN:                   ; 按键扫描子程序
        LCALL DELAY         ; 延时消除抖动
        MOV A, P1
        CJNE A, #0FFH, KEY1
        SJMP SCAN_ END
KEY1:   JB P1.0, KEY2       ; 按下开始/暂停键
        SETB P3.0           ; 指示灯熄灭
        CPL TR0             ; TR0 取反，在开始/暂停间切换
        JNB P1.0, $         ; 等待按键松开
        SJMP SCAN_ END
KEY2:   JB P1.1, SCAN_ END ; 按下清零键
        MOV TL0, #206       ; TL0 赋计数器为"0" 的初始值
        SETB P3.0           ; 指示灯熄灭
        JNB P1.1, $         ; 等待按键松开
SCAN_ END:
        RET
TAB:    DB 0C0H, 0F9H, 0A4H, 0B0H, 99H; 0 ~9 数字段码
        DB 92H, 82H, 0F8H, 80H, 90H, 0BFH
        END
```

三、程序编译与仿真

程序编写完成后，用 Keil 编译软件进行编译，生成 hex 文件。在 Proteus 仿真软件中按图 6—3—2 所示电路图绘制硬件电路，并将 hex 文件载入单片机中进行仿真运行，观察单片

机运行结果，检验程序和电路设计是否达到设计的要求。在仿真时用信号源的脉冲信号代替工业中计数检测传感器产生的计数脉冲。数字计数器仿真效果图如图 6—3—4 所示。

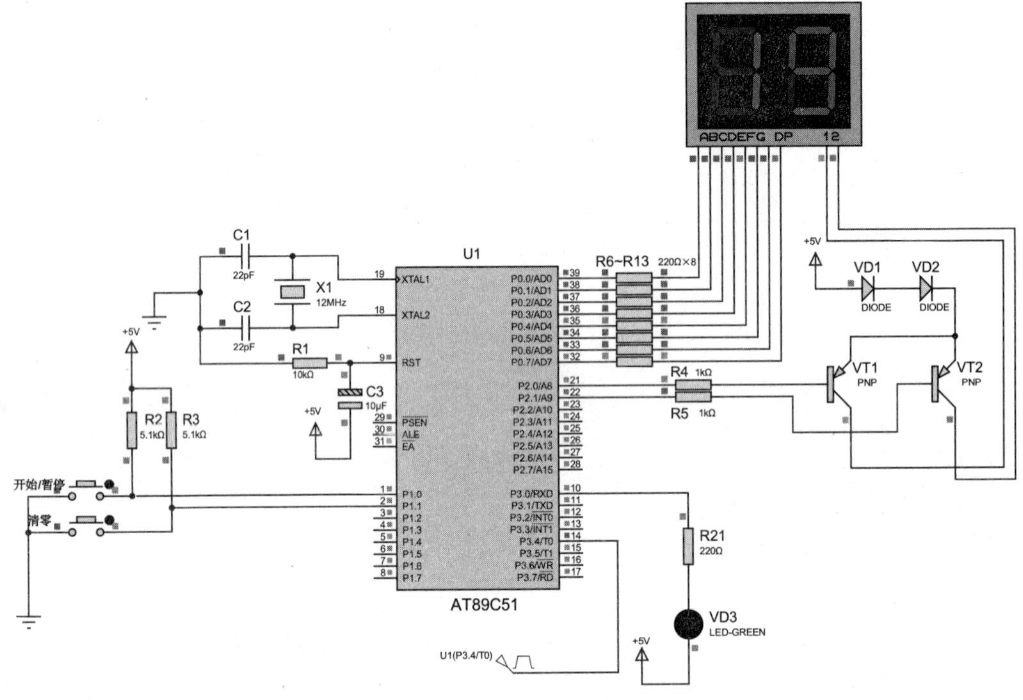

图 6—3—4　数字计数器仿真效果图

职业能力培养

单片机计数器的应用非常广泛。试在指导教师的帮助下，查阅相关书籍或通过互联网检索，进一步掌握计数器的设置方式和方法，并通过小组讨论等方式合作编写测量外部低频方波信号频率的程序。

任务评价

根据任务考核评分表（见表 3—1—3）进行任务评价。

知识拓展

门控制位 GATE 的应用——测量脉冲宽度

GATE 可使定时/计数器 Tx 的启动计数受 $\overline{\text{INTx}}$ 的控制，可测量引脚 $\overline{\text{INTx}}$（P3. 2、P3. 3）上正脉冲的宽度（机器周期数）。例如，门控制位 GATE 可使 T1 的启动计数受

$\overline{\text{INT1}}$的控制，当 GATE = 1 且 TR1 = 1 时，只有$\overline{\text{INT1}}$引脚输入高电平时，T1 才被允许计数。利用 GATE 的这一功能，可测量$\overline{\text{INT1}}$引脚（P3. 3）上正脉冲的宽度（机器周期数），其方法如图 6—3—5 所示。

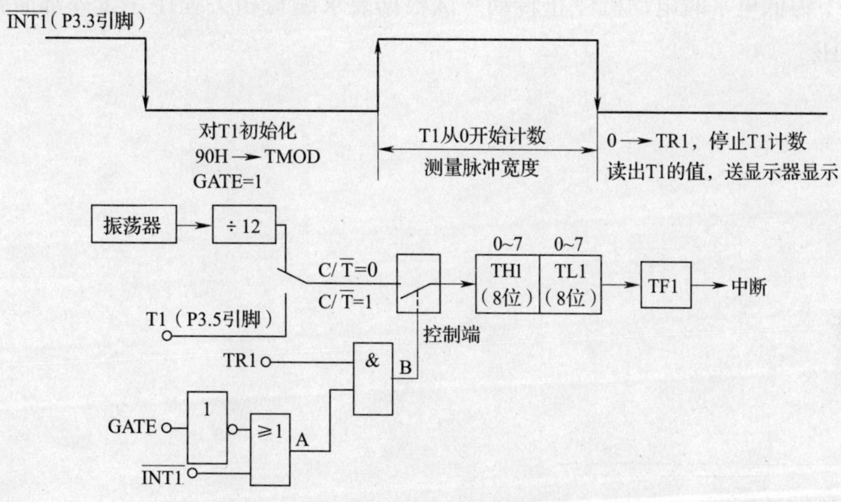

图 6—3—5　利用 T1 的门控制位 GATE 测量$\overline{\text{INT1}}$引脚上正脉冲的宽度

思考与练习

1. 根据定时/计数器 T0 工作方式 1 逻辑结构图，分析门控制位 GATE 取不同值时，启动定时器的工作过程。

2. 当定时/计数器的加 1 计数器计满溢出时，溢出标志位 TF1 由硬件自动置 1，试简述对该标志位的两种处理方法。

3. MCS－51 系列单片机 T0、T1 用作定时器和计数器时，其计数脉冲分别由谁提供？

4. 当 T0 设为工作方式 3 时，TR1 位会被 TH0 占用，此时应如何控制定时器 T1 的启动和关闭？

5. MCS－51 系列单片机系统晶振频率是 12 MHz，要求 T0 定时 150 μs，试分别计算采用定时方式 0、方式 1 和方式 2 时的定时初值。

6. 运用定时器中断方法设计一个秒闪电路，其功能是使发光二极管 LED 每秒钟闪亮 400 ms，设单片机系统晶振频率为 12 MHz。

7. 用定时器查询方式编程实现 0～99 顺数计数器，每秒加 1（定时器选择 T0）。

8. 设 MCS－51 系列单片机晶振频率为 6 MHz，使用 T1 对外部事件进行计数，每计数 200 次后，T1 转为定时工作方式，定时 5 ms 后，又转为计数方式，如此反复工作。试编程实现上述工作要求。

9. 设计一个单片机控制直流电动机转动控制器，要求电动机循环状态为顺时针转2 s，停3 s，逆时针转2 s。单片机引脚控制功能：当P1.0为高电平，P1.1为高电平时电动机顺时针转动；当P1.0为高电平，P1.1为低电平时电动机逆时针转动；当P1.0为低电平，P1.1为低电平时电动机停止转动。试根据要求编写相关程序，设外部时钟晶振频率为12 MHz。

课题七　单片机综合应用

单片机综合应用是在学习了单片机各基本功能应用的基础上，通过利用单片机设计一些较完整的实践性项目，进一步加强单片机知识的综合应用能力及单片机应用系统的开发和设计能力。

知识目标

➤ 熟练掌握单片机输入输出、中断、定时器、按键检测等基础知识。

➤ 了解液晶显示器，熟悉液晶显示器控制方法。

➤ 了解温度传感器，熟悉温度传感器控制方法。

➤ 了解 LED 点阵显示屏，熟悉点阵显示字符过程。

➤ 掌握项目设计报告的格式。

技能目标

➤ 能根据设计要求，在 Proteus 开发平台上完成硬件系统的电路设计，完成系统软件设计并提交程序设计框图和清单，完成系统软硬件的综合调试，实现项目设计要求。

➤ 通过该课题的训练，提高实际动手操作能力，树立敬业精神和团队合作意识。

➤ 能小组合作撰写项目设计报告。

任务1　篮球赛计分器设计

学习目标

1. 了解单片机项目开发设计基本流程。
2. 能设计手动按键数码管显示计分器电路。
3. 能编写和调试计分器程序。

任务引入

体育比赛计分系统是对体育比赛过程中所产生的时间、比分等数据进行快速采集记录、加工处理和传递利用的信息系统，如图 7—1—1 所示。根据不同运动项目的比赛规则要求，体育比赛的计时计分系统包括测量类、评分类、命中类、制胜类、得分类等多种类型。篮球比赛是根据运动队在规定的比赛时间里得分多少来决定胜负的，因此，篮球比赛的计时系统是一种得分类系统。本任务设计简易版体育比赛计分系统，要求实现手动按键加减计分功能，数码管显示比分。

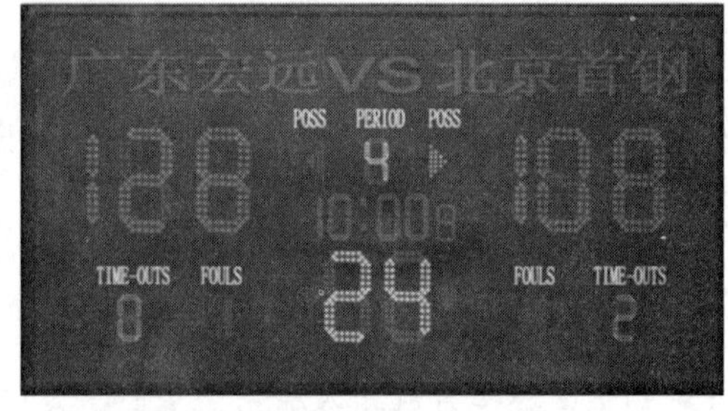

图 7—1—1　常见的篮球比赛计分系统

根据简易篮球计分器设计要求，可采用单片机外接按键调整计分，数码管显示比赛双方比分的设计方案。选用 6 个 LED 数码管，每队 3 个 LED 数码管显示分数，分数范围可达 0～999 分；为了配合计分器调整比分，可设立 5 个按键，其中 4 个用于输入甲、乙两队的分数；另一个实现清零功能。

相关知识

单片机项目开发设计基本流程如图 7—1—2 所示。

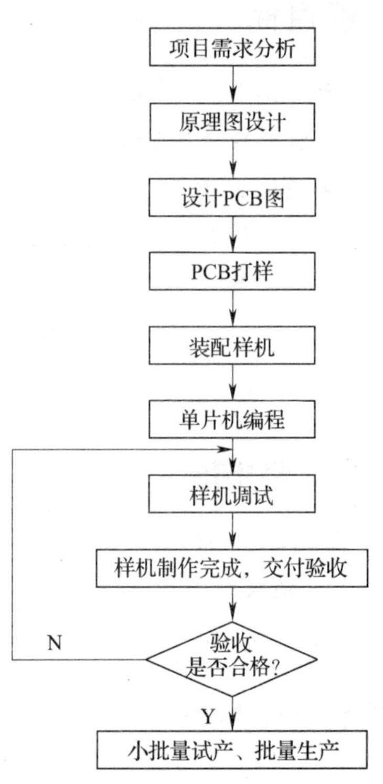

图 7—1—2　单片机项目开发设计基本流程

一、项目需求分析

项目需求分析的任务就是解决做什么的问题，就是要全面地理解用户的各项要求，并准确地表达所接收的用户需求，和客户达成一致。

二、原理图设计

在做这一步时要考虑单片机的资源分配和将来的软件框架，制定好各种通信协议，尽量避免出现当板子做好后，即使把软件优化到极限，仍不能满足项目要求的情况，还要计算各元件的参数、各芯片间的时序配合，有时候还需要考虑外壳结构、元件供货、生产成本等因素，还可能需要做必要的试验，以验证一些具体的实现方法。设计中每一步骤出现的失误都会在下一步骤引起连锁反应，所以对一些没有把握的技术难点应尽量去核实。

三、设计印制电路板（PCB）图

完成电路原理图设计后，根据技术方案的需要设计 PCB 图，这一步需要考虑机械结构、装配过程、外壳尺寸细节、所有要用到的元器件的精确三维尺寸、不同制板厂的加工精度、散热、电磁兼容性等，为最终完成这一步常常需多次修改原理图。

四、PCB 打样

把 PCB 图发往制板厂制板，将加工要求尽可能详细地写下来，与 PCB 图文件一起发给工厂，并保持沟通，及时解决加工中出现的一些相关问题。

五、装配样机

PCB 板定制回来后开始装配样机，设计中的错漏会在装配过程中显现，要尽量去补救。

六、单片机编程

依据需求分析时和客户确定的功能任务，根据硬件设计电路，设计功能程序流程图，需要反复优化设计，最后用单片机编程软件进行编程。

七、样机调试

将编写好的单片机程序下载到样机开始调试，这一步非常重要，这个过程需要用到电烙铁、刻刀、不同参数的元件、各种调试和仿真软件、样机的模拟工作环境等，经过反复多次软硬件一起联调才能成功，可以说单片机的软件不是编出来而是调出来的，甚至等整个调试终于完成之后，样机的板子已经面目全非。

八、样机制作完成，交付验收

根据样机调试修正后的技术方案，按以上各个步骤重做一台完善的样机，整理数据，编写设备文档，交付客户验收。

九、小批量试产、批量生产

样机经过验收合格后，可以按生产流程组织小批量试产，试产成功后就可以组织批量生产。

任务实施

一、篮球赛计分器硬件电路设计

篮球赛计分器电路原理图如图 7—1—3 所示。篮球赛计分器单片机采用 STC89C51RC，数码管可选用两个 4 位数码管显示比赛双方的比分（仿真时选用 8 位数码管代替两个 4 位数码管）。单片机 P0 口数据通过 74HC245 数据缓存器输出到数码管的段码，8 位数码管位码控制由 P2 端口的 P2.0 ~ P2.2 控制 74LS138 3 – 8 译码器来实现。P1 口连接 5 个独立按键 K1 ~ K5，其中 4 个用于输入甲、乙两队的分数，另外 1 个则用于清零功能。K1 键：完成甲队加 1 分操作；K2 键：完成甲队减 1 分操作；K3 键：完成乙队加 1 分操作；K4 键：完成乙队减 1 分操作；K5 键：比分清零。

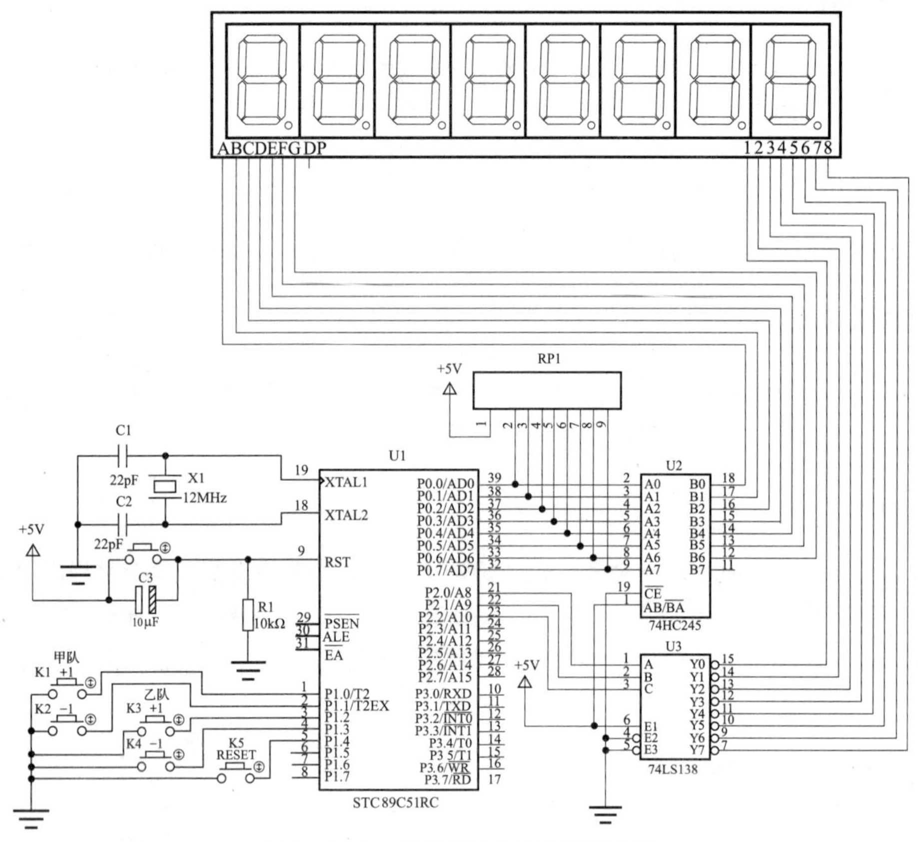

图 7—1—3　篮球赛计分器电路原理图

说明　硬件电路中设计减分操作主要是为了预防误按，进行数据回滚操作，实际篮球比赛中并不存在减分操作。

二、篮球赛计分器程序设计

1．篮球赛计分器程序设计思路

根据任务设计要求，程序运行开始时比分显示清零 000 000，主程序运行调用数码管显示比分程序，按键扫描，循环运行。当有按键按下时，编程判断确认是哪个按键，跳转到相应按键子程序入口，按功能执行加 1 分、减 1 分或者复位清零程序，并实时显示。

2. 篮球赛计分器程序设计流程图

篮球赛计分器程序设计流程图如图 7—1—4 所示。

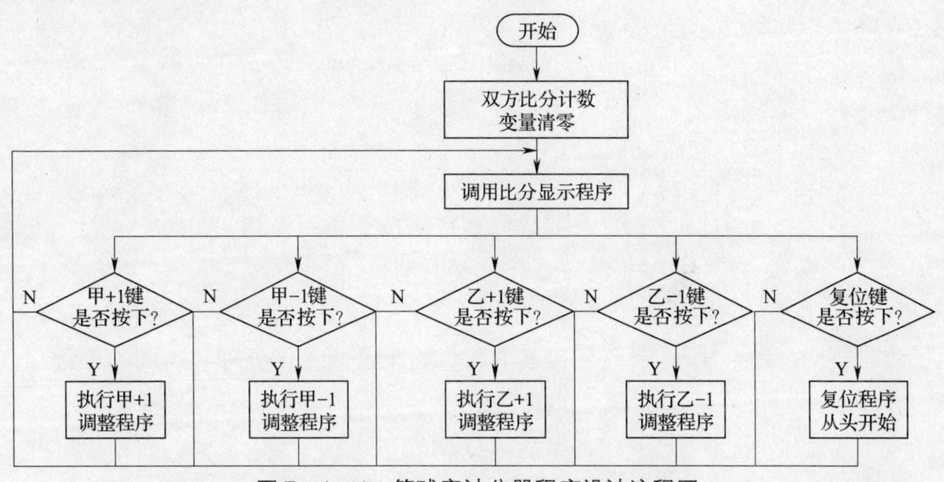

图 7—1—4　篮球赛计分器程序设计流程图

3. 篮球赛计分器参考程序

```
/****************************************************************
*程序名：基于汇编语言的 51 单片机篮球赛计分器设计
****************************************************************/
;符号名定义
          K1 BIT P1.0   ；甲队 +1 分
          K2 BIT P1.1   ；甲队 -1 分
          K3 BIT P1.2   ；乙队 +1 分
          K4 BIT P1.3   ；乙队 -1 分
          K5 BIT P1.4   ；复位键
          JIA EQU 30H   ；甲队比分
          YI EQU 31H   ；乙队比分
          ORG 0000H
          AJMP START
;*************** 主程序 ***********************
          ORG 0100H
START:    MOV JIA, #0     ；比赛开始前甲、乙队计分清零
          MOV YI, #0
DISP:     LCALL DISPLAY ；显示比分
```

```
; ******* 判断是否有计分按键按下，并判断是哪一个按键按下 *******
        MOV P1, #0FFH    ; P1 脚置成高电平
        JNB K1, SS1
        JNB K2, SS2
        JNB K3, SS3
        JNB K4, SS4
        JNB K5, SS5
        LJMP DISP        ; 如果没有按键按下重新检测
SS1:    MOV R7, #10      ; K1 按键延时消抖
        LCALL DELAY
        JB K1, DISP      ; 确实有按键按下进入按键处理，否则为干扰，
                         ; 重新检测
        INC JIA          ; 甲队比分加 1
        LJMP JJ1         ; 等待按键弹起
SS2:    MOV R7, #10      ; K2 按键延时消抖
        LCALL DELAY
        JB K2, DISP
        MOV A, JIA       ; 判断甲队比分是否到 0 分
        JZ JJ2
        DEC JIA          ; 甲队比分 -1
        LJMP JJ2
SS3:    MOV R7, #10      ; K3 按键延时消抖
        LCALL DELAY
        JB K3, DISP
        INC YI           ; 乙队比分加 1
        LJMP JJ3
SS4:    MOV R7, #10      ; K4 按键延时消抖
        LCALL DELAY
        JB K4, DISP
        MOV A, YI        ; 判断乙队比分是否到 0 分
        JZ JJ4
        DEC YI           ; 乙队比分 -1
        LJMP JJ4
SS5:    MOV R7, #10
```

```
          LCALL DELAY
          JB K5, DISP
          LJMP START
; ********* 等待按键弹起 *********
JJ1:      JB K1, DISP
          LCALL DISPLAY
          SJMP JJ1
JJ2:      JB K2, DISP
          LCALL DISPLAY
          SJMP JJ2
JJ3:      JB K3, DISP
          LCALL DISPLAY
          SJMP JJ3
JJ4:      JB K4, DISP
          LCALL DISPLAY
          SJMP JJ4
; ******** 比分显示控制子程序 ********
DISPLAY:
          MOV DPTR, #TABLE
          MOV R2, #00H
          MOV A, JIA           ; 计算甲队百十个位比分数据存放到地址 32H ~34H 中
          MOV B, #100
          DIV AB
          MOV 32H, A
          MOV A, B
          MOV B, #10
          DIV AB
          MOV 33H, A
          MOV A, B
          MOV 34H, A
          MOV A, YI            ; 计算乙队百十个位比分数据存放到地址 35H ~37H 中
          MOV B, #100
          DIV AB
          MOV 35H, A
          MOV A, B
```

```
        MOV B, #10
        DIV AB
        MOV 36H, A
        MOV A, B
        MOV 37H, A
        MOV R0, #32H
DI2:    MOV A, @ R0
        MOVC A, @ A + DPTR
        MOV P0, A          ; 显示甲乙分数
        MOV P2, R2
        MOV R7, #5         ; 延时 5 ms
        LCALL DELAY
        MOV P0, #0         ; 消隐
        INC R0
        INC R2
        CJNE R2, #3, DI3
        MOV P0, #40H       ; 显示“—”
        MOV P2, R2
        MOV R7, #5         ; 延时 5 ms
        LCALL DELAY
        MOV P0, #0         ; 消隐
        INC R2
DI3:    CJNE R2, #4, DI4
        MOV P0, #40H       ; 显示“—”
        MOV P2, R2
        MOV R7, #5         ; 延时 5 ms
        LCALL DELAY
        MOV P0, #0         ; 消隐
        INC R2
DI4:    CJNE R2, #8, DI2
        RET
; ******* 延时子程序 *******
DELAY:  MOV R6, #5
DE:     MOV R5, #100
```

```
        DJNZ R5， $
        DJNZ R6, DE
        DJNZ R7, DELAY
        RET
; *** 数码管显示数字段码 **
TABLE:  DB  3FH, 06H, 5BH, 4FH, 66H, 6DH, 7DH, 07H, 7FH, 6FH
        END
```

三、程序编译与仿真

程序编写完成后，用 Keil 编译软件进行编译，生成 hex 文件。在 Proteus 仿真软件中按图 7—1—3 所示电路图绘制硬件电路（仿真时，单片机用 AT89C51 代替 STC89C51RC，选用 8 位数码管代替两个 4 位数码管），并将 hex 文件载入单片机中进行仿真运行，观察单片机运行结果，检验程序和电路设计是否达到设计的要求。图 7—1—5 所示为篮球赛计分器仿真效果图。

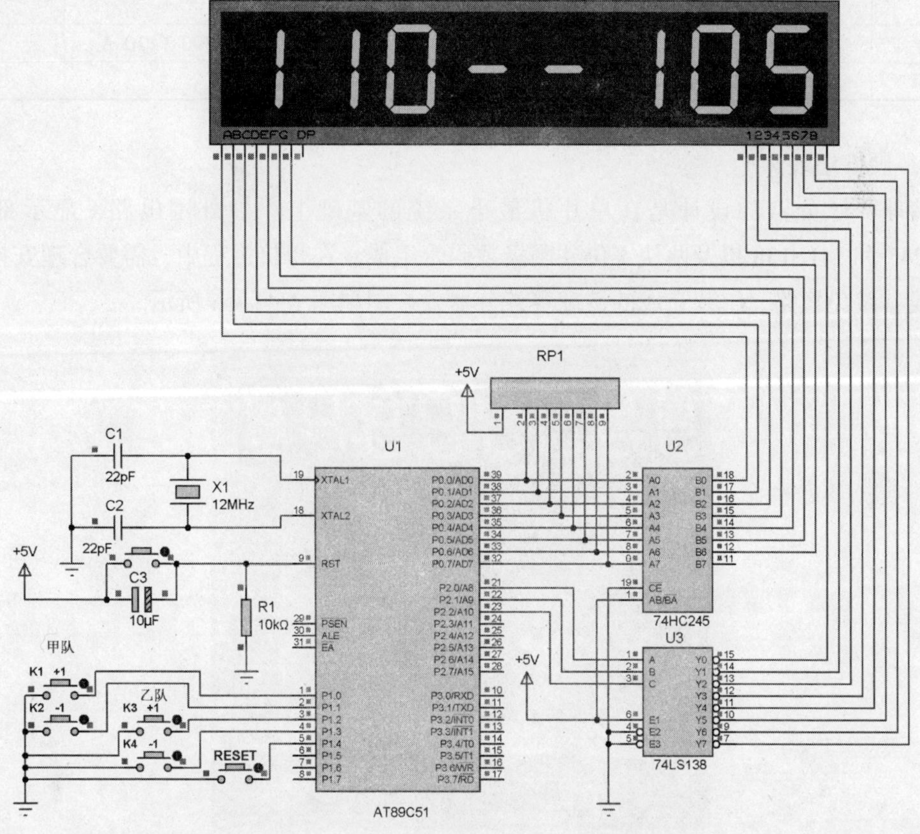

图 7—1—5　篮球赛计分器仿真效果图

四、硬件组装和测试（选做）

1．元器件清单

组装篮球赛计分器所需元器件清单见表7—1—1。

表7—1—1　　组装篮球赛计分器所需元器件清单

序号	元器件名称	规格型号	数量
1	单片机	STC89C51RC	1
2	瓷片电容	22 pF	2
3	电解电容	10 μF，16 V	1
4	电阻	10 kΩ，1/4 W	1
5	晶振	12 MHz	1
6	电源	5 V	1
7	排阻	9A－301J，9 脚	1
8	74HC245	SN74HC245N，直插 DIP20	1
9	74LS138	SN74LS138N，直插 DIP16	1
10	轻触按键	6 mm×6 mm×5 mm，4 脚	6
11	共阴极数码管	SMA420561KX－2，4 位数码管	2
12	接线端子	DG128 KF128－2P，间距 5.08 mm，300 V/10 A	1
13	万用板	10 cm×16 cm	1

2．硬件组装

篮球赛计分器的设计是在单片机最小系统的基础上添加外围电路，显示部分由74HC245和74LS138以及两块4位共阴极数码管组成。在焊接过程中，需要合理安排信号线走线，避免短路。组装完成的篮球赛计分器效果图如图7—1—6所示。

图7—1—6　篮球赛计分器效果图

3. 程序烧录下载

将汇编语言源程序经 Keil 编译软件编译生成的 hex 文件通过数据线下载到 STC89C51RC 单片机中。

4. 功能测试

将已下载 hex 文件数据的 STC89C51RC 单片机芯片插装到 IC 座上，按任务功能按下相应的按键，测试是否能正常实现计分功能。

职业能力培养

项目设计报告需简要分析硬件电路和主要程序流程图等，并附有完整电路图及带有注释说明的源程序清单。报告的内容包括：项目题目、设计背景、设计任务、硬件设计、软件设计、Proteus 软件仿真、项目设计体会、参考文献、附录等，具体格式可参考图 7—1—7。试在指导教师帮助下，通过小组合作等方式，根据项目任务要求撰写项目设计报告，要求条理清楚、重点突出、结构合理。

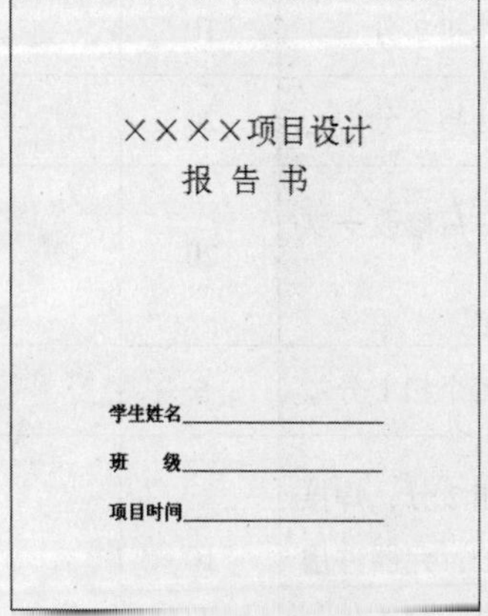

××××项目设计
报 告 书

学生姓名__________
班　　级__________
项目时间__________

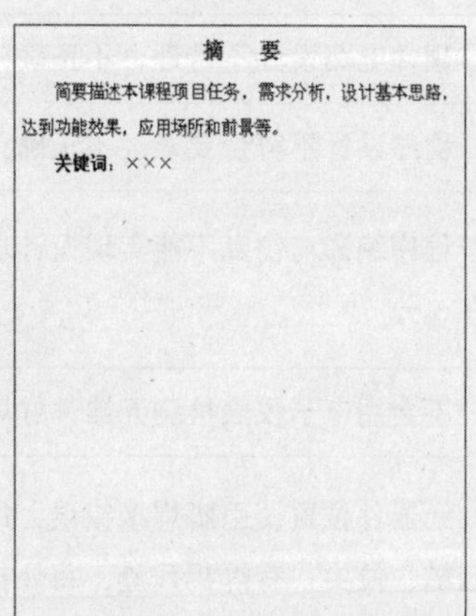

摘　要

简要描述本课程项目任务，需求分析，设计基本思路，达到功能效果，应用场所和前景等。

关键词：×××

参考目录

1 概述……Y
1.1 设计背景……Y
1.2 设计任务……Y
2 系统总体方案及硬件设计……Y
2.1 单片机简介……Y
2.2 其他主要硬件简介……Y
2.3 系统硬件电路的设计……Y
3 软件设计……Y
3.1 项目设计程序流程图……Y
3.2 各子程序流程图……Y
4 Proteus 软件仿真……Y
4.1 仿真电路图……Y
4.2 仿真步骤……Y
5 课程设计体会……Y
参考文献……Y
附 1：源程序代码……Y
附 2：电路原理图……Y

图 7—1—7　项目设计报告书格式

任务评价

根据任务考核评分表（见表7—1—2）进行任务评价。

表7—1—2 任务考核评分表

<table>
<tr><th>评价项目</th><th>评价标准</th><th>配分（分）</th><th>自我评价</th><th>小组评价</th><th>教师评价</th></tr>
<tr><td rowspan="5">职业素养</td><td>安全意识、责任意识、服从意识强</td><td>5</td><td></td><td></td><td></td></tr>
<tr><td>积极参加教学活动，按时完成各项学习任务</td><td>5</td><td></td><td></td><td></td></tr>
<tr><td>团队合作意识强，善于与人交流和沟通</td><td>5</td><td></td><td></td><td></td></tr>
<tr><td>自觉遵守劳动纪律，尊敬师长，团结同学</td><td>5</td><td></td><td></td><td></td></tr>
<tr><td>爱护公物，节约材料，工作环境整洁</td><td>5</td><td></td><td></td><td></td></tr>
<tr><td rowspan="6">专业能力</td><td>硬件电路设计不合理、不正确，每处扣2分</td><td>10</td><td></td><td></td><td></td></tr>
<tr><td>程序设计不符合要求、不正确，每处扣2分</td><td>20</td><td></td><td></td><td></td></tr>
<tr><td>程序编译与仿真不能实现设计功能，每修改一次扣5分</td><td>20</td><td></td><td></td><td></td></tr>
<tr><td>不会用电子仪表检测元器件好坏，每个扣1分</td><td>5</td><td></td><td></td><td></td></tr>
<tr><td>元器件位置、引脚焊接错误，每处扣2分；焊接粗糙、拉尖、有焊锡残渣，每处扣1分；元器件虚焊、漏焊、松动、有气孔，每处扣1分</td><td>10</td><td></td><td></td><td></td></tr>
<tr><td>测试项目和技术指标应符合任务要求，漏测1项扣1分，1项技术指标未达标扣2分</td><td>10</td><td></td><td></td><td></td></tr>
<tr><td colspan="2">合计</td><td>100</td><td></td><td></td><td></td></tr>
<tr><td rowspan="2">总评</td><td rowspan="2">自我评价×20%＋小组评价×20%＋教师评价×60%＝</td><td>综合等级</td><td colspan="3" rowspan="2">教师（签名）：</td></tr>
<tr><td></td></tr>
</table>

注：学习任务考核采用自我评价、小组评价和教师评价三种方式，考核分为A（90～100）、B（80～89）、C（70～79）、D（60～69）、E（0～59）五个等级。

任务2　电子时钟设计

1. 了解液晶显示的相关知识，熟悉液晶显示器及其控制方法。
2. 能正确设计电子时钟的硬件电路和程序。

生活中采用单片机设计的电子时钟随处可见，电子时钟是采用单片机程序控制数字显示技术实现时、分、秒计时的装置，与机械式时钟相比具有更高的准确性和直观性，且无机械装置，具有更长的使用寿命，因此得到了广泛的使用。本任务是设计一款基于单片机的LCD显示电子时钟，实现可调的时、分、秒电子时钟显示，LCD显示器第一行显示“Beijing Time”，第二行显示24小时制时钟。

本任务是用单片机编程设计电子时钟，通过编程输出到LCD显示器显示时钟。如用前面学习的数码管显示文字符号，其效果不好且有局限性，而液晶显示器可以较好地克服数码管的缺点和局限性，因此本任务可采用通用的LCD1602液晶显示器作为电子时钟的显示器，利用单片机内部定时器产生1 s时钟信号，编程计数产生分钟、时钟，从而实现电子时钟显示任务要求。

一、液晶显示基础知识

液晶是一种介于固态和液态之间的物质，是具有规则性分子排列的有机化合物，在常温条件下呈现出既有液体的流动性，又有晶体的光学各向异性，因而称为液晶。液晶在电场、磁场、温度、应力等外部条件的影响下，其分子容易发生再排列，使液晶的各种光学性质随之发生变化，液晶这种各向异性及其分子排列易受外加电场、磁场的控制。正是利用液晶的这一物理基础，即液晶的电—光效应，实现光被电信号调制，从而制成液晶显示器件。用于液晶显示器的液晶分子结构排列类似细火柴棒，称为Nematic液晶，采用此类液晶制造的液晶显示器也就称为LCD（Liquid Crystal Display）。液晶面板包含了两片相当精致的无钠玻璃素材，中间夹着一层液晶。当光束通过这层液晶时，液晶本身会排排站立或扭转呈不规则状，因而阻隔或使光束顺利通过。因为液晶材料本身并不发光，所以在显示屏两边都设有作为光源的灯管，而在液晶显示屏背面有一块背光板（或称匀光板）和反光膜，背光板是由荧光物质组成的，可以发射光线，其作用主要是提供均匀的背景光源。LCD 具有机身薄、节省空间、低耗电不发热、低辐射等优点。

二、LCD1602 液晶显示器介绍

LCD1602 液晶显示器也称为 LCD1602 字符型液晶显示器，它是一种专门用来显示字母、数字、符号等的点阵型液晶模块。LCD1602 液晶显示器实物如图 7—2—1 所示。它由若干个 5 ×8 或者 5 ×11 的点阵字符位组成，每个点阵字符位都可以显示一个字符，每位之间有一个点距的间隔，每行之间也有间隔，起到了字符间距和行间距的作用，能够同时显示 16 ×2，即 32 个字符，常作为工业字符型液晶显示器使用。常见的 LCD1602 液晶显示器引脚图如图 7—2—2 所示。

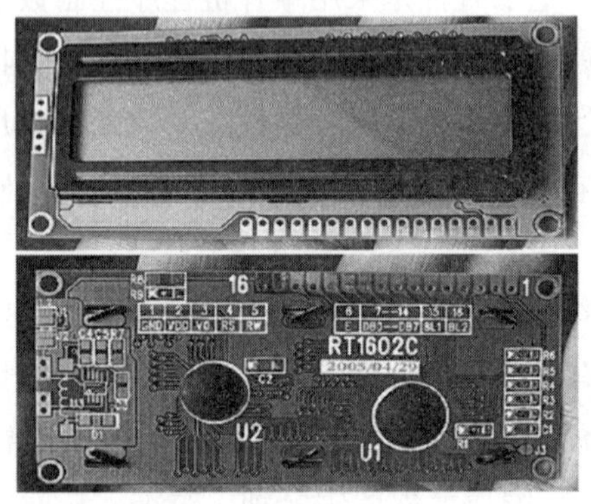

图 7—2—1　LCD1602 液晶显示器实物

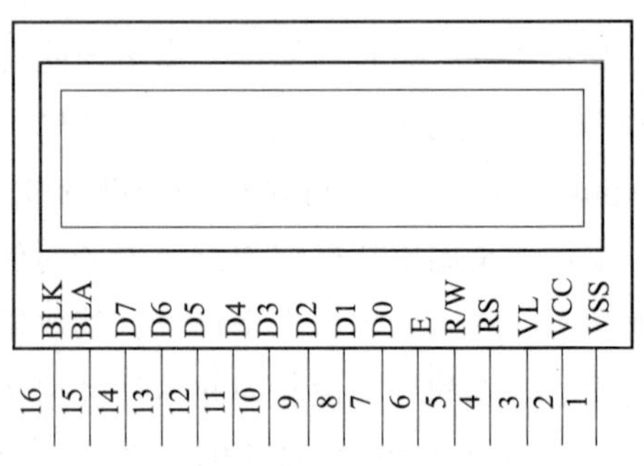

图 7—2—2　LCD1602 液晶显示器引脚图

1. 引脚功能

LCD1602 液晶显示器采用标准的 16 脚接口，具体引脚及功能说明见表 7—2—1。

表 7—2—1　　LCD 1602 液晶显示器具体引脚及功能说明

引脚	符号	引脚功能说明	引脚	符号	引脚功能说明
1	VSS	电源地	9	D2	I/O
2	VCC	5 V 电源正极	10	D3	I/O
3	VL	对比度调整端	11	D4	I/O
4	RS	RS =1 选择数据寄存器 RS =0 选择指令寄存器	12	D5	I/O
5	R/W	R/W =1 时读，R/W =0 时写	13	D6	I/O
6	E	E =1 时读取信息，负跳变时执行指令	14	D7	I/O
7	D0	I/O	15	BLA	背光源正极
8	D1	I/O	16	BLK	背光源负极

2. 特性说明

（1）+5 V 电压，对比度可调。

（2）内含复位电路。

（3）提供各种控制命令，如清屏、字符闪烁、光标闪烁、显示移位等多种功能。

（4）有 80 字节的显示数据存储器 DDRAM。

（5）内建有 160 个 5×7 点阵字形的字符发生器 CGROM。

（6）有 8 个可由用户自定义的 5×7 的字符发生器 CGRAM。

3. 单片机控制 LCD1602 液晶显示器接口电路

单片机控制 LCD1602 液晶显示器的典型接口电路如图 7—2—3 所示。LCD1602 液晶显示器数据端口和单片机的 P0 口相连接，P0 口接上拉电阻。P2.0 ~ P2.2 引脚和 LCD1602 液晶显示器的 RS、R/W、E 引脚相连接，起到控制作用。

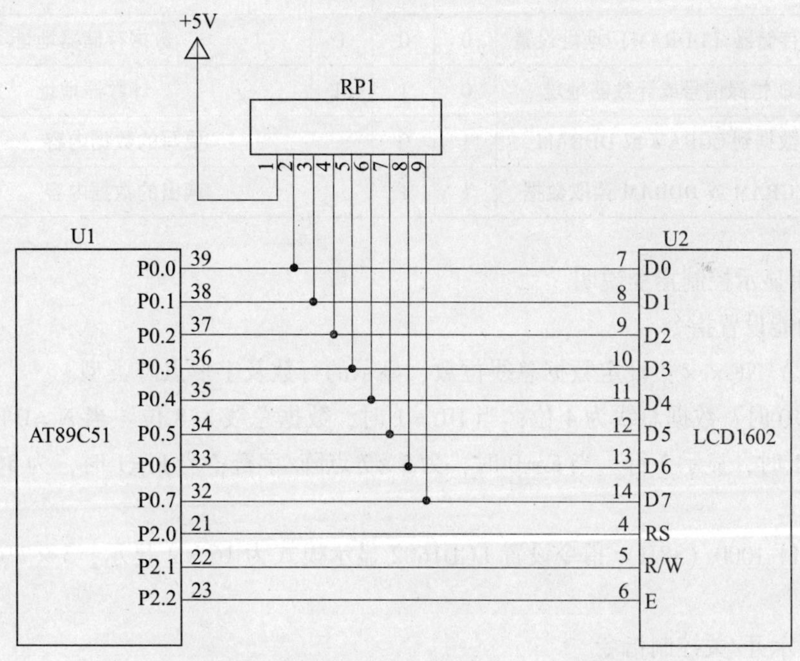

图 7—2—3　单片机控制 LCD1602 液晶显示器的典型接口电路

三、LCD1602 显示控制指令

LCD1602 通过 D0 ~ D7 的 8 位数据端传输数据和指令，内部共有 11 条指令，见表 7—2—2。

表 7—2—2　　LCD1602 显示控制指令表

序号	指令	RS	R/W	D7	D6	D5	D4	D3	D2	D1	D0
1	清屏	0	0	0	0	0	0	0	0	0	1
2	光标返回	0	0	0	0	0	0	0	0	1	×
3	输入模式设置	0	0	0	0	0	0	0	1	D	S
4	显示开/关控制	0	0	0	0	0	0	1	D	C	B
5	显示屏或光标移动方向设置	0	0	0	0	0	1	S/C	R/L	×	×
6	功能设置	0	0	0	0	1	DL	N	F	×	×
7	字符发生存储器（CGRAM）地址设置	0	0	0	1	字符发生存储器地址					
8	数据存储器（DDRAM）地址设置	0	0	1	数据存储器地址						
9	读取忙碌信号或计数器地址	0	1	BF	计数器地址						
10	写数据到 CGRAM 或 DDRAM	1	0	要写的数据内容							
11	从 CGRAM 或 DDRAM 读取数据	1	1	读出的数据内容							

1．常用显示控制指令说明

（1）功能设置指令

001(DL) NF××：设定数据总线位数、显示的行数及字形点阵类型。

当 DL=0 时，数据总线为 4 位；当 DL=1 时，数据总线为 8 位。当 N=0 时，显示 1 行；当 N=1 时，显示 2 行。当 F=0 时，为 5×7 点阵/字符；当 F=1 时，为 5×10 点阵/字符。

如：0011 1000（38H）指令设置 LCD1602 显示模式为 16×2 显示，5×7 点阵，8 位数据接口。

（2）显示开/关控制指令

0000 1DCB：控制显示器开/关、光标显示/关闭以及光标是否闪烁。

其中高 5 位是固定的 00001，低 3 位可假设是 DCB 从高到低表示，D=1 表示开显示，D=0 表示关显示；C=1 表示显示光标，C=0 表示不显示光标；B=1 表示光标闪烁，B=0 表示光标不闪烁。

如：0000 1100（0CH）指令设置 LCD1602 显示器打开，无光标显示。

（3）输入模式设置指令

0000 01DS：设定显示器每次输入一个字符后光标的移位方向，并且设定每次写入的一个字符是否移动。

其中高 6 位是固定的 000001，低 2 位分别用 DS 从高到低表示。其中，D = 1 表示写一个字符后，指针自动加 1，光标自动加 1；D = 0 表示写一个字符后，指针自动减 1，光标自动减 1。S = 1 表示写一个字符后，整屏显示左移（D = 1）或右移（D = 0），以达到光标不移动而屏幕移动的效果，如同计算器输入一样的效果；而 S = 0 表示写一个字符后，整屏显示不移动。

如：0000 0110（06H）指令设置 LCD1602 写入新数据后光标右移，整屏显示不移动。

（4）清屏指令

清屏指令是固定的，写入 01H 表示显示清屏，其中包含数据指针清零，所有的显示清零。写入 02H 后，仅仅是数据指针清零，显示不清零。

（5）数据指针设置指令

LCD1602 液晶显示器内部自带 80 个字节的 RAM，用来存储发送数据，RAM 的结构如图 7—2—4 所示。

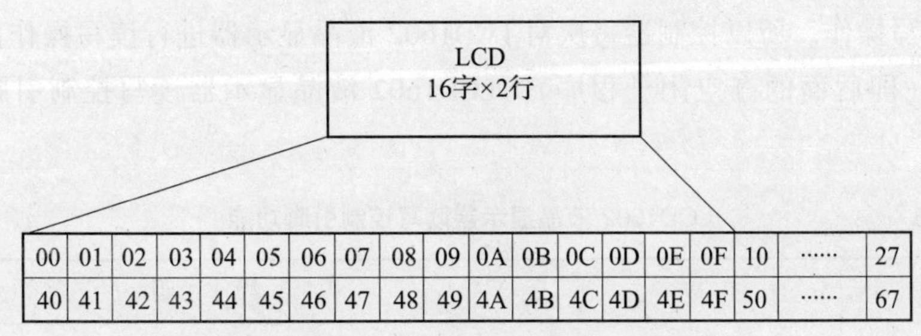

图 7—2—4　LCD1602 RAM 的结构

第一行的地址从 00H 到 27H，第二行的地址从 40H 到 67H，其中第一行 00H 到 0FH 是和液晶显示器上第一行 16 个字符显示位置相互对应的，第二行 40H 到 4FH 是和第二行 16 个字符显示位置相互对应的。数据首地址为 80H，所以数据地址为 80H + 地址码（0 ~ 27H，40 ~ 67H）

如：1000 0110（86H）指令设置写入数据存储器显示位置是第 1 行第 7 位显示。

2. LCD1602 初始化指令小结

38H　设置 16 × 2 显示，5 × 7 点阵，8 位数据接口。

01H　清屏。

0FH　开显示，显示光标，光标闪烁。

08H　关闭显示。

0EH　开显示，显示光标，光标不闪烁。

0CH　开显示，不显示光标。

06H　地址加 1，当写入数据的时候光标右移。

02H　地址计数器 AC＝0（此时地址为 80H），光标归位在左上角原点，但显示不清屏。

3．推荐的初始化过程

LCD1602 的推荐初始化过程为：延时 15 ms→写指令 38H→延时 5 ms→写指令 38H→延时 5 ms→写指令 38H→延时 5 ms（此前都不检测忙信号，此后都要检测忙信号）→写指令 08H 关闭显示→写指令 01H 显示清屏→写指令 06H 光标移动设置→写指令 0CH 显示开及光标设置不闪烁。

在 LCD1602 读写操作中，需要产生 E 脉冲，即 E＝高脉冲，可以按如下步骤产生：

第一步：开始时，初始化 E 为 0。

第二步：置 E 为 1，稍作延时。

第三步：再清 0。

四、LCD1602 读写操作指令

LCD1602 读写数据时，需要读取状态字 D7 位，若 D7＝1，则禁止读写操作；若 D7＝0，则允许读写操作。所以控制器每次对 LCD1602 液晶显示器进行读写操作前，必须进行读写检测（即后面的查空闲子程序）。LCD1602 液晶显示器读写控制引脚功能见表 7—2—3。

表 7—2—3　　LCD1602 液晶显示器读写控制引脚功能

RS	R/W	操作说明
0	0	写入指令码 D0 ~ D7
0	1	读取输出的 D0 ~ D7 状态字
1	0	写入数据 D0 ~ D7
1	1	从 D0 ~ D7 读取数据

五、基本操作指令时序

1．基本操作指令

（1）读状态

输入：RS＝L，R/W＝H，E＝H；输出：D0 ~ D7 状态字。

（2）写指令

输入：RS＝L，R/W＝L，D0 ~ D7 指令码，E＝H；输出：D0 ~ D7 无。

（3）读数据

输入：RS＝H，R/W＝H，E＝H；输出：D0 ~ D7 数据。

（4）写数据

输入：RS = H，R/W = L，D0 ~ D7 数据，E = H；输出：D0 ~ D7 无。

2. 读写操作时序

LCD1602 液晶显示器读写操作时序如图 7—2—5 和图 7—2—6 所示，图中各符号的含义参见表 7—2—4。

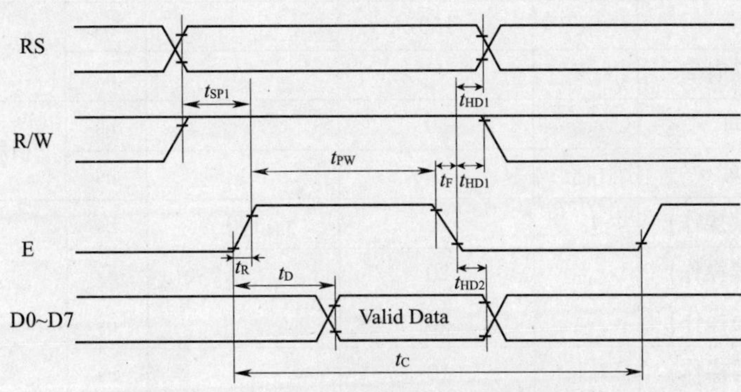

图 7—2—5　LCD1602 液晶显示器读操作时序

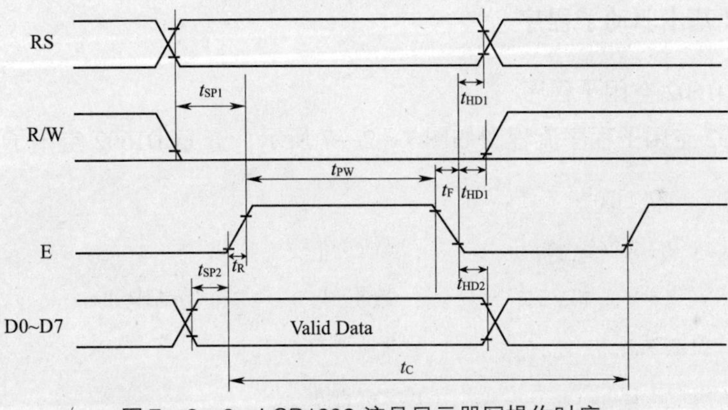

图 7—2—6　LCD1602 液晶显示器写操作时序

分析 LCD1602 的读写操作时序时应注意以下事项：

（1）要注意时间轴，如果没有标明（一般都不标明），则从左往右的方向为时间正向轴，即时间在增长。

（2）时序图最左边一般是某一个引脚的标识，表示此行图线体现该引脚的变化，图 7—2—5 和图 7—2—6 分别标明了 RS、R/W、E、D0 ~ D7 四类引脚的时序变化。

（3）有线交叉状的部分，表示电平在变化，如图 7—2—5 和图 7—2—6 所示。

（4）D0 ~ D7 引脚端密封的菱形部分，注意要密封，表示数据有效（Valid Data）。

3. 参考时序参数

LCD1602 参考时序参数见表 7—2—4。

表 7—2—4　　LCD1602 参考时序参数

时序参数	符号	极限值		单位	测试条件
		最小值	最大值		
E 信号周期	t_C	400		ns	引脚 E
E 脉冲宽度	t_{PW}	150		ns	
E 上升沿/下降沿时间	t_R/t_F		25	ns	
地址建立时间	t_{SP1}	30		ns	引脚 E、RS、R/W
地址保持时间	t_{HD1}	10		ns	
数据建立时间（读操作）	t_D		100	ns	引脚 D0 ~ D7
数据保持时间（读操作）	t_{HD2}	20		ns	
数据建立时间（写操作）	t_{SP2}	40		ns	
数据保持时间（写操作）	t_{HD2}	10		ns	

六、LCD1602 基本驱动子程序

1. 查 LCD1602 空闲子程序

查 LCD1602 空闲子程序流程图如图 7—2—7 所示，查 LCD1602 空闲子程序如下：

```
            ORG 0100H
LCDBUSY:    PUSH ACC            ; ACC 进栈
            MOV P0, #0FFH       ; 数据线 D0 ~ D7 置高电平
BY:         CLR RS              ; RS 清 0
            SETB RW             ; RW 置 1
            CLR E               ; E 清 0
            SETB E              ; E 置 1，产生高脉冲
            NOP                 ; 延时 1 μs 以上
            NOP                 ;
            MOV A , P0          ; P0→A
            CLR E               ; E 清 0
            JB ACC.7 , BY       ; ACC.7 =1 转 BY 等待空闲信号
            POP ACC             ; ACC 出栈
            RET                 ; 返回
```

2. LCD1602 写指令子程序

LCD1602 写指令子程序流程图如图 7—2—8 所示。LCD1602 写指令子程序如下：

```
        ORG 0100H
WIR:    ACALL LCDBUSY           ；查空闲子程序
WIR1：  CLR RS                  ；RS 清 0
        CLR RW                  ；RW 清 0
        MOV P0，A               ；A→P0
        CLR E                   ；E 清 0
        SETB E                  ；E 置 1，产生高脉冲
        NOP
        NOP
        CLR E                   ；E 清 0
        RET                     ；返回
```

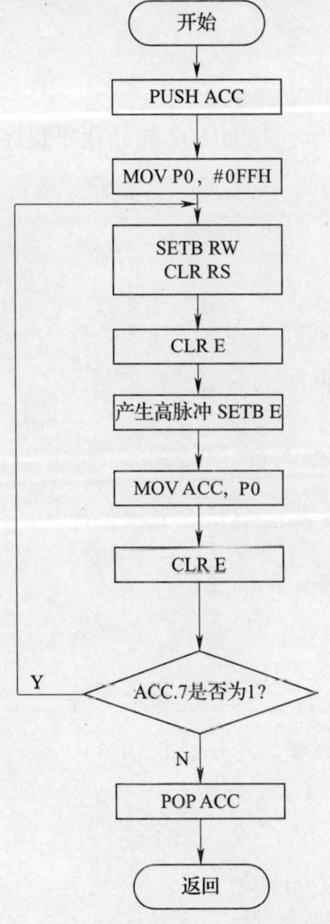

图 7—2—7　查 LCD1602 空闲子程序流程图

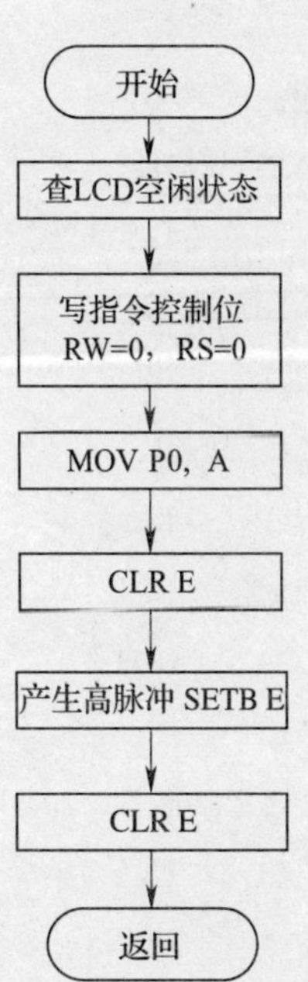

图 7—2—8　LCD1602 写指令子程序流程图

3．LCD1602 写数据子程序

LCD1602 写数据子程序流程图如图 7—2—9 所示，LCD1602 写数据子程序如下：

```
        ORG 0100H
WDR:    ACALL LCDBUSY           ；查空闲子程序
        CLR RW                  ；RW 清 0
        SETB RS                 ；RS 置 1
        MOV P0，A               ；A→P0
        CLR E                   ；E 清 0
        SETB E                  ；E 置 1，产生高脉冲
        NOP
        NOP
        CLR E                   ；E 清 0
        RET                     ；返回
```

4．LCD1602 初始化子程序

LCD1602 初始化子程序流程图如图 7—2—10 所示，LCD1602 初始化子程序如下：

```
        ORG 0100H
INIT:   MOV R7，#75             ；延时 15 ms
        LCALL DELAY
        MOV A，#38H             ；#38H→A（设置 LCD1602 显示 2 行，5 ×7 点阵）
        LCALL WIR1              ；调写指令子程序，不用读忙信号
        MOV R7，#25             ；延时 5 ms
        LCALL DELAY
        MOV A，#38H             ；#38H→A（设置 LCD1602 显示 2 行，5 ×7 点阵）
        LCALL WIR1              ；调写指令子程序，不用读忙信号
        MOV R7，#25             ；延时 5 ms
        LCALL DELAY
        MOV A，#38H             ；#38H→A（设置 LCD1602 显示 2 行，5 ×7 点阵）
        LCALL WIR1              ；调写指令子程序，不用读忙信号
        MOV R7，#25             ；延时 5 ms
        LCALL DELAY
        MOV A，#08H             ；#08H→A（关闭显示）
        LCALL WIR               ；调写指令子程序，需要读忙信号
        MOV A，#01H             ；#01H→A（显示清屏）
```

```
        LCALL WIR              ；调写指令子程序，需要读忙信号
        MOV A，#06H            ；#06H→A（光标移位设置）
        LCALL WIR              ；调写指令子程序，需要读忙信号
        MOV A，#0CH            ；#0CH→A（显示开，光标设置不闪烁）
        LCALL WIR              ；调写指令子程序，需要读忙信号
        RET                    ；返回
DELAY：MOV R6，#100            ；延时子函数
        DJNZ R6，$
        DJNZ R7，DELAY
        RET
```

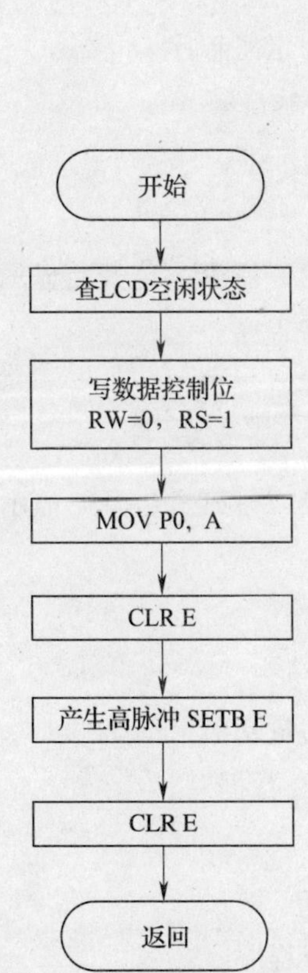

图 7—2—9　LCD1602 写数据子程序流程图

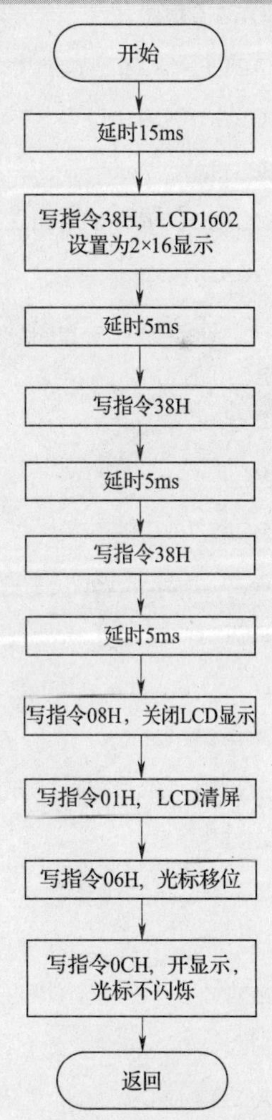

图 7—2—10　LCD1602 初始化子程序流程图

七、LCD1602 显示程序示例

单片机 P0 口和 LCD1602 数据端相连，P2 口输出控制 LCD1602 的 RS、R/W 和 E 信号，编程使 LCD1602 第一行显示“Electronic Clock”，第二行显示“12：00：00”。

下面示例程序只列出了主程序，LCD1602 查询空闲子程序、写指令子程序、写数据子程序以及初始化子程序请参考前述子程序。

```
; ************* 液晶显示程序 ***************
         RS BIT P2.0
         RW BIT P2.1
         E BIT P2.2
         ORG 0000H
         AJMP MAIN
         ORG 0030H
MAIN:    ACALL INIT              ; INIT 是 LCD 初始化子程序
         MOV DPTR, #TABLE1
         ACALL DD1               ; 调用第一行显示子程序
         MOV DPTR, #TABLE2
         ACALL DD2               ; 调用第二行显示子程序
         SJMP $
DD1:     MOV P0, #82H            ; 设置字符从第一行第 3 位开始显示
         ACALL WIR               ; 调用写指令子程序
         ACALL WRITE1            ; 调用写显示字符子程序
         RET
DD2:     MOV P0, #0C4H           ; 设置字符从第二行第 5 位开始显示
         ACALL WIR
         ACALL WRITE1            ;
         RET
WRITE1:  MOV R1, #00H            ; 地址指针偏移量初值
A1:      MOV A, R1               ; 取数组 TABLE 数据
         MOVC A, @ A + DPTR
         MOV P0, A               ; 显示数据→P0
         ACALL WDR               ; 调用写数据子程序
         INC R1
```

```
        CJNE A, #00H, A1          ; 是否到00H，显示结束
        RET
TABLE1: DB "Electronic Clock", 00H
TABLE2: DB "12: 00: 00", 00H
        END
```

说明　LCD1602 液晶模块内部的字符发生存储器（CGROM）已经存储了 160 个不同的点阵字符图形，见表 7—2—5。这些字符有阿拉伯数字、英文字母的大小写、常用的符号和日文假名等，每一个字符都有一个固定的代码。例如，大写的英文字母“A”的代码是 01000001B（41H），显示时模块把地址 41H 中的点阵字符图形显示出来，即可看到字母“A”。

表 7—2—5　　字符发生存储器的点阵字符图形表

字符代码地址的高四位	字符代码地址的低四位															
	0	1	2	3	4	5	6	7	8	9	A	B	C	D	E	F
2		!	"	#	$	%	&	'	(	)	*	+	,	-	.	/
3	0	1	2	3	4	5	6	7	8	9	:	;	<	=	>	?
4	@	A	B	C	D	E	F	G	H	I	J	K	L	M	N	O
5	P	Q	R	S	T	U	V	W	X	Y	Z	[	¥	]	^	_
6	`	a	b	c	d	e	f	g	h	i	j	k	l	m	n	o
7	p	q	r	s	t	u	v	w	x	y	z	{	|	}	→	←
A		。	「	」	、	・	ヲ	ァ	ィ	ゥ	ェ	ォ	ャ	ュ	ョ	ッ
B	ー	ア	イ	ウ	エ	オ	カ	キ	ク	ケ	コ	サ	シ	ス	セ	ソ
C	タ	チ	ツ	テ	ト	ナ	ニ	ヌ	ネ	ノ	ハ	ヒ	フ	ヘ	ホ	マ
D	ミ	ム	メ	モ	ヤ	ユ	ヨ	ラ	リ	ル	レ	ロ	ワ	ン	゛	゜
1																

任务实施

一、电子时钟硬件电路设计

电子时钟设计比较简单，其硬件电路原理图如图 7—2—11 所示。本任务单片机采用 STC89C51RC，LCD1602 数据口接到单片机 P0 口，P2 口控制 LCD1602，根据任务设计要求，在 P1 口设计 4 个单按键实现时钟的时加 1、分加 1、秒加 1 和复位功能。

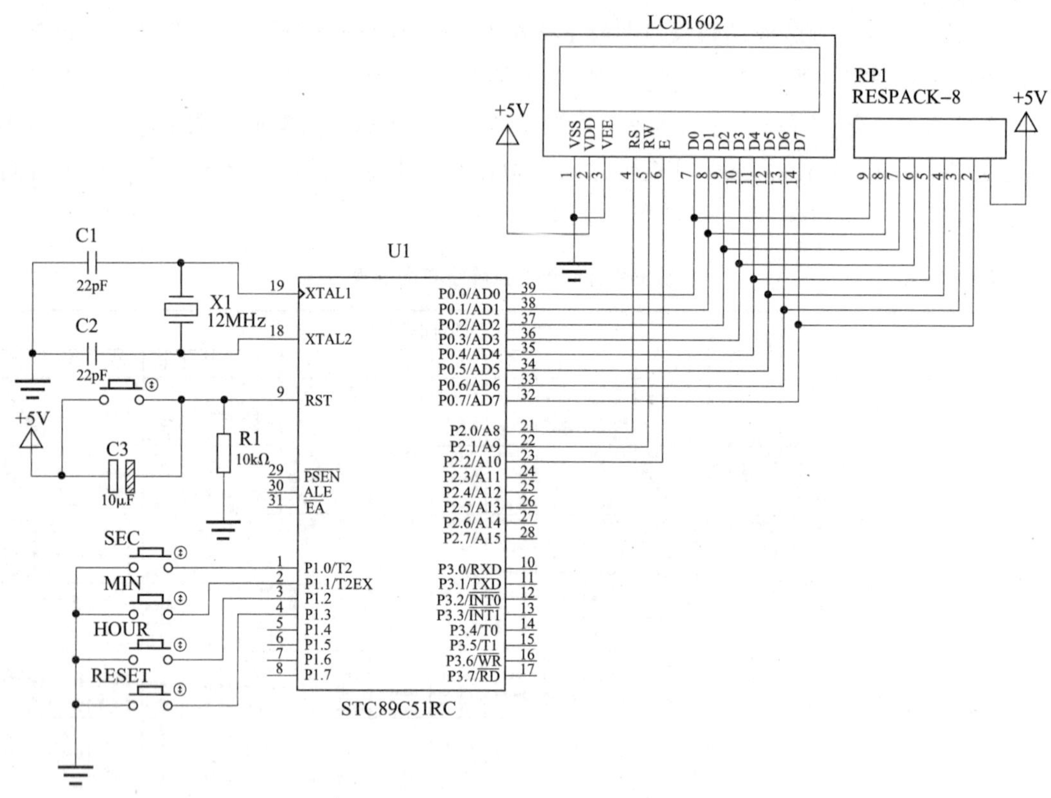

图 7—2—11　电子时钟硬件电路原理图

二、电子时钟程序设计

1. 电子时钟程序设计思路

根据任务设计要求第一行固定显示“Beijing Time”字符串，第二行显示“ 00:00:00”，24 小时制式，左边的 00 表示小时显示位置，中间的 00 表示分钟显示位置，右边的 00 表示秒钟显示位置。编程时，程序开始部分固定显示第一行“Beijing Time”文字。编程使单片机的定时/计数器 T0 产生秒钟定时时间，作为秒计数时间，通过计数产生分钟和小时时间信号。程序运行时调用秒、分、时的计数值，在第二行指定位置显示 × ×: ×

×: ××的时间，计时满 23: 59: 59 时，返回 00: 00: 00 重新计时。编程扫描时钟调整的 4 个按键，当检测到有秒、分、时调整按键按下时，执行相对应的秒、分、时加 1 计数调整，并调用显示程序实时显示；当检测到复位按键按下时，复位直接跳至程序开始位置执行。

2. 电子时钟程序设计流程图

电子时钟主程序流程图如图 7—2—12 所示。定时器 T0 中断服务程序流程图如图 7—2—13 所示。

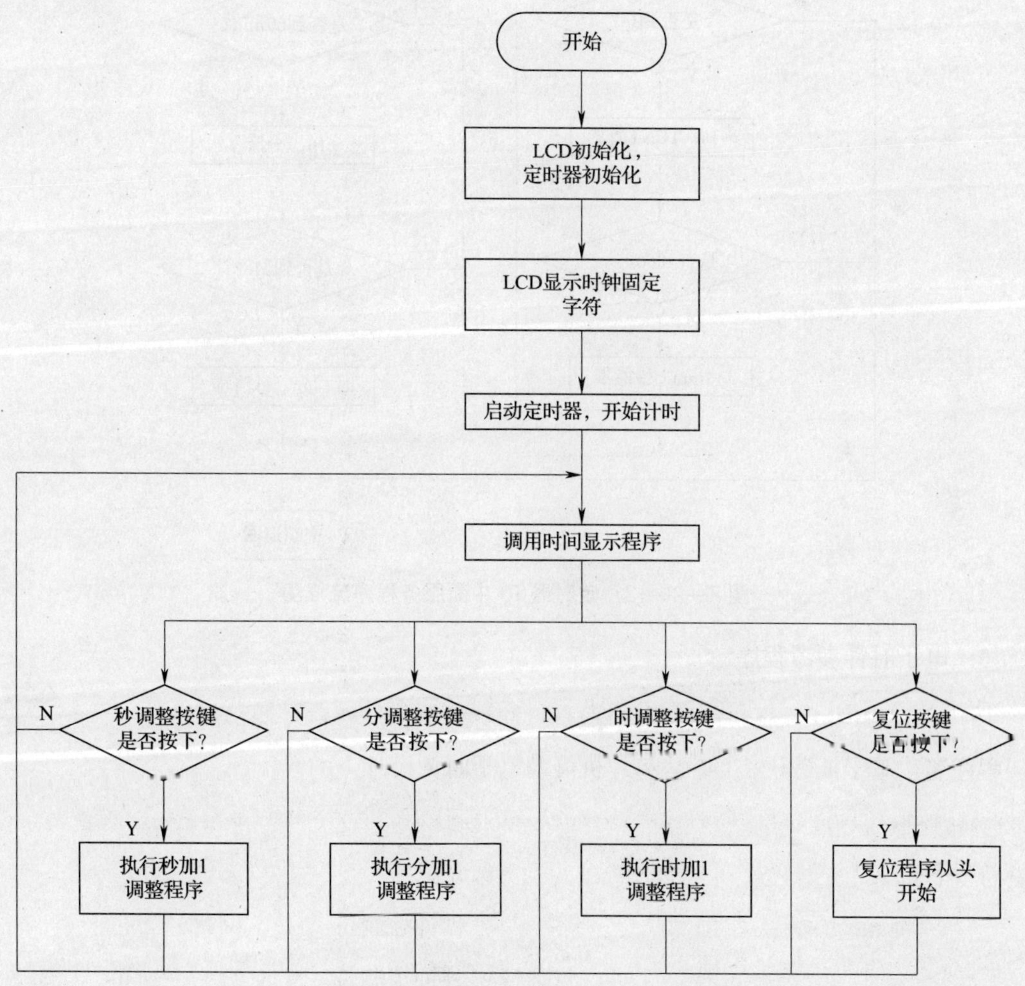

图 7—2—12　电子时钟主程序流程图

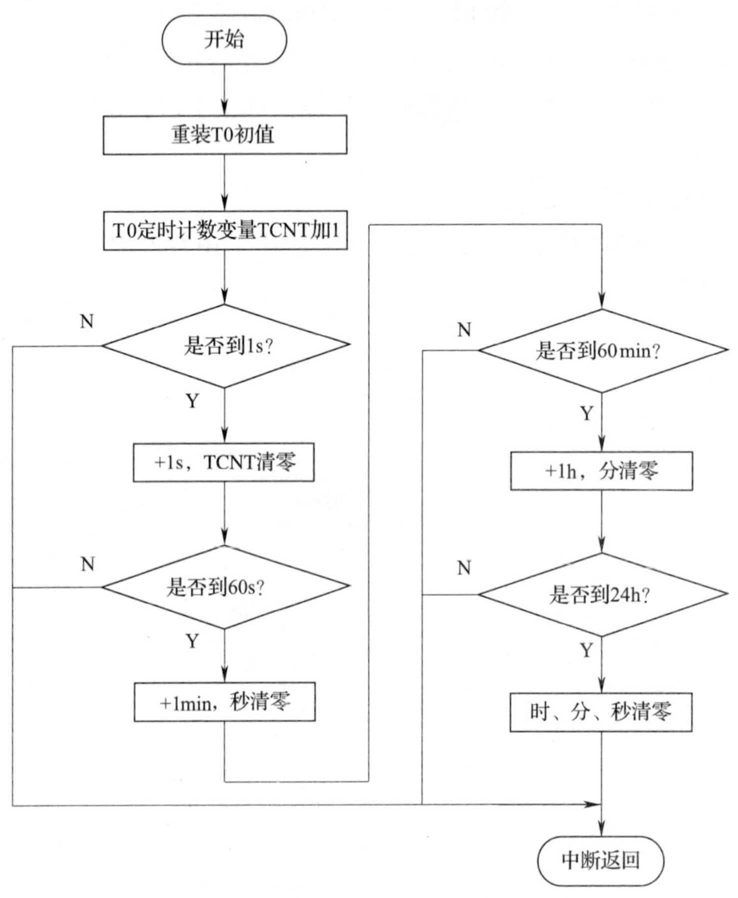

图 7—2—13　定时器 T0 中断服务程序流程图

3. 电子时钟参考程序

```
/*****************************************************************
*程序名：基于汇编语言的 51 单片机可调电子时钟设计
*****************************************************************/
;符号名定义
        S_SET BIT P1.0          ;秒钟控制位
        M_SET BIT P1.1          ;分钟控制位
        H_SET BIT P1.2          ;小时控制位
        RESET BIT P1.3          ;复位键
        RS BIT P2.0             ;LCD_RS
        RW BIT P2.1             ;LCD_RW
```

```
        E BIT P2.2              ; LCD_E
        SECOND EQU 30H
        MINUTE EQU 31H
        HOUR EQU 32H
        TCNT EQU 34H
        ORG 0000H
        AJMP START
        ORG 000BH               ; 定时器 T0 溢出中断矢量地址
        LJMP INT_T0
; **************** 主程序 **************************
        ORG 0100H
START:  MOV SP, #60H
        LCALL INIT              ; LCD 初始化
        MOV A, #82H             ; 显示第一行"Beijing Time"
        LCALL WIR
        MOV DPTR, #TABLE2
        MOV R0, #12
WRITE:  CLR A
        MOVC A, @ A + DPTR
        LCALL WDR
        INC DPTR
        DJNZ R0, WRITE
        MOV DPTR, #TABLE1
        MOV HOUR, #0            ; 第二行时间显示 00: 00: 00 初始化
        MOV MINUTE, #0
        MOV SECOND, #0
        MOV TCNT, #0            ; 计数值赋 0
        MOV TMOD, #01H          ; 定时/计数器工作在方式 1
        MOV TH0, # (65536 -50000) /256  ; 定时 50 ms,"/"表示相除取整数
        MOV TL0, # (65536 -50000) MOD 256; "MOD"表示相除取余数
```

```
        SETB ET0              ；定时器 T0 允许中断
        SETB EA
        SETB TR0              ；启动位，允许 T0 累加计数
;******* 判断是否有时钟调整按键按下，并判断哪一个按键按下 *******
DISP:   LCALL DISPLAY
        MOV P1，#0FFH         ；P1 脚置成高电平
        JNB S_SET，S1
        JNB M_SET，S2
        JNB H_SET，S3
        JNB RESET，S4
        LJMP  DISP            ；如果没有按键按下重新检测
S1:     MOV R7，#10           ；S_SET 按键延时消抖
        LCALL DELAY
        JB S_SET，DISP        ；确实有按键按下进入下一步处理，否则为干扰，重新检测
        INC SECOND            ；秒钟值加 1
        LCALL DISPLAY
        MOV A，SECOND
        CJNE A，#60，J0        ；判断是否加到 60 s
        MOV SECOND，#0
        LJMP J0               ；等待按键弹起，按一次，只加一次
S2:     MOV R7，#10
        LCALL DELAY
        JB M_SET，DISP
        INC MINUTE            ；分钟值加 1
        LCALL DISPLAY
        MOV A，MINUTE
        CJNE A，#60，J1        ；判断是否加到 60 min
        MOV MINUTE，#0
        LJMP J1
S3:     MOV R7，#10
```

```
        LCALL DELAY
        JB H_SET, DISP
        INC HOUR                ; 小时值加1
        LCALL DISPLAY
        MOV A, HOUR
        CJNE A, #24, J2         ; 判断是否加到24 h
        MOV HOUR, #0
        LJMP J2
S4:     MOV R7, #10
        LCALL DELAY
        JB RESET, DISP
        LJMP START
;********* 等待按键弹起 *********
J0:     JB S_SET, DISP
        LCALL DISPLAY
        SJMP J0
J1:     JB M_SET, DISP
        LCALL DISPLAY
        SJMP J1
J2:     JB H_SET, DISP
        LCALL DISPLAY
        SJMP J2
;*** 定时器中断服务子程序（每50 ms中断一次），对秒钟、分钟和小时的计数 ***
INT_T0: PUSH ACC
        MOV TH0, #(65536-50000)/256   ; 重装定时器T0初值
        MOV TL0, #(65536-50000) MOD 256
        INC TCNT
        MOV A, TCNT
        CJNE A, #20, RETUNE           ; 计时1 s
        INC SECOND
        MOV TCNT, #0
```

```
          MOV A, SECOND
          CJNE A, #60, RETUNE
          INC MINUTE               ; 满 60 s 计 1 min
          MOV SECOND, #0
          MOV A, MINUTE
          CJNE A, #60, RETUNE
          INC HOUR                 ; 满 60 min 计 1 h
          MOV MINUTE, #0
          MOV A, HOUR
          CJNE A, #24, RETUNE
          MOV HOUR, #0
          MOV MINUTE, #0
          MOV SECOND, #0
          MOV TCNT, #0
RETUNE:   POP ACC
          RETI
; ******** LCD1602 显示子程序 ********
DISPLAY:  MOV A, #0C5H             ; 光标移至第二行第 6 位
          LCALL WIR
          MOV A, HOUR              ; 显示小时
          MOV B, #10
          DIV AB                   ; 商和余数分别保留在 A 和 B 中
          MOVC A, @ A + DPTR       ; 把 A + DPTR 指定单元内容复制到 A
          LCALL WDR
          MOV A, B
          MOVC A, @ A + DPTR       ; 把 A + DPTR 指定单元内容复制到 A
          LCALL WDR
          MOV A, #3AH              ; 显示分隔符“:”
          LCALL WDR
          MOV A, MINUTE            ; 显示分钟
```

```
          MOV B, #10
          DIV AB
          MOVC A, @ A + DPTR
          LCALL WDR
          MOV A, B
          MOVC A, @ A + DPTR
          LCALL WDR
          MOV A, #3AH
          LCALL WDR
          MOV A, SECOND                   ; 显示秒
          MOV B, #10
          DIV AB
          MOVC A, @ A + DPTR
          LCALL WDR
          MOV A, B
          MOVC A, @ A + DPTR
          LCALL WDR
          RET
; ***** 查 LCD1602 空闲子程序 *****
LCDBUSY:  PUSH ACC
          MOV P0, #0FFH
BY:       CLR RS
          SETB RW
          CLR E
          SETB E
          NOP
          NOP
          MOV A, P0
          CLR E
          JB ACC.7, BY
          POP ACC
```

```
        RET
; ***** LCD1602 写指令子程序 *****
WIR:    ACALL LCDBUSY
WIR1:   CLR RS
        CLR RW
        MOV P0, A
        CLR E
        SETB E
        NOP
        NOP
        CLR E
        RET
; ***** LCD1602 写数据子程序 *****
WDR:    ACALL LCDBUSY
        SETB RS
        CLR RW
        MOV P0, A
        CLR E
        SETB E
        NOP
        NOP
        CLR E
        RET
; ***** LCD1602 初始化子程序 *****
INIT:   MOV R7, #15
        LCALL DELAY              ; 延时 15 ms
        MOV A, #38H
        LCALL WIR1
        MOV R7, #5
        LCALL DELAY              ; 延时 5 ms
        MOV A, #38H
        LCALL WIR1
        MOV R7, #5
```

```
        LCALL DELAY              ; 延时 5 ms
        MOV A, #38H
        LCALL WIR1
        MOV R7, #5
        LCALL DELAY              ; 延时 5 ms
        MOV A, #08H
        LCALL WIR
        MOV A, #01H
        LCALL WIR
        MOV A, #06H
        LCALL WIR
        MOV A, #0CH
        LCALL WIR
        RET
; ******* 带参数的延时子程序 *******
DELAY:  MOV R6, #5
DE1:    MOV R5, #100
        DJNZ R5, $
        DJNZ R6, DE1
        DJNZ R7, DELAY
        RET
; *** 电子时钟显示数字、文字数组 **
TABLE1: DB  30H, 31H, 32H, 33H, 34H; CGROM 中数字 0 ~9 的 ASCII 码字符代码
        DB  35H, 36H, 37H, 38H, 39H
TABLE2: DB  "Beijing Time"
        END
```

三、程序编译与仿真

程序编写完成后，用 Keil 编译软件进行编译，生成 hex 文件。在 Proteus 仿真软件中按图 7—2—11 所示电路图绘制硬件电路（仿真时，单片机 STC89C51RC 用 AT89C51 代替，LCD1602 用 LM016L 代替），并将 hex 文件载入单片机中进行仿真运行，观察单片机运行结果，检验程序和电路设计是否达到设计的要求。图 7—2—14 所示为电子时钟仿真效果图。

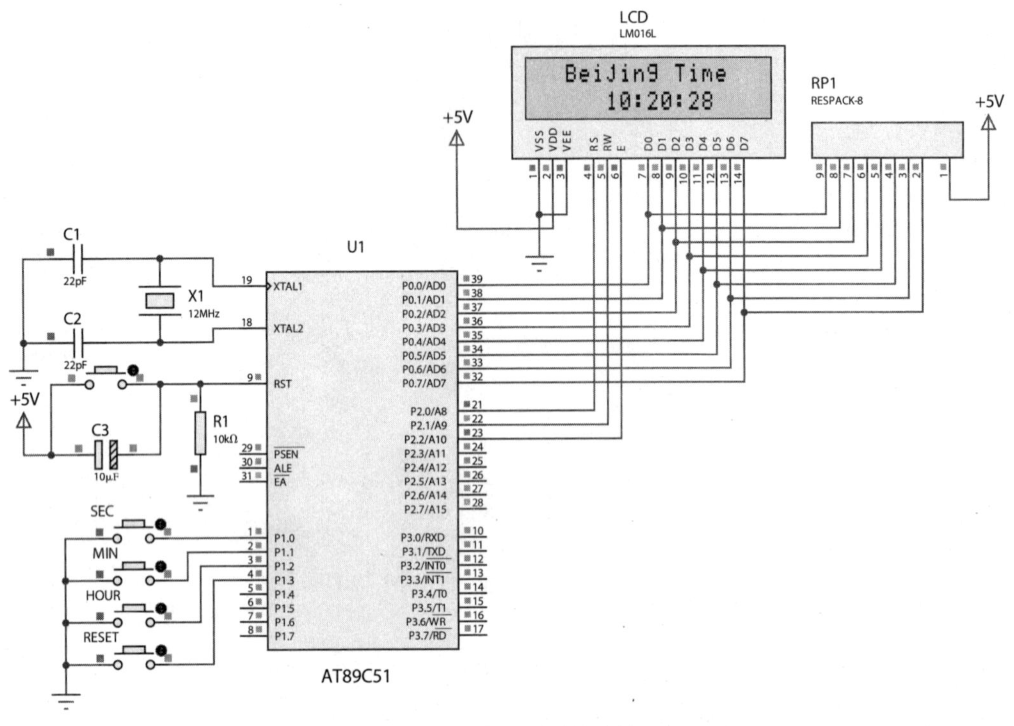

图 7—2—14　电子时钟仿真效果图

四、硬件组装和测试（选做）

1. 元器件清单

组装电子时钟所需元器件清单见表 7—2—6。

表 7—2—6　　组装电子时钟所需元器件清单

序号	元器件名称	规格型号	数量
1	单片机	STC89C51RC	1
2	瓷片电容	22 pF	2
3	电解电容	10 μF，16 V	1
4	电阻	10 kΩ，1/4 W	1
5	晶振	12 MHz	1
6	电源	5 V	1
7	排阻	9A－301J，9 脚	1
8	液晶显示屏	LCD1602A	1
9	轻触按键	6 mm×6 mm×5 mm，4 脚	5
10	接线端子	DG128 KF128－2P，间距 5.08 mm，300 V/10A	1
11	万用板	10 cm×16 cm	1

2．硬件组装

电子时钟硬件电路较简单，在组装过程中需注意 LCD1602A 液晶显示屏的引脚排列顺序。组装完成的电子时钟效果图如图 7—2—15 所示。

图 7—2—15　电子时钟组装效果图

3．程序烧录下载

将汇编语言源程序经 Keil 编译软件编译生成的 hex 文件通过数据线下载到 STC89C51RC 单片机中。

4．功能测试

将已下载 hex 文件数据的 STC89C51RC 单片机芯片插装到 IC 座上，按任务功能按下相应的按键，检测是否能正常实现计时功能。

职业能力培养

在指导教师帮助下，通过小组合作等方式，根据项目任务要求撰写项目设计报告（参考图 7—1—7），要求条理清楚，重点突出，结构合理。

任务评价

根据任务考核评分表（见表 7—1—2）进行任务评价。

任务3　电子温度计设计

1. 了解 DS18B20 温度传感器。
2. 熟悉 DS18B20 温度传感器控制方法和工作时序。
3. 掌握 DS18B20 温度传感器的基本操作程序及读取温度的流程步骤。
4. 能正确设计电子温度计硬件电路和程序。

温度控制在日常生活及工业领域中的应用非常广泛，比如温室、水池、发酵缸、电源等场所的温度控制。温度的测量是从金属（物质）的热胀冷缩开始的，早期的水银温度计至今仍是各种温度测量的计量标准，但是它只能近距离观测，而且水银有毒，玻璃管易碎。随着大规模集成电路工艺的提高，出现了多种集成的数字温度传感器。基于数字温度传感器设计的温度计与传统温度计相比，具有读数方便、测温范围广、测温准确的特点，而且其输出温度采用数字显示。本任务是设计一款基于 51 单片机的工业用电子温度计，要求采用数字温度传感器，温度实时显示，测量范围为 -55 ~ +125℃，测量温度在 -10 ~ +85℃范围时，精度达 ±0.5℃。

根据任务设计要求，本任务可考虑采用数字温度传感器 DS18B20 测量温度，其测温范围为 -55 ~ +125℃，在 -10 ~ +85℃时精度为 ±0.5℃，满足设计要求。DS18B20 温度传感器具有单总线的独特优点，输出信号全数字化，便于单片机处理及控制，省去了传统测温方法的很多外围电路，体积小，硬件实现简单，安装方便。

一、DS18B20 温度传感器介绍

美国 Dallas 半导体公司推出的数字温度传感器 DS18B20，仅需占用一个通用 I/O 端口即可完成与微处理器间的通信。被测温度用符号扩展的 16 位数字量方式串行输出，在 -10 ~ +85℃温度范围内具有 0.5℃精度。其工作电源既可以在远端引入，也可以采用寄生电源方式产生。CPU 只需一根端口线就能与诸多 DS18B20 通信，占用微处理器的端口较少，可节省大量的引线和逻辑电路。DS18B20 的封装结构和实物图分别如图 7—3—1 和图 7—3—2 所示。

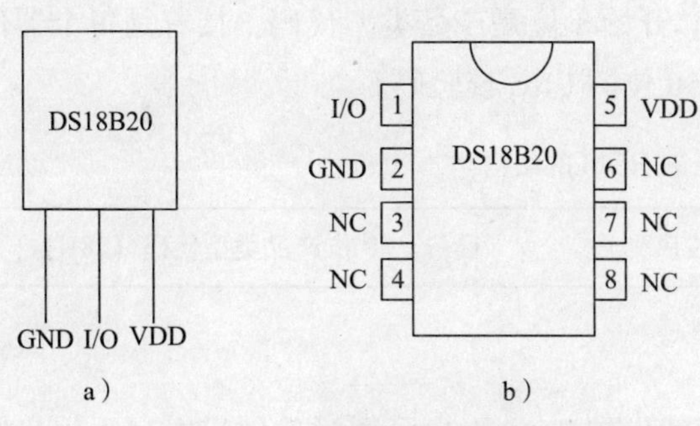

图7—3—1 DS18B20 封装结构

a）TO－92 封装 b）SOIC 封装

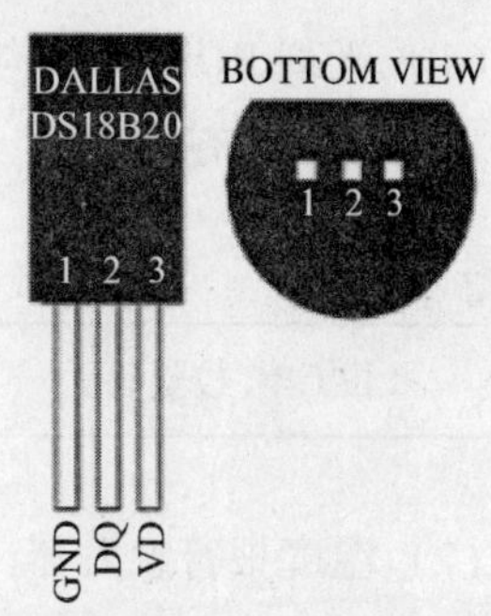

图7—3—2 DS18B20 实物图

1．DS18B20 的性能特点

（1）独特的单线接口方式，DS18B20 在与微处理器连接时仅需要一条接口线即可实现微处理器与 DS18B20 的双向通信。

（2）DS18B20 支持多点组网功能，多个 DS18B20 可以并联在唯一的三线上，实现组网多点测温。

（3）DS18B20 在使用中不需要任何外围元件，全部传感元件及转换电路集成在形如一只三极管的集成电路内。

（4）适应电压范围更宽，为 3.0～5.5 V，在寄生电源方式下可由数据线供电。

（5）测量温度范围为－55～＋125℃。

（6）零待机功耗。

（7）可编程的分辨率为 9～12 位，对应的可分辨温度分别为 0.5℃、0.25℃、0.125℃和 0.062 5℃，可实现高精度测温。

（8）在 9 位分辨率时最多在 93.75 ms 内把温度值转换为数字，在 12 位分辨率时最多在 750 ms 内把温度值转换为数字，速度更快。

（9）用户可定义报警设置。

（10）报警搜索命令识别并标示超过程序限定温度（温度报警条件）的器件。

（11）测量结果直接输出数字温度信号，以“一线总线”串行传送给 CPU，同时可传送 CRC 校验码，具有极强的抗干扰纠错能力。

（12）具有负电压特性。电源极性接反时，温度计不会因发热而烧毁，但不能正常工作。

2．DS18B20 内部结构

DS18B20 主要由四部分组成：64 位光刻 ROM、温度报警触发器、温度传感器以及高速暂存存储器（暂存器）。

（1）64 位光刻 ROM

64 位光刻 ROM 的结构见表 7—3—1。开始 8 位是产品类型代码，接着是每个器件的唯一序列号，共有 48 位，最后 8 位是前 56 位的 CRC 校验码。

表 7—3—1　　64 位光刻 ROM 的结构

8 位 CRC 校验码	48 位序列号	8 位产品类型代码（28H）

（2）温度报警触发器

包括上限温度触发器 TH 和下限温度触发器 TL。用户可通过软件程序写入用户所要求的报警上、下限温度值。

（3）温度传感器

DS18B20 中的温度传感器可完成对温度的测量，以 12 位转换为例：当 DS18B20 接收到温度转换命令后，开始启动转换，转换完成后的温度值以 16 位带符号扩展的二进制补码形式存储在高速暂存存储器的字节地址 0 和字节地址 1 中。单片机可以通过单线接口读出该数据，读数据时低位在先，高位在后，数据格式以 0.062 5℃/LSB（字节数据最低有效位）形式表示。温度数据值格式见表 7—3—2。

表 7—3—2　　温度数据值格式

低字节	2^3	2^2	2^1	2^0	2^{-1}	2^{-2}	2^{-3}	2^{-4}
高字节	S	S	S	S	S	2^6	2^5	2^4

其中“S”为符号标志位，对应的温度计算：当符号标志位 S＝0 时，表示测得的温度值为正值，可以直接将二进制转换为十进制；当符号标志位 S＝1 时，表示测得的温度值为负值，要先将补码变成原码，再计算十进制数值。表 7—3—3 是部分温度值对应的二进制温度数据。

表 7—3—3　　部分温度值对应的二进制温度数据

温度/℃	二进制表示	十六进制表示
+125	0000 0111　1101 0000	07D0H
+85	0000 0101　0101 0000	0550H
+25.062 5	0000 0001　1001 0001	0191H
+10.125	0000 0000　1010 0010	00A2H
+0.5	0000 0000　0000 1000	0008H
0	0000 0000　0000 0000	0000H

续表

温度/℃	二进制表示	十六进制表示
-0.5	1111 1111　1111 1000	FFF8H
-10.125	1111 1111　0101 1110	FF5EH
-25.0625	1111 1110　0110 1111	FE6FH
-55	1111 1100　1001 0000	FC90H

（4）高速暂存存储器

高速暂存存储器 RAM 由 9 个字节组成，其分配见表 7—3—4。

表 7—3—4　　高速暂存存储器

寄存器内容	字节地址	作用
温度值低位（LS Byte）	0	以 16 位补码形式存放
温度值高位（MS Byte）	1	以 16 位补码形式存放
高温限值（TH）	2	存放温度上限值
低温限值（TL）	3	存放温度下限值
配置寄存器	4	温度值的数字转换分辨率
保留	5	—
保留	6	—
保留	7	—
CRC 校验值	8	校验数据

DS18B20 温度传感器的内部存储器包括一个高速暂存存储器 RAM 和一个非易失性的可电擦除的 EEPROM。高速暂存存储器 RAM 的结构为 9 字节的存储器，第 1 和第 2 字节（字节地址 0 和字节地址 1）包含测得的温度信息；第 3 和第 4 字节是 TH 和 TL 的拷贝，是易失的，每次上电复位时被刷新；第 5 字节为配置寄存器，它的内容用于确定温度值的数字转换分辨率。DS18B20 工作时配置寄存器中的分辨率转换为相应精度的温度数值，它的字节定义见表 7—3—5。低 5 位一直为 1，TM 是工作模式位，用于设置 DS18B20 在工作模式还是在测试模式。

表 7—3—5　　配置寄存器的字节定义

TM	R1	R0	1	1	1	1	1

DS18B20 出厂时，TM 被设置为 0，一般不允许用户改动，R1 和 R0 决定温度转换的精度位数（分辨率），其设置见表 7—3—6。分辨率越高，所需要的温度数据转换时间越长。因此，在实际应用中要将分辨率和转换时间权衡考虑。

表 7—3—6　　DS18B20 分辨率设置

R1	R0	分辨率/位	温度数据最大转换时间/ms
0	0	9	93. 75
0	1	10	187. 5
1	0	11	375
1	1	12	750

高速暂存存储器 RAM 的第 6、7、8 字节保留未用，表现为全逻辑 1。第 9 字节读出前面所有 8 字节的 CRC 码，可用来校验数据，从而保证通信数据的正确性。

3. 供电方式

DS18B20 有两种供电方式，可以使用外部电源，也可以使用内部的寄生电源，如图 7—3—3 所示。图 7—3—3a 是由外部电源供电，图 7—3—3b 是由 I/O 口总线和寄生电容配合供电。当 V_{DD}端口接 3. 0 ~ 5. 5 V 的电压时是使用外部电源，当 V_{DD}端口接地时是使用内部的寄生电源。寄生电源在需要远程温度探测和空间受限的场合特别有用，当单总线的信号线 DQ 为高电平时，窃取信号能量给 DS18B20 供电，同时一部分能量给内部电容充电；当 DQ 为低电平时，释放能量为 DS18B20 供电。但寄生电源方式需要强上拉电路，软件控制变得复杂（特别是在完成温度转换和拷贝数据到 EEPROM 时），同时芯片的性能也有所降低。因此，在条件允许的场合，应尽量采用外部电源供电方式。无论是内部寄生电源供电还是外部电源供电，I/O 口线都要接 5 kΩ 左右的上拉电阻（图 7—3—3 中 R 为 4. 7 kΩ）。

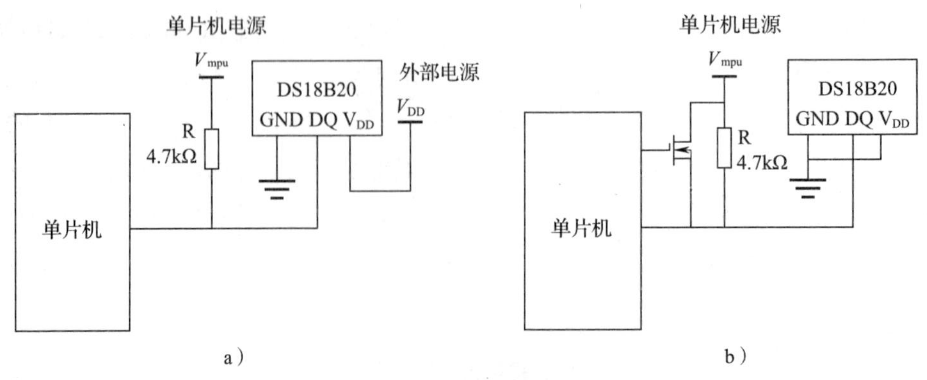

图 7—3—3　DS18B20 供电方式

a）外部供电　b）内部供电

二、DS18B20 控制方法

1．暂存器控制指令

DS18B20 有 6 条暂存器控制指令，见表 7—3—7。

表 7—3—7　　　　暂存器控制指令

指令	代码	操作说明
温度转换	44H	启动 DS18B20 进行温度转换，转换时间最长为 750 ms，结果存入内部 9 字节 RAM 中
读暂存器	BEH	读内部暂存器 RAM 中 9 字节的内容，数据从字节地址 0 的低位开始传送，直到第 9 个字节 CRC 校验值
写暂存器	4EH	发出向内部暂存器 RAM 的 3 个字节数据写入指令，紧跟写指令之后，是传送三字节的数据，第一字节写入 TH 寄存器（暂存器的字节地址 2），第二字节写入 TL 寄存器（暂存器字节地址 3），第三字节写入配置寄存器（暂存器字节地址 4）
复制暂存器	48H	将内部暂存器 RAM 中存放的 TH、TL 寄存器数据复制到 EEPROM 中
重调 EEPROM	BBH	将 EEPROM 中内容恢复到内部暂存器 RAM 的 TH、TL 寄存器中
读供电方式	B4H	读 DS18B20 的供电方式，寄生电源供电时 DS18B20 发送“0”，外接电源供电时 DS18B20 发送“1”

2．ROM 操作指令

DS18B20 有 5 条 ROM 操作指令，见表 7—3—8。

表 7—3—8　　　　ROM 操作指令

指令	代码	操作说明
读 ROM	33H	读 DS18B20 ROM 中的编码。该指令允许主 CPU 读取 DS18B20 中的 8 位产品类型代码、48 位产品序列号及 8 位 CRC 值。该指令只适用于总线上只挂接一片 DS18B20 的情况，当总线上挂有多片 DS18B20 时不适用

续表

指令	代码	操作说明
符合 ROM	55H	发出此指令之后，接着发出 64 位 ROM 编码，访问单总线上与该编码相对应的 DS18B20，使之做出响应，为下一步对该 DS18B20 的读写做好准备。该指令适用于在一条总线上挂接多片 DS18B20 的情况。在总线上，只有符合所发的 64 位 ROM 编码的 DS18B20 才有操作权，这样就实现了单总线上的寻址
寻找 ROM	F0H	用于确定挂接在同一总线上 DS18B20 的个数和识别 64 位 ROM 编码，为操作各器件做好准备。这条指令用于对连在单总线上的多个 DS18B20 进行初始化操作
跳过 ROM	CCH	忽略 64 位 ROM 编码，直接向 DS18B20 发送温度转换指令，适用于单片工作
寻找报警	ECH	执行后，只有温度超过设定值上限或者下限的片子才做出响应。该指令用于对总线上的报警器进行寻找，其用法与寻找 ROM 一样

3．DS18B20 访问控制步骤

根据 DS18B20 的通信协议，主机控制 DS18B20 完成温度转换必须经过三个步骤：

（1）每一次读写之前都必须对 DS18B20 进行复位初始化。

（2）复位成功后发送一条 ROM 操作指令。

（3）发送暂存器 RAM 控制指令，这样才能对 DS18B20 进行预定的操作。

三、DS18B20 单总线访问工作时序

对 DS18B20 进行访问控制必须严格按工作时序进行，DS18B20 初始化时序、写时序和读时序分别如图 7—3—4 至图 7—3—6 所示。

1．初始化时序

单总线上的所有传输过程都是以初始化开始的，主机发出复位脉冲（Tx），DS18B20 响应应答脉冲，应答脉冲使主机知道，DS18B20 在单总线上，且准备就绪。如图 7—3—4 所示，在初始化时序期间，单总线上主机输出低电平，拉低单总线保持低电平时间至少 480 μs 来发送复位脉冲（Tx），之后主机释放单总线进入接受模式（Rx），4.7 kΩ 上拉电阻将单总线拉高，当 DS18B20 检测到复位上升信号后，延时等待 15 ~ 60 μs，进入响应应答模式，DS18B20 拉低单总线 60 ~ 240 μs 产生表示存在的应答脉冲，主机从拉高单总线产生复位信号到 DS18B20 响应产生应答脉冲接受期间至少不小于 480 μs。

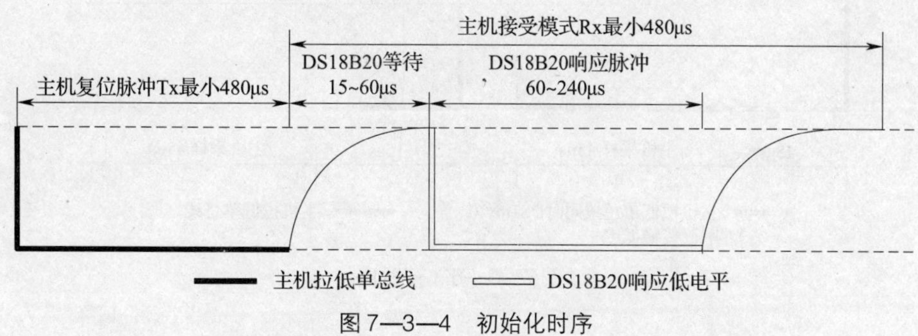

图7—3—4　初始化时序

2. 写时序

写时序包括写0时序和写1时序。如图7—3—5所示，所有写时序至少需要60 μs，且在两次独立的写时序之间至少需要1 μs的恢复时间，都是以单总线拉低开始。形成写1时序后，主机输出低电平，必须在15 μs内释放单总线，释放单总线后，上拉电阻拉高单总线。为了形成写0时序，主机输出低电平，在至少60 μs内拉低单总线，然后释放单总线。在形成写时序后，DS18B20将会在其后的15～60 μs的一个时间窗口内对单总线进行采样，如果在采样时间窗口期间单总线是高电平，则逻辑1写入DS18B20，若单总线是低电平，则逻辑0写入DS18B20。

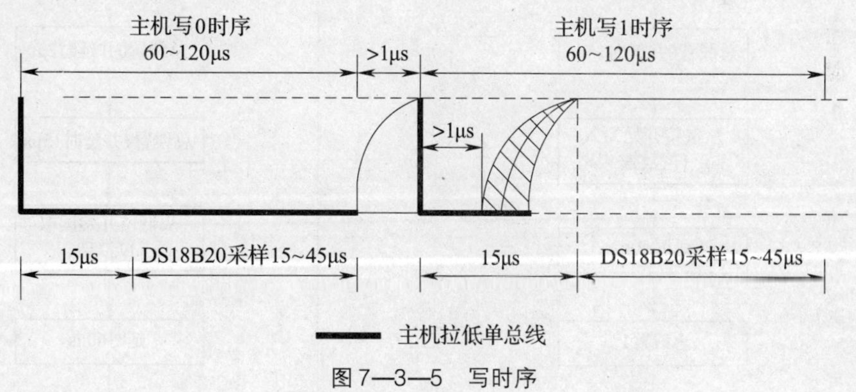

图7—3—5　写时序

3. 读时序

DS18B20仅在主机发出读时序时，才向主机传输数据，所以，在主机发出读数据指令后，必须马上产生读时序，以便DS18B20能够传输数据。所有读时序至少需要60 μs，且在两次独立的读时序之间至少需要1 μs的恢复时间。每个读时序都由主机发起，至少拉低单总线1 μs，然后释放单总线。DS18B20通过拉高或拉低单总线来传送1或0。DS18B20输出数据在读时序下降沿产生后的15 μs之内有效，主机必须在此期间采样单总线，读取数据。

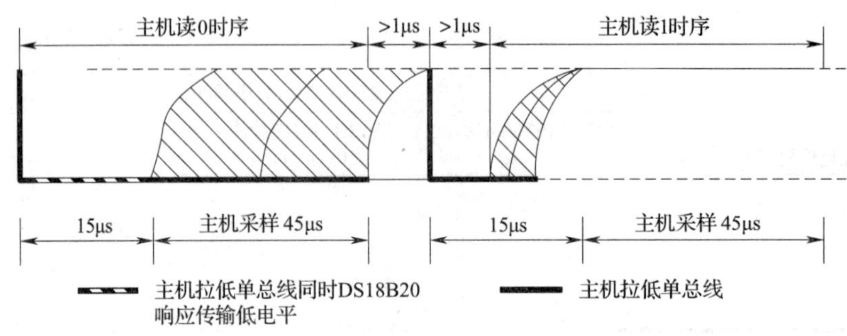

图 7—3—6　读时序

四、DS18B20 基本操作程序

根据 DS18B20 访问工作时序可知，DS18B20 基本访问操作程序包括写字节、读字节、初始化等程序。设 DS18B20 的 DQ 和单片机 P2.0 相连接，则其基本操作程序流程图如图 7—3—7 至图 7—3—9 所示，源程序代码如下：

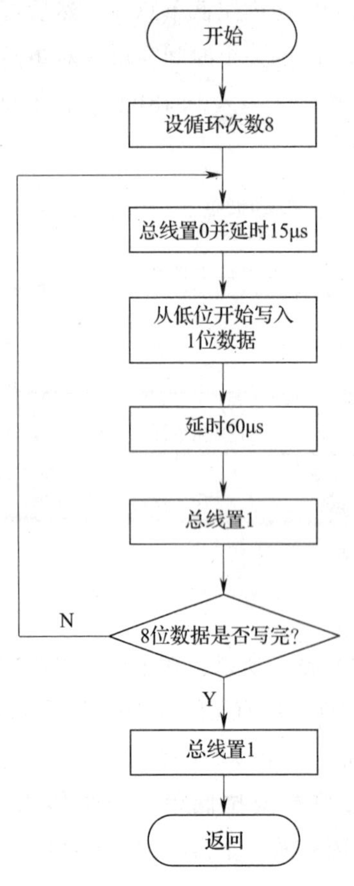

图 7—3—7　写字节程序流程图

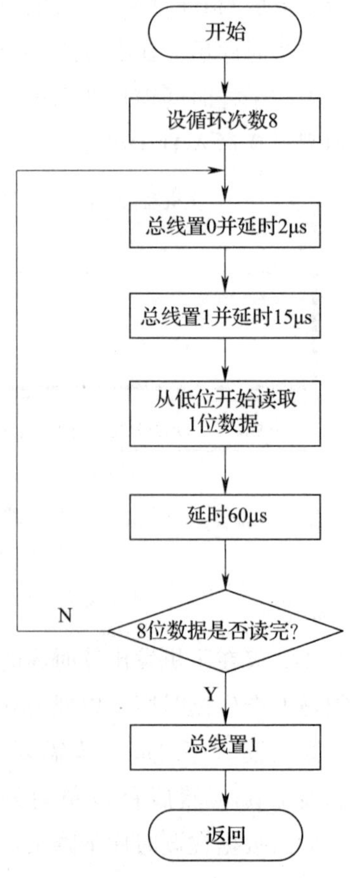

图 7—3—8　读字节程序流程图

1. DS18B20 的写字节程序

```
WRITE:   MOV R2, #8       ; 1 字节按位写入 8 次
         CLR C
WR1:     CLR P2.0         ; 拉低 DQ 数据线
         MOV R3, #7       ; 延时约 15 μs
         DJNZ R3, $
         RRC A
         MOV P2.0, C      ; 按位写入 DS18B20
         MOV R3, #30      ; 延时约 60 μs
         DJNZ R3, $
         SETB P2.0        ; 拉高 DQ 数据线
         NOP
         DJNZ R2, WR1
         SETB P2.0
         RET
```

2. DS18B20 的读字节程序

```
READ:    MOV R2, #8
RE1:     CLR C
         CLR P2.0
         NOP
         NOP
         SETB P2.0
         MOV R3, #7       ; 延时约 15 μs
         DJNZ R3, $
         MOV C, P2.0
         MOV R3, #30      ; 延时约 60 μs
         DJNZ R3, $
         RRC A
         DJNZ R2, RE1
         MOV R1, A
         RET
```

3. 初始化程序

```
INIT:   SETB P2.0          ；总线置1
        NOP
        NOP
        CLR P2.0           ；拉低总线
        MOV R3，250        ；延时500 μs
        DJNZ R3， $
        SETB P2.0          ；释放总线，等待响应
        MOV R3，25         ；延时50 μs
        DJNZ R3， $
        MOV C，P2.0        ；读取响应数据，为“0”响应
        MOV R3，250        ；延时500 μs，等待响应结束
        DJNZ R3， $
        SETB P2.0          ；总线置1
        RET
```

五、DS18B20 读取温度流程步骤

DS18B20 读取温度的流程步骤如下：

1. DS18B20 初始化复位。
2. 跳过 ROM 匹配。
3. 启动温度转换。
4. 延时等待温度转换完成。
5. DS18B20 复位。
6. 跳过 ROM 匹配。
7. 调用 DS18B20 数据读取程序，读取温度数据。

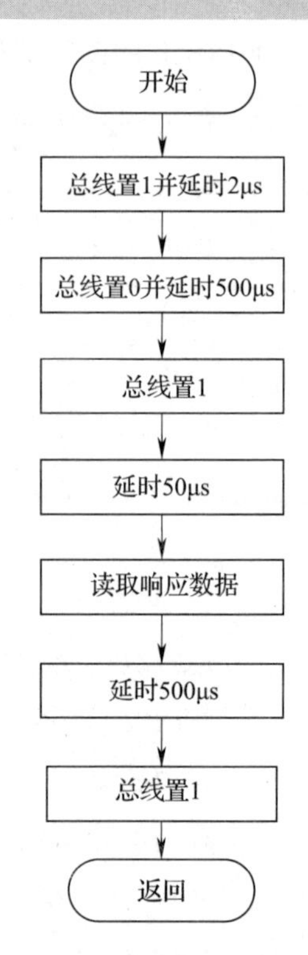

图7—3—9 初始化程序流程图

任务实施

一、电子温度计硬件电路设计

DS18B20 采用外接电源供电，单总线 DQ 和 STC89C51RC 单片机 P2.0 相连接。实时温度用 LCD1602 液晶显示器显示，单片机 P0 端口和 LCD1602 数据端口相连接，P2.1 ~

P2.3引脚控制LCD1602的控制引脚RS、R/W和E。电子温度计电路原理图如图7—3—10所示。

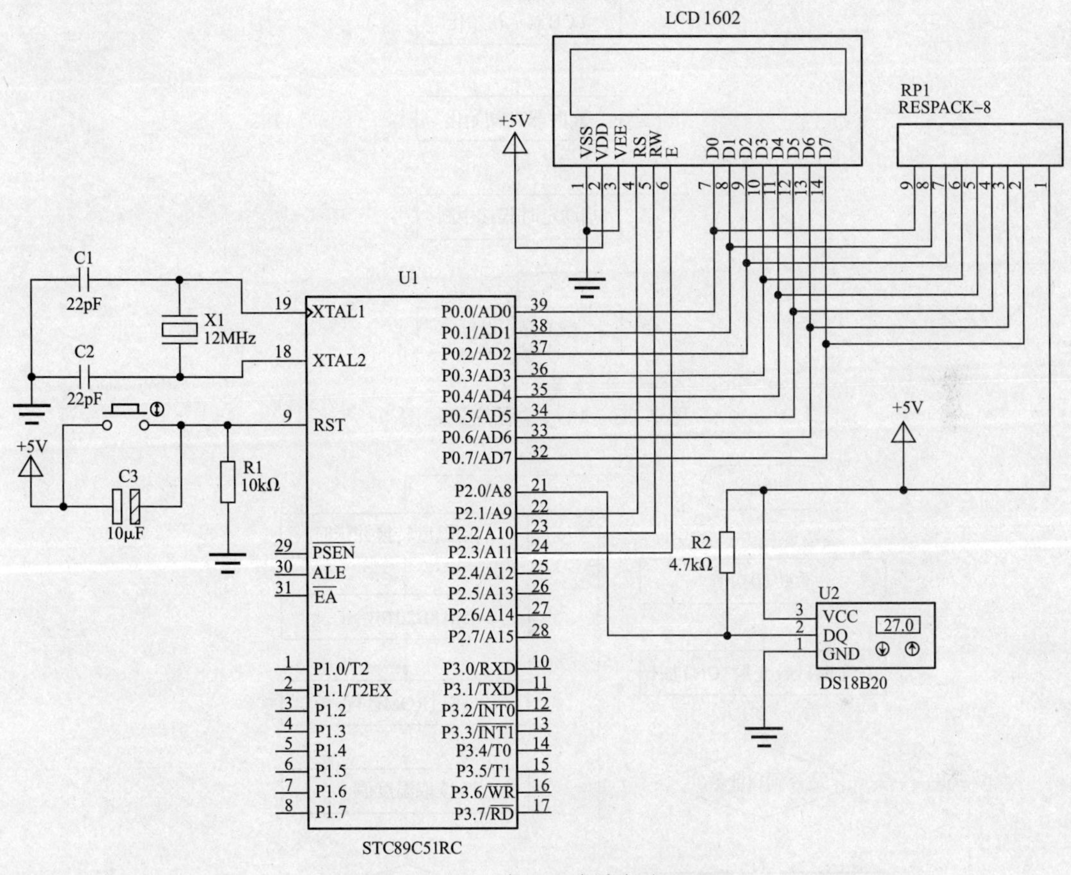

图7—3—10　电子温度计电路原理图

二、电子温度计程序设计

1．电子温度计程序设计思路

系统程序主要包括主程序和定时1 s温度测量中断服务程序。主程序是负责定时器初始化、LCD显示初始化，然后循环调用显示程序等，实现温度的实时显示。定时1 s温度测量中断服务程序主要包括读出并处理DS18B20的测量温度值。温度测量每1 s进行一次，从发出温度转换开始，然后读取暂存器中第0、1字节地址保存的温度值，再进行整数、小数的转换运算，并判定温度值的正负后返回。

2．电子温度计程序设计流程图

主程序流程图如图7—3—11所示。定时1 s温度测量中断服务程序流程图如图7—3—12所示。

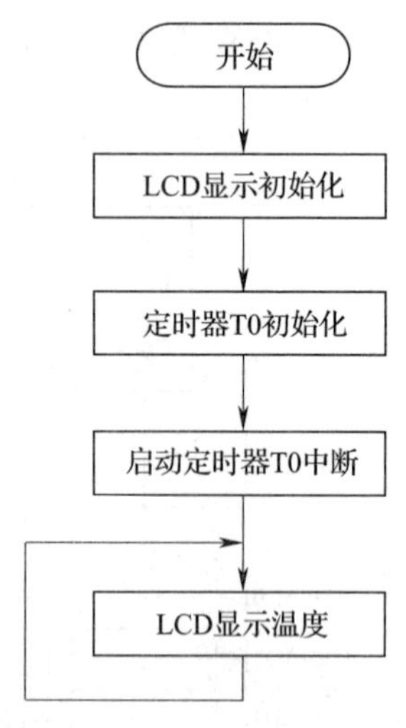

图 7—3—11　主程序流程图

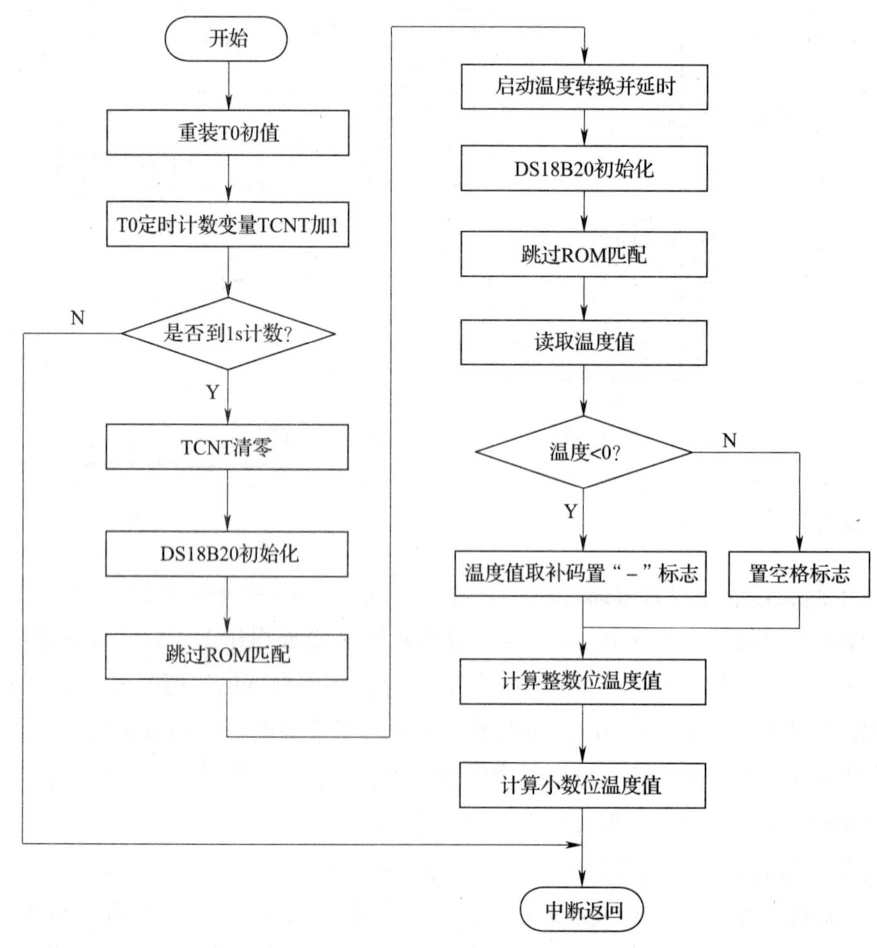

图 7—3—12　定时 1 s 温度测量中断服务程序流程图

3. 电子温度计参考程序

```
/****************************************************************************
* 程序名：基于汇编语言的 51 单片机电子温度计设计
****************************************************************************/
; 符号名定义
          DQ EQU P2.0                 ; DS18B20_DQ
          RS EQU P2.1                 ; LCD_RS
          RW EQU P2.2                 ; LCD_RW
          E EQU P2.3                  ; LCD_E
          TEMP0 EQU 30H               ; 实时温度低字节值
          TEMP1 EQU 31H               ; 实时温度高字节值
          TINT EQU 32H                ; 转换后温度整数值
          TPOINT EQU 33H              ; 转换后温度小数值
          TCNT EQU 40H                ; 定时器计数值
          ORG 0000H
          AJMP START
          ORG 000BH                   ; 定时器 T0 溢出中断矢量地址
          LJMP INT_T0
; ******************************** 主程序 ********************************
ORG       0100H
START:    MOV SP, #60H
          MOV TCNT, #0
          MOV TMOD, #01H
          MOV TH0, #(65536-50000)/256
          MOV TL0, #(65536-50000) MOD 256
          SETB ET0
          SETB EA
          SETB TR0
          LCALL INIT          ; LCD 初始化
          MOV A, #82H         ; 显示第一行“Temperature”
          LCALL WIR
          MOV DPTR, #TABLE2
          MOV R0, #11
```

```
WRITE:      CLR A
            MOVC A, @ A + DPTR
            LCALL WDR
            INC DPTR
            DJNZ R0, WRITE
            MOV A, #0C8H            ; 第二行显示小数点符号
            LCALL WIR
            MOV A, #2EH             ; 小数点“.”
            LCALL WDR
            MOV A, #0CAH
            LCALL WIR               ; 第二行显示温度单位符号
            MOV A, #0DFH            ; 显示温度单位中的“°”
            LCALL WDR
            MOV A, #43H             ; 显示温度单位中的“C”
            LCALL WDR
            MOV TINT, #0            ; 温度值清零
            MOV TPOINT, #0
DISP:       LCALL DISPLAY
            JMP DISP
; *** 定时器中断服务子程序（每50 ms中断一次），1 s测量1次温度值
INT_T0:     PUSH ACC
            MOV TH0, # (65536 -50000) /256   ; 重装定时器T0初值
            MOV TL0, # (65536 -50000) MOD 256
            INC TCNT
            MOV A, TCNT
            CJNE A, #20, RETUNE     ; 定时1s
            MOV TCNT, #0
            LCALL INITDS            ; DS18B20复位
            MOV A, #0CCH            ; 跳过DS18B20匹配
            LCALL WRITEDS
            MOV A, #44H             ; 启动DS18B20温度转换
            LCALL WRITEDS
            MOV R7, #2              ; 延时2 000 μs
```

```
        LCALL DELAY
        LCALL INITDS              ; DS18B20 复位
        MOV A, #0CCH              ; 跳过 DS18B20 匹配
        LCALL WRITEDS
        MOV A, #0BEH              ; 读取 DS18B20 温度值
        LCALL WRITEDS
        LCALL READDS              ; 读取温度值的低 8 位字节数据
        MOV TEMP0, R1
        LCALL READDS              ; 读取温度值的高 8 位字节数据
        MOV TEMP1, R1
        CLR C                     ; 温度值转换计算
        MOV A, TEMP1
        JB ACC.7, NEGA
        SETB 05H                  ; 温度标志位 05H 置 1，表示正温度
        JMP ZHENG
NEGA:   CLR 05H                   ; 温度标志位 05H 清零，表示负温度
        MOV A, TEMP0              ; 负温度补码转换计算
        CPL A
        ADD A, #01
        MOV TEMP0, A
        MOV A, TEMP1
        CPL A
        ADDC A, #0
        MOV TEMP1, A
ZHENG:  ANL A, #07H               ; 整数部分温度值转换计算
        SWAP A                    ; 半字节交换，将累加器 A 的高、低 4 位
                                  ; 数据交换
        MOV TINT, A
        MOV A, TEMP0
        ANL A, #0F0H
        SWAP A
        ORL A, TINT
        MOV TINT, A
```

```
         MOV A, TEMP0                ; 小数部分温度值转换，保留小数点后 1 位
         ANL A, #0FH
         MOV B, #6
         MUL AB
         MOV B, #10
         DIV AB
         MOV TPOINT, A
RETUNE:  POP ACC
         RETI
; ******** DS18B20 写字节子程序 *******
WRITEDS: MOV R2, #8                  ; 1 字节按位写入 8 次
         CLR C
WR1:     CLR P2.0                    ; 拉低 DQ 数据线
         MOV R3, #7                  ; 延时约 15 μs
         DJNZ R3, $
         RRC A
         MOV P2.0, C                 ; 按位写入 DS18B20
         MOV R3, #30                 ; 延时约 60 μs
         DJNZ R3, $
         SETB P2.0                   ; 拉高 DQ 数据线
         NOP
         DJNZ R2, WR1
         SETB P2.0
         RET
; ******** DS18B20 读字节子程序 *******
READDS:  MOV R2, #8
RE1:     CLR C
         CLR P2.0
         NOP
         NOP
         SETB P2.0
         MOV R3, #7                  ; 延时约 15 μs
         DJNZ R3, $
```

```
            MOV C, P2.0
            MOV R3, #30              ; 延时约 60 μs
            DJNZ R3, $
            RRC A
            DJNZ R2, RE1
            MOV R1, A
            RET
; ******** DS18B20 初始化子程序 *********
INITDS:     SETB P2.0                ; 总线置 1
            NOP
            NOP
            CLR P2.0                 ; 拉低总线
            MOV R3, 250              ; 延时 500 μs
            DJNZ R3, $
            SETB P2.0                ; 释放总线，等待响应
            MOV R3, 25               ; 延时 50 μs
            DJNZ R3, $
            MOV C, DQ                ; 读取响应数据，为“0”响应
            MOV R3, 250              ; 延时 500 μs，等待响应结束
            DJNZ R3, $
            SETB P2.0                ; 总线置 1
            RET
; ******** LCD1602 显示子程序 ********
DISPLAY:    MOV A, #0C4H             ; 光标移至第二行第 5 位
            LCALL WIR
            MOV DPTR, #TABLE1
            JB 05H, TM
            MOV A, #2DH              ; 显示温度“-”
            LCALL WDR
            JMP DI1
TM:         MOV A, #20H              ; 显示无符号“ ”
            LCALL WDR
```

```
DI1:     MOV A, TINT
         MOV B, #100
         DIV AB                        ; 商和余数分别保留在 A 和 B 中
         MOVC A, @ A + DPTR            ; 显示温度百位值
         LCALL WDR
         MOV A, B
         MOV B, #10
         DIV AB
         MOVC A, @ A + DPTR            ; 显示温度十位值
         LCALL WDR
         MOV A, B
         MOVC A, @ A + DPTR            ; 显示温度个位值
         LCALL WDR
         MOV A, #0C9H
         LCALL WIR
         MOV A, TPOINT                 ; 显示小数
         MOVC A, @ A + DPTR
         LCALL WDR
         RET
; ***** 查 LCD1602 空闲子程序 *****
LCDBUSY: PUSH ACC
         MOV P0, #0FFH
BY:      CLR RS
         SETB RW
         CLR E
         SETB E
         NOP
         NOP
         MOV A, P0
         CLR E
         JB ACC.7, BY
         POP ACC
         RET
```

```
; ***** LCD1602 写指令子程序 *****
WIR:     ACALL LCDBUSY
WIR1:    CLR RS
         CLR RW
         MOV P0, A
         CLR E
         SETB E
         NOP
         NOP
         CLR E
         RET
; ***** LCD1602 写数据子程序 *****
WDR:     ACALL LCDBUSY
         SETB RS
         CLR RW
         MOV P0, A
         CLR E
         SETB E
         NOP
         NOP
         CLR E
         RET
; ***** LCD1602 初始化子程序 *****
INIT:    MOV R7, #15
         LCALL DELAY                   ; 延时 15 ms
         MOV A, #38H
         LCALL WIR1
         MOV R7, #5
         LCALL DELAY                   ; 延时 5 ms
         MOV A, #38H
         LCALL WIR1
         MOV R7, #5
```

```
        LCALL DELAY                    ; 延时5 ms
        MOV A, #38H
        LCALL WIR1
        MOV R7, #5
        LCALL DELAY                    ; 延时5 ms
        MOV A, #08H
        LCALL WIR
        MOV A, #01H
        LCALL WIR
        MOV A, #06H
        LCALL WIR
        MOV A, #0CH
        LCALL WIR
        RET
; ******* 带参数的延时子程序 *******
DELAY:  MOV R6, #5
DE1:    MOV R5, #100
        DJNZ R5, $
        DJNZ R6, DE1
        DJNZ R7, DELAY
        RET
; *** 电子温度计显示数字、文字数组 **
TABLE1: DB 30H, 31H, 32H, 33H, 34H , 35H, 36H, 37H, 38H, 39H
TABLE2: DB “Temperature”
        END
```

三、程序编译与仿真

程序编写完成后，用 Keil 编译软件进行编译，生成 hex 文件。在 Proteus 仿真软件中按图 7—3—10 所示电路图绘制硬件电路（仿真时，单片机 STC89C51RC 用 AT89C51 代替，LCD1602 用 LM016L 代替），并将 hex 文件载入单片机中进行仿真运行，观察单片机运行结果，检验程序和电路设计是否达到设计的要求。图 7—3—13 所示为电子温度计仿真效果图。

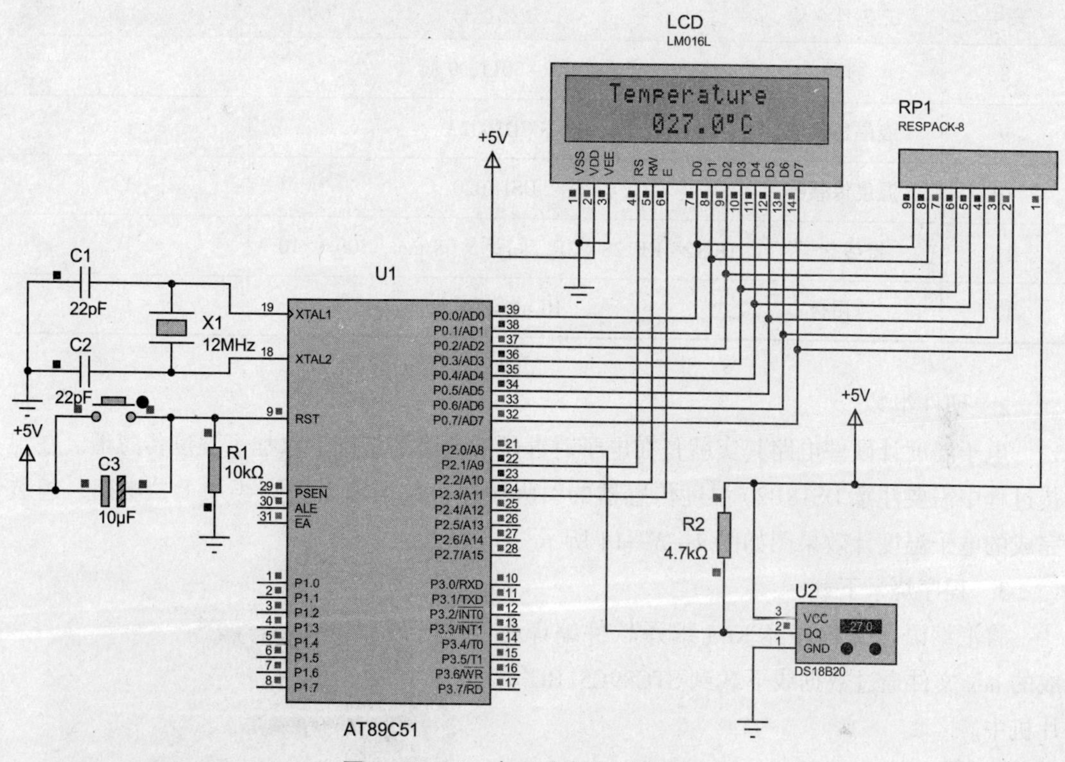

图 7—3—13　电子温度计仿真效果图

四、硬件组装和测试（选做）

1. 元器件清单

组装电子温度计所需元器件清单见表 7—3—9。

表 7—3—9　组装电子温度计所需元器件清单

序号	元器件名称	规格型号	数量
1	单片机	STC89C51RC	1
2	瓷片电容	22 pF	2
3	电解电容	10 μF，16 V	1
4	电阻 1	10 kΩ，1/4 W	1
5	电阻 2	4.7 kΩ，1/4 W	1
6	晶振	12 MHz	1
7	电源	5 V	1

续表

序号	元器件名称	规格型号	数量
8	排阻	9A－301J，9 脚	1
9	液晶显示屏	LCD1602A	1
10	温度传感器	DS18B20	1
11	接线端子	DG128 KF128－2P，间距 5.08 mm，300 V/10 A	1
12	万用板	10 cm×16 cm	1

2．硬件组装

电子温度计硬件电路其实就是在电子时钟硬件电路的基础上添加了温度传感器。在组装过程中需要注意 DS18B20 温度传感器的引脚顺序，数据输出引脚要加上拉电阻。组装完成的电子温度计效果图如图 7—3—14 所示。

3．程序烧录下载

将汇编语言源程序经 Keil 编译软件编译生成的 hex 文件通过数据线下载到 STC89C51RC 单片机中。

4．功能测试

将已下载 hex 文件数据的 STC89C51RC 单片机芯片插装到 IC 座上，打开电源，查看液晶显示屏上的环境温度值与温度计上的温度值是否相同，如果温度值一致则电路正确，否则对照电路原理图查看电路焊接是否正确或程序是否正确。

图 7—3—14　电子温度计组装效果图

职业能力培养

在指导教师帮助下，通过小组合作等方式，根据项目任务要求撰写项目设计报告（参考图 7—1—7），要求条理清楚、重点突出、结构合理。

任务评价

根据任务考核评分表（见表 7—1—2）进行任务评价。

任务4　LED 点阵显示屏设计

学习目标

1. 了解 LED 点阵显示屏的结构、电路原理框图和驱动电路。
2. 理解 8×8 LED 点阵显示屏显示字符过程。
3. 能正确设计 16×16 LED 点阵显示屏硬件电路和程序。

任务引入

LED 点阵显示屏是利用发光二极管点阵模块或像素单元组成的平面式显示屏幕。LED 点阵显示屏显示画面色彩鲜艳，立体感强，广泛应用于机场、商场、医院、银行、工业企业管理等公共场所。本任务是设计一个用 16×16 点阵组成的 LED 点阵显示屏，实现“欢迎”文字滚动显示效果。

由于 8×8 LED 点阵显示屏只有 64 个像素，虽然可以用于显示 ASCII 码图文文字以及简单汉字，如一、二、三等，但是不能显示大部分国标汉字，因为国标汉字库中的每一个汉字均由 256 点阵来表示，需要 16×16 点阵像素实现。因此，需要对 8×8 LED 点阵显示屏进行扩展，采用 4 片 8×8 LED 点阵显示屏拼接成 16×16 LED 点阵显示屏，实现汉字显示，通过编程动态扫描方式显示“欢迎”汉字滚动显示效果。

相关知识

一、LED 点阵显示原理

8×8 LED 点阵显示屏外观结构如图 7—4—1 所示，其结构原理图如图 7—4—2 所示。

从图 7—4—2 可以看出，点阵有 16 只引脚，分别是 8 只“行脚”和 8 只“列脚”。发光二极管放置在每一行和每一列的交叉点上，每一行二极管的阳极全部连接在一起，每一列二极管的阴极也全部连接在一起。点阵的接法有共阴极和共阳极两种，是相对而言的，若“行脚”接二极管的阴极，“列脚”接二极管的阳极，则表示此点阵为共阴极；反之，则为共阳极。

在实际的点阵器件中，一般不会一边全是行脚，另一边全是列脚，更多的是行与列错乱排列。使用前要分清哪些是行脚，哪些是列脚，一般可以用万用表测试法判断。

从 LED 点阵显示屏结构原理图可以看出，只要任意行接上低电平，任意列接上高电平，

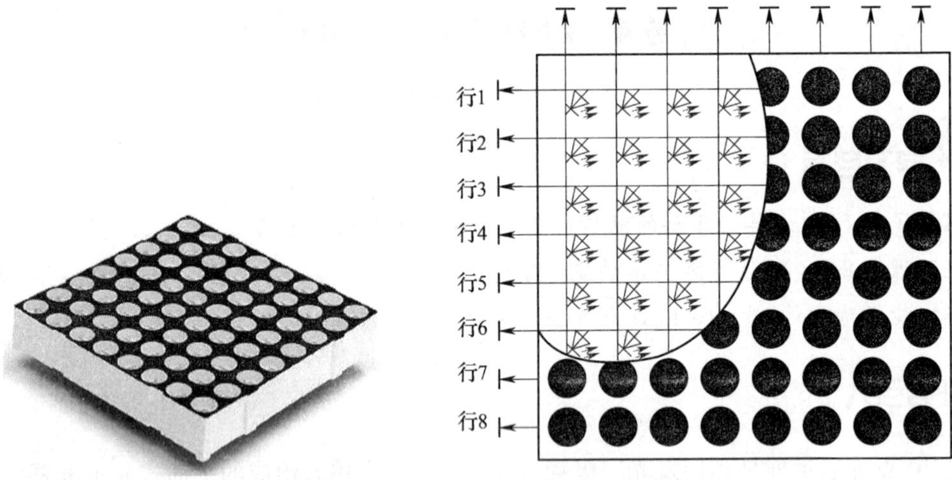

图 7—4—1　8 ×8 LED 点阵显示屏外观结构

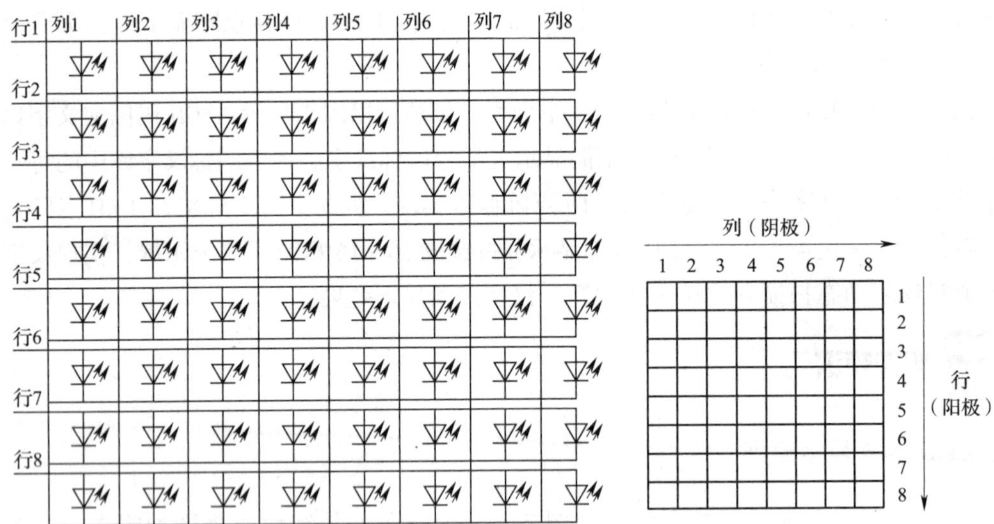

图 7—4—2　8 ×8 LED 点阵显示屏结构原理图

该行和列交叉点所接的点阵 LED 就会点亮。假设需要点亮某一列二极管，则将该列二极管接高电平，点阵的全部行接上低电平即可。例如，将第 5 列置 1，第 1 ~8 行置 0，则第 5 列发光二极管全部点亮。

二、LED 点阵显示屏电路原理框图

8 ×8 LED 点阵显示屏共有 64 个发光二极管，结构上分为 8 行、8 列，共 16 个接口端子，分别接上阴极和阳极电平，控制某一点、某一行或某一列显示。为了使点阵显示亮度符合视觉要求，需要驱动电路产生符合要求的 LED 导通电流。LED 点阵显示屏设计有行、

列驱动电路，由单片机控制，实现LED点阵的图文符号显示。LED点阵显示屏电路原理框图如图7—4—3所示。

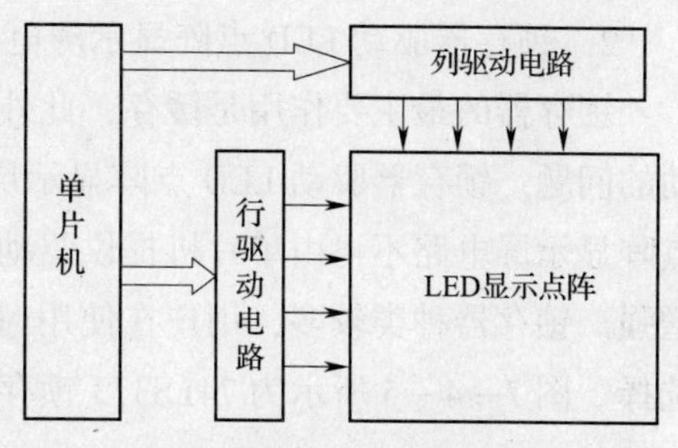

图7—4—3　LED点阵显示屏电路原理框图

三、LED点阵显示屏驱动电路

单片机控制LED点阵显示屏驱动电路根据驱动方式不同，可以分为直接驱动、锁存器驱动、译码器驱动、三极管驱动和移位寄存器驱动等电路。

1．直接驱动LED点阵显示屏电路

图7—4—4所示为单片机直接驱动LED点阵显示屏电路，单片机P0口控制LED点阵列驱动信号，P2口控制LED点阵行驱动信号。单片机通过编程产生行、列控制信号，直接驱动点阵显示图文符号。直接驱动电路外围元器件少，电路简单，但直接驱动电路有一个明显的缺点，其驱动电流较小，LED点阵驱动电流由单片机灌电流提供，亮点很暗，特别是动态扫描显示时尤为明显。另外，单片机和LED点阵器件直接相连，一旦LED点阵出现短路等故障，直接影响单片机正常使用，甚至损坏单片机。

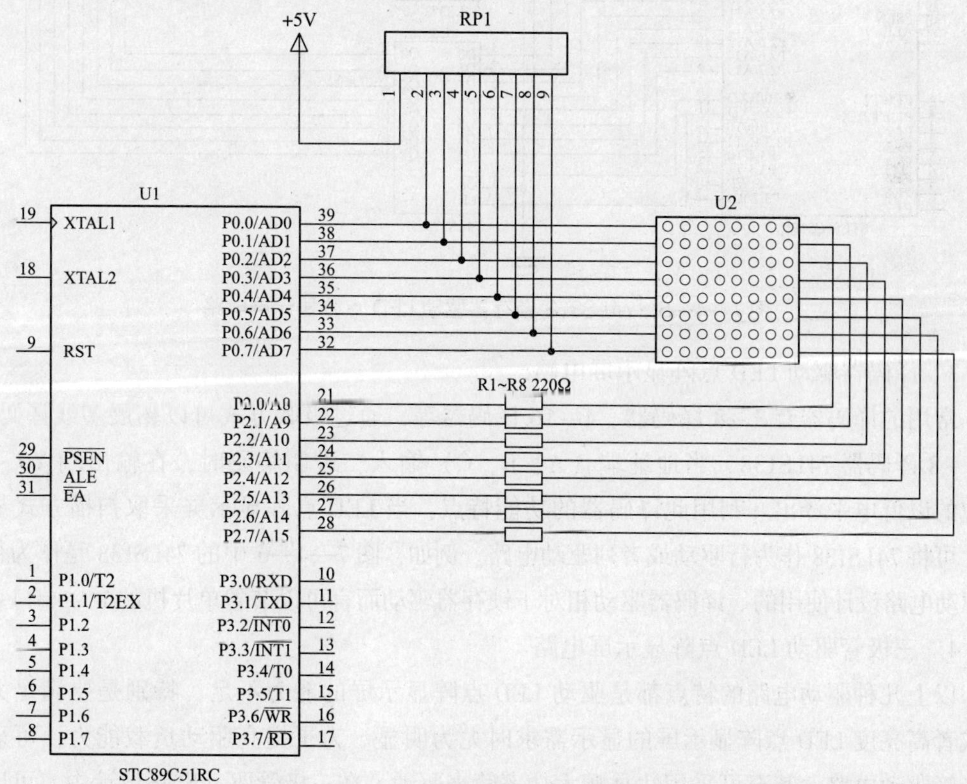

图7—4—4　单片机直接驱动LED点阵显示屏电路

2．锁存器驱动 LED 点阵显示屏电路

锁存器的最主要作用是缓存，此外还可解决高速控制与慢速外设的不同步问题以及驱动的问题。锁存器驱动 LED 点阵显示屏电路克服了 LED 点阵器件对单片机的影响，LED 点阵显示屏电路不再由单片机提供驱动电流，而是由锁存器提供驱动电流，驱动能力有所增强。锁存器种类较多，用户在使用时可根据 LED 点阵显示屏显示亮度和驱动电流等来选择。图 7—4—5 所示为 74LS373 锁存器驱动 LED 点阵显示屏电路。

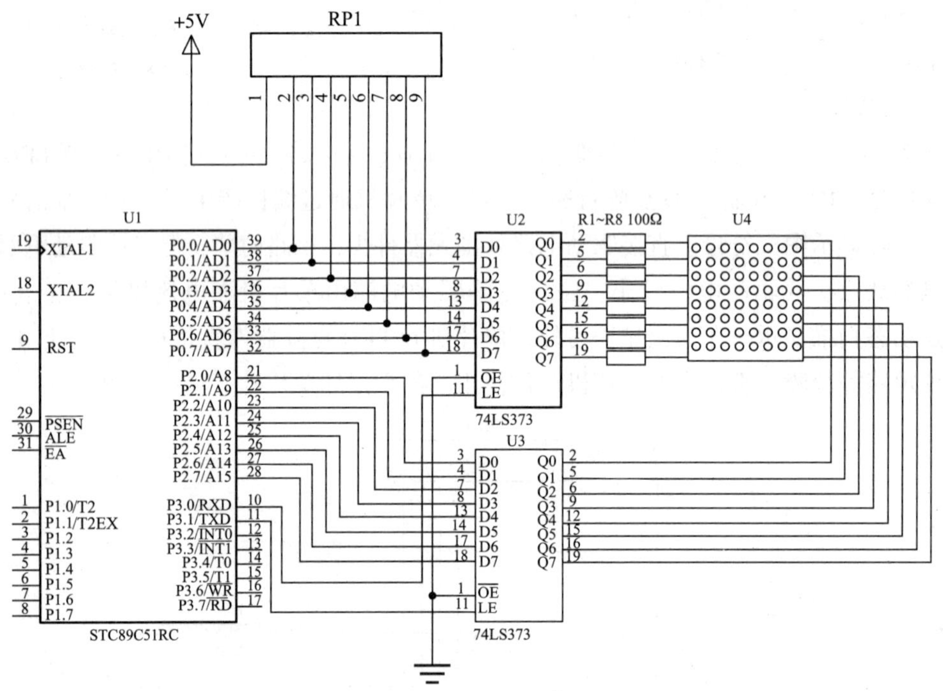

图 7—4—5　74LS373 锁存器驱动 LED 点阵显示屏电路

3．译码器驱动 LED 点阵显示屏电路

常用的译码器有 3－8 译码器、4－16 译码器等，通过级联方式可以拓展多线译码器。如 3－8 译码器 74LS138，当地址端（A、B、C）输入二进制编码时，在输出端 Y0～Y7 对应的以低电平译出。利用此译码器的功能特点，当 LED 点阵显示屏采取扫描方式显示时，可将 74LS138 作为行驱动或者列驱动电路。例如，图 7—4—6 中的 74LS138 是作为行扫描驱动电路设计使用的。译码器驱动相对于锁存器驱动而言可以节省单片机的 I/O 端口。

4．三极管驱动 LED 点阵显示屏电路

以上几种驱动电路的特点都是驱动 LED 点阵显示屏的能力不足，特别是要满足大屏幕或者高亮度 LED 点阵显示屏的显示需求时尤为明显。为了提高驱动负载能力，可采用三极管驱动电路，甚至可采用达林顿大功率管来驱动。在三极管驱动电路设计中，可以和锁存器、译码器等配合一起使用。三极管驱动 LED 点阵显示屏电路如图 7—4—7 所示。

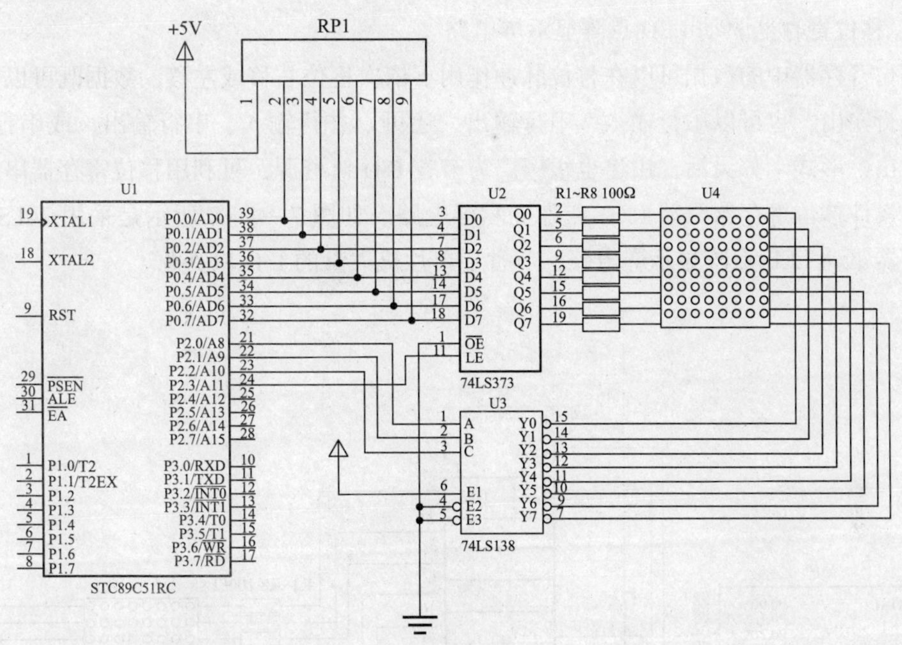

图 7—4—6　74LS138 译码器驱动 LED 点阵显示屏电路

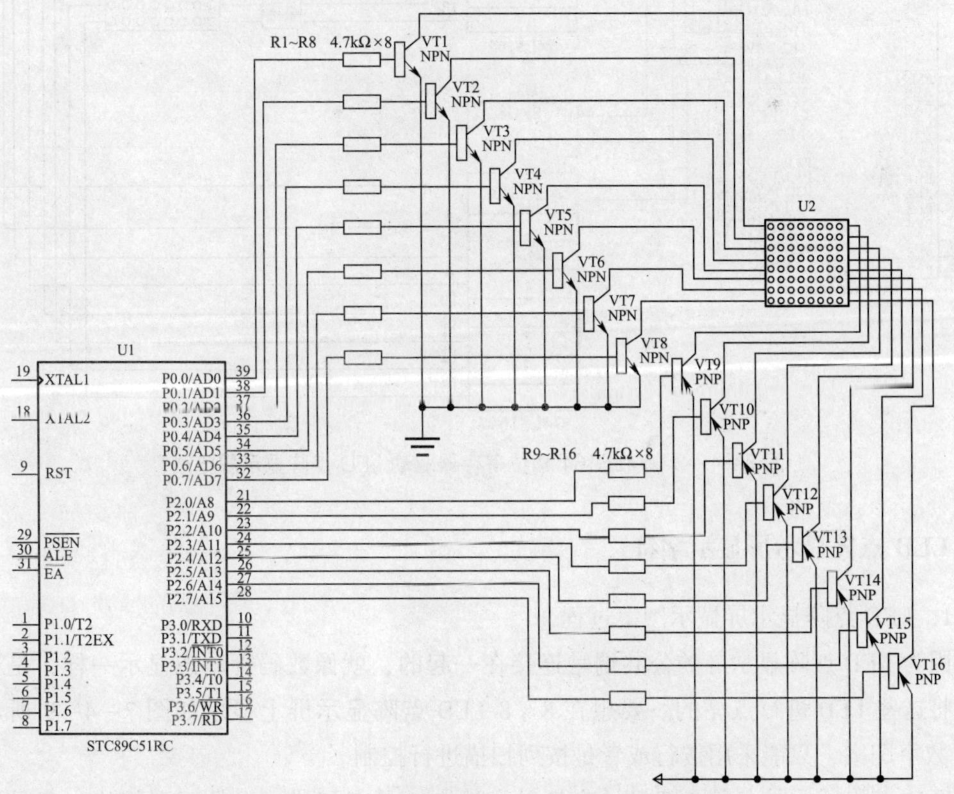

图 7—4—7　三极管驱动 LED 点阵显示屏电路

5．移位寄存器驱动 LED 点阵显示屏电路

移位寄存器中的数据可以在移位脉冲作用下依次逐位右移或左移，数据既可以并行输入、并行输出，也可以串行输入、串行输出，还可以并行输入、串行输出，或串行输入、并行输出，形式十分灵活，用途也很广。为节省 I/O 口资源，可利用移位寄存器串入并出功能，设计移位寄存器驱动 LED 点阵显示屏电路。如图 7—4—8 所示是采用 74LS164 移位寄存器驱动 LED 点阵显示屏电路，节省了单片机大量的 I/O 口资源。

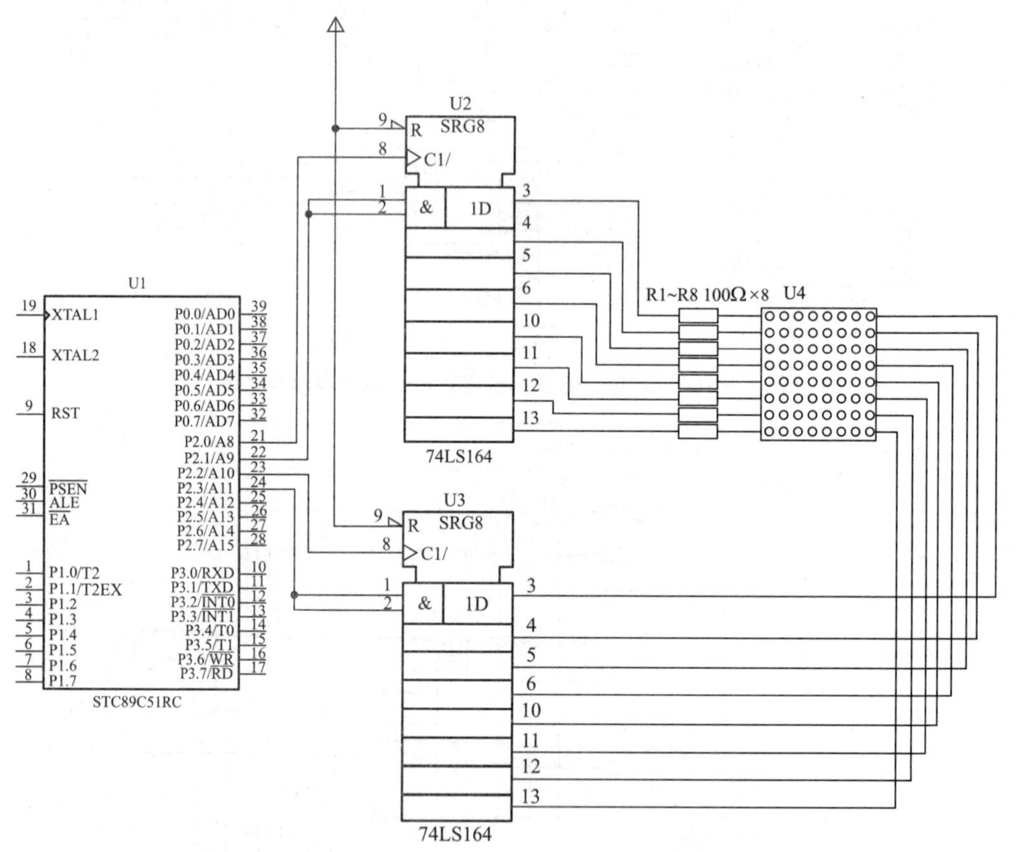

图 7—4—8　74LS164 移位寄存器驱动 LED 点阵显示屏电路

四、LED 点阵显示屏显示字符

1．LED 点阵显示屏显示图案过程

因为 LED 点阵显示屏的公共端是连接在一起的，就像数码管动态显示一样，是不能同时将这些 LED 进行点亮的。要想在 8 × 8 LED 点阵显示屏上显示如图 7—4—9 所示的“0”数字图案，只能采用按行或者是按列扫描进行控制。

LED 点阵显示屏点亮图案显示有三种方法：一是点扫描，二是逐列扫描，三是逐行扫描。只要扫描速度足够快，符合视觉暂留要求，如同动态扫描显示数码管一样，显示的

图案就不是闪烁的，即可显示一幅稳定完整的图案。

(1) 点扫描

就是从第1行第1列开始扫描，扫描到黑的图案位置就点亮发光二极管，直到第8行第8列为止完成一次图案扫描。其扫描频率大于 8 × 8 × 25 = 1 600 Hz，周期小于 0.625 ms 即可显示稳定的“0”图案。

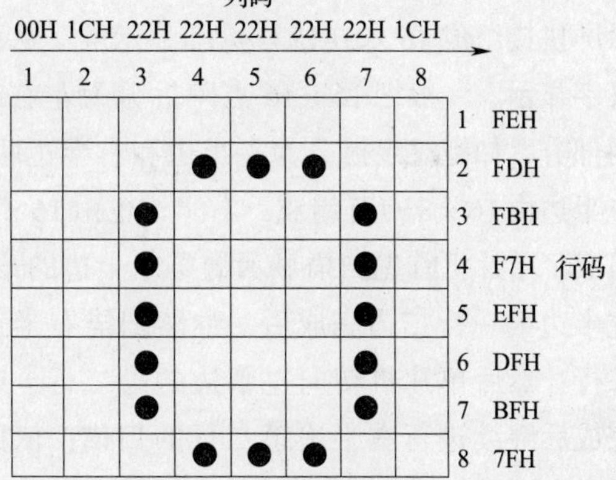

图7—4—9　数字“0”的8×8点阵图案

(2) 逐列扫描

单片机的一个 I/O 口输出列码决定哪一列能亮（相当于位码），另一个 I/O 口输出行码决定列上哪些 LED 能亮（相当于段码），能亮的列从左向右扫描完8列（相当于位码循环移位8次）即显示出一帧完整的图像。其频率大于 8 ×25 =200 Hz，周期小于5 ms 即可显示稳定的“0”图案。

(3) 逐行扫描

与逐列扫描调换，即 I/O 口输出列码转变为行码，行码转变为列码，扫描完8行显示出一帧图像。扫描频率同逐列扫描要求相同。

值得注意的是以上扫描周期若过小，LED 点亮时间过短，显示的点阵图案亮点会不足。

下面以逐行扫描显示字符“0”为例说明图案显示过程，点阵显示屏驱动电路设计单片机 P0 口接 LED 点阵显示屏列线，输出列码；P2 口接 LED 点阵显示屏行线，输出行码。由图7—4—9 所示数字“0”的8×8点阵图案可得，P0 口从第1行到第8行的输出列码分别为00H，1CH，22H，22H，22H，22H，22H，1CH。

送 P0 口第1行列码00H，同时 P2 口置第1行行码 FEH，第1行线为“0”，其他行线为“1”，显示第1行，延时2 ms 左右；

送 P0 口第2行列码1CH，同时 P2 口置第2行行码 FDH，第2行线为“0”，其他行线为“1”，显示第2行，延时2 ms 左右；

……

如此下去，直到送完第8行列码和第8行行码，显示完最后1行后，又从第1行第1列开始重复循环显示。当把扫描速度加快时，人的视觉停留看见的就是一个数字“0”了。

2. 点阵显示汉字

8×8点阵显示屏只有64个像素，可以较好地显示5×7点阵的 ASCII 码图文文字，而在实际应用中常用 UCDOS 国标汉字，它是16×16点阵256像素。因此，需要对8×8 LED

点阵显示屏进行扩展，采用 4 片 8×8 LED 点阵显示屏拼接组成 16×16 LED 点阵显示屏，从而实现汉字显示。一般把 16×16 点阵拆分为左右或上下两部分，如把汉字拆分为左半边和右半边两部分，左半边由 16×8 点阵组成，右半边也由 16×8 点阵组成。单片机首先扫描显示的是左半边的第一行，左半边第一行扫描完成后，继续扫描右半边的第一行；然后单片机转向左半边的第二行，这一行完成后继续进行右半边第二行的扫描；依照这个方法继续进行下一行的扫描，一共扫描 16 行的 32 个 8 位汉字代码，就可以显示一帧的汉字。只要扫描速度符合视觉暂留要求，就能显示稳定不闪烁的汉字。按此方法，图 7—4—10 中显示汉字“大”的行扫描代码为：

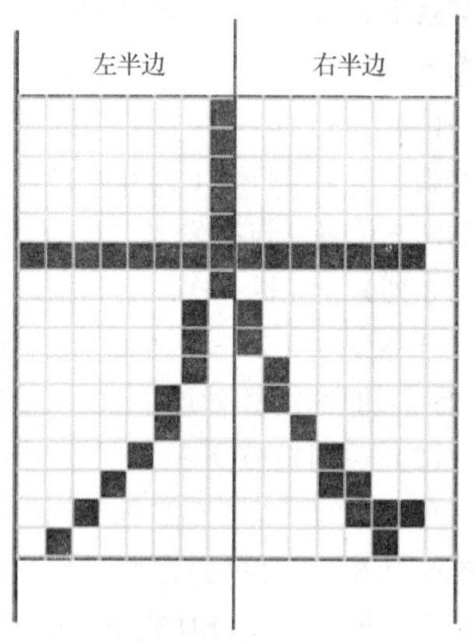

图 7—4—10 “大”字扫描编码图形

```
DB  01H, 00H, 01H, 00H, 01H, 00H, 01H, 00H     ; 第 1～4 行列码
DB  01H, 00H, 0FFH, 0FEH, 01H, 00H, 02H, 80H   ; 第 5～8 行列码
DB  02H, 80H, 02H, 40H, 04H, 40H, 04H, 20H     ; 第 9～12 行列码
DB  08H, 10H, 10H, 18H, 20H, 0EH, 40H, 04H     ; 第 13～16 行列码
```

由这个原理可以看出，无论显示何种字体或图像，都可以用这个方法来分析出它的扫描代码从而显示在点阵显示屏上。

3. 点阵取模软件

市面上有很多字模提取软件，一般无须自己去画表格算代码，如 Zimo21 软件。下面以 Zimo21 软件为例介绍如何使用软件提取点阵字模。

（1）打开软件，选择“参数设置”选项，单击“文字输入区字体选择”图标，可设定不同的字体、字形以及大小和效果，一般字体大小选小四号字，生成 16×16 点阵字符，设置后按“确定”按钮，如图 7—4—11 所示。

（2）单击“其他选项”图标，可以设置取模的方式、字节的顺序等，一般采用默认设置即可，单击“确定”按钮返回，如图 7—4—12 所示。

（3）在文字输入区输入所需要的文字，按【Ctrl】+【Enter】键，点阵文字图像就会显示在界面上，如图 7—4—13 所示。

（4）切换到“取模方式”选项，这里有两种取模方式，如果用 C 语言编程就选用 C51 格式，如果用汇编语言编程就选用 A51 格式，即可在点阵生成区生成所需的字模。如图 7—4—14 所示为以 A51 格式形成的字模。

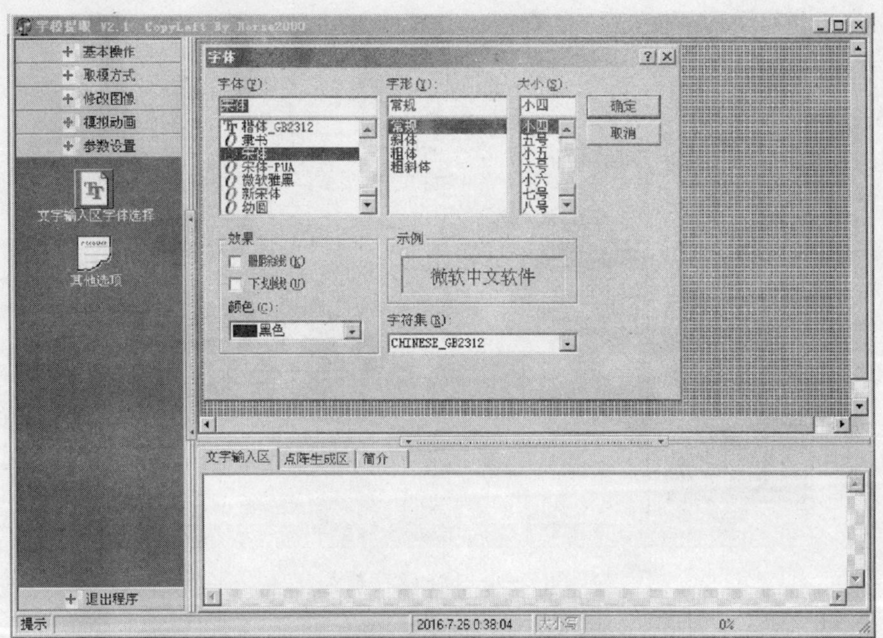

图 7—4—11　参数设置

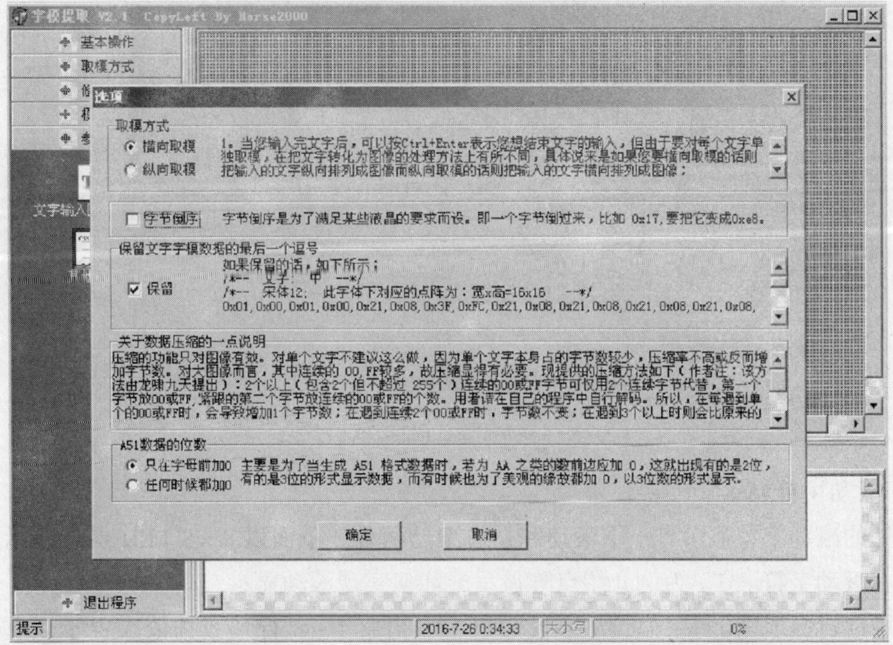

图 7—4—12　取模方式设置

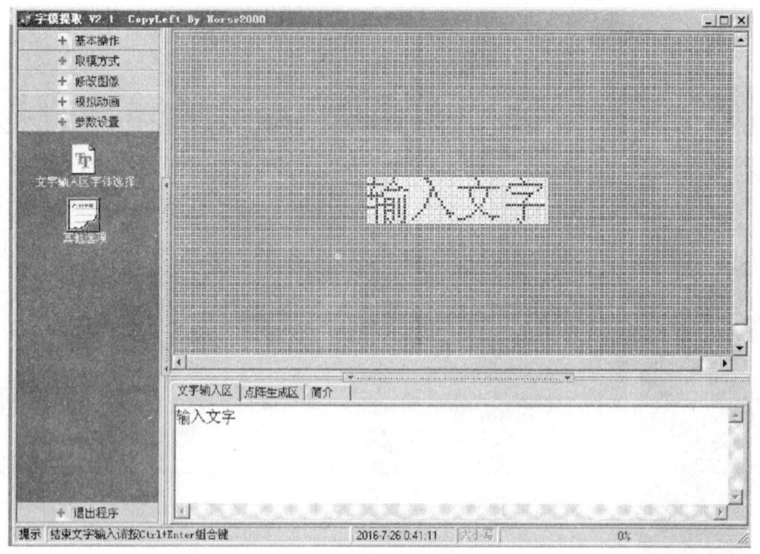

图 7—4—13　文字输入

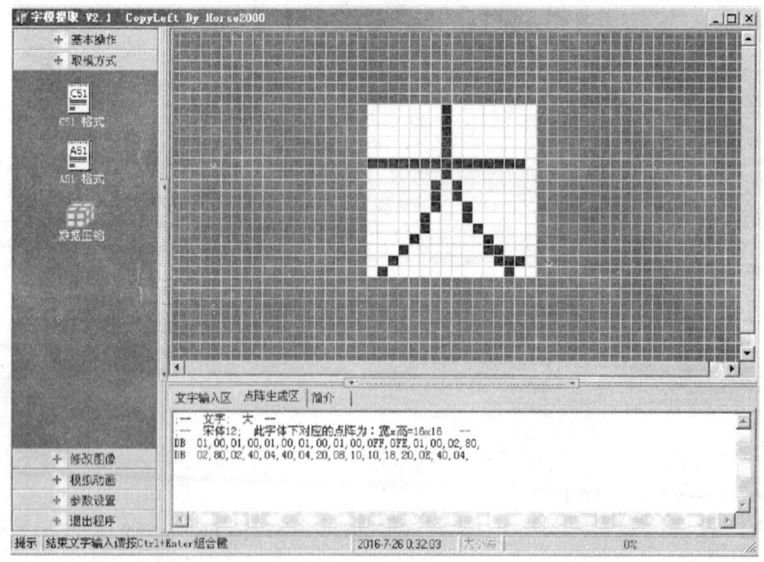

图 7—4—14　点阵生成取模数据

4. 滚动字符显示

常见的滚动字符显示有上下滚动和左右滚动两种，下面以 8 × 8 LED 点阵显示屏显示上下左右滚动字符“0”为例介绍点阵显示屏如何实现滚动显示。

采用逐行提取“0”字模，从字模数组中取出第 1 ~ 8 行列数据依次置于列上，行扫描顺序为第 1 ~ 8 行，显示第一帧；然后取第 2 ~ 9 行列数据，行扫描顺序仍为第 1 ~ 8 行，显示第二帧；……如此逐行扫描多帧循环显示就能实现滚动向上移动。要实现从下向上的滚动显示效果，需要 8 帧显示，如图 7—4—15 所示。如果需要滚动显示 10 个字符就需要显示 80 帧，如果把每一帧的字形码全部列出，就需要 80 帧 ×8 个字形码。只要改变帧与帧之间的间隔时间，就可以改变移动速度。如果将上述的行扫描顺序改动一下方向，第一帧显示不变，第二帧将数据向前移动 1 行开始扫描，移出屏幕的第 8 行列数据移动到第 1 行，第 1 行列数据移动到第 2 行，一直依次移动到第 8 行，显示第二帧图形，……如此依次重复移动，也就达到了向下滚动移动字符的效果。

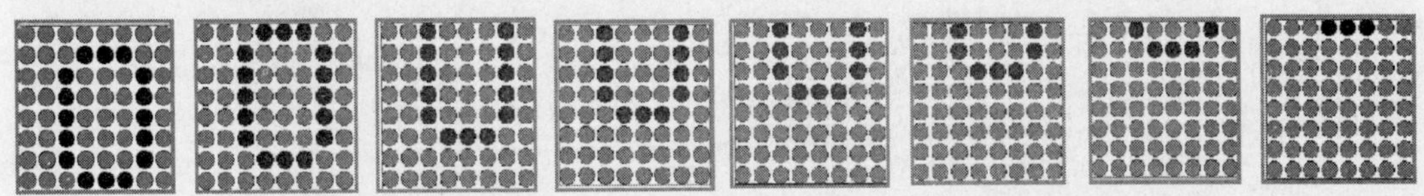

图 7—4—15　8 ×8 LED 点阵显示屏滚动向上显示“0”前 8 帧显示图形

采用逐行扫描方式，每行列码向右循环移动 1 位，可以实现滚动右移效果，具体扫描如下：

扫描第 1 行时，第 1 行列码循环右移 1 位。

扫描第 2 行时，第 2 行列码循环右移 1 位。

……

扫描第 8 行时，第 8 行列码循环右移 1 位。

如此重复扫描第 1 ~ 8 行显示多帧图形，也就达到了向右滚动显示字符的效果。

如果字符“0”按列提取字模，将扫描方式改为列扫描，那么左右滚动显示也就更加容易实现了。

五、8 ×8 LED 点阵显示屏显示示例

单片机 P0 口输出 LED 点阵显示屏列码，P2 口控制 LED 点阵显示屏行扫描行码，为了达到向上滚动显示“0 ~ 9”移入移出的效果，在“0 ~ 9”字模数组前面和后面各加 1 字节的清零数组。数字“0 ~ 9”向上滚动显示主程序流程图如图 7—4—16 所示，源程序如下：

```
/***************************************************************
*程序名：基于汇编语言的 51 单片机向上滚动显示“0 ~ 9”程序设计
***************************************************************/
；符号名定义
          TCNT EQU 30H               ；定时器 T0 计数值变量
          CNT0  EQU 31H              ；数组指针偏移变量
          ORG 0000H
```

```
        AJMP START
        ORG 000BH              ; 定时器 T0 溢出中断矢量地址
        LJMP INT_T0
; ******************************** 主程序 **********************************
ORG     0100H
START:  MOV SP, #60H
        MOV TCNT, #0
        MOV TMOD, #01H        ; 定时器 T0 初始化
        MOV TH0, # (65536 -50000) /256
        MOV TL0, # (65536 -50000) MOD 256
        SETB ET0
        SETB EA
        SETB TR0
        MOV CNT0, #0          ; 列码数组指针偏移变量清零
DISP1:  MOV DPTR, #TABLE      ; 指向列码数组指针首地址
        MOV R1, #0FEH         ; 从第 1 行开始扫描
        MOV R2, #08           ; 扫描次数
DISP2:  MOV A, CNT0           ; 取出当前行列码数组指针地址偏移量
        MOVC A, @ A + DPTR
        MOV P0, A             ; P0 送当前行显示数字列码
        MOV P2, R1            ; P2 送行扫描行码，显示当前行
        MOV R7, #2            ; 延时 2 ms
        LCALL DELAY
        MOV P0, #0            ; 消隐
        INC DPTR              ; 指向下一行列码地址，P0 准备送下一行列码
        MOV A, R1             ; 行码左移，准备扫描下一行
        RL A
        MOV R1, A
        DJNZ R2, DISP2
        AJMP DISP1
; *** 定时器中断服务子程序（每 5 ms 中断一次），0.1 s 循环移动显示
INT_T0: PUSH ACC
        MOV TH0, # (65536 -5000) /256   ; 重装定时器 T0 初值
```

```
        MOV TL0, # (65536 -5000) MOD 256
        INC TCNT
        MOV A, TCNT
        CJNE A, #20, RETUNE   ；定时0.1 s
        MOV TCNT, #0
        INC CNT0
        MOV R3, CNT0
        CJNE R3, #88, RETUNE   ；"0 ~9" 数字数组扫描完毕后重新循环开始
        MOV CNT0, #0
RETUNE:   POP ACC
        RETI
；******* 带参数的延时子程序 *******
DELAY:   MOV R6, #5
DE1:     MOV R5, #100
        DJNZ R5, $
        DJNZ R6, DE1
        DJNZ R7, DELAY
        RET
；***** "0 ~9" 数字逐行取模列码数组 ****
TABLE:   DB 00H, 00H, 00H, 00H, 00H, 00H, 00H, 00H  ；清屏
        DB 00H, 1CH, 22H, 22H, 22H, 22H, 22H, 1CH  ；"0"
        DB 00H, 08H, 18H, 08H, 08H, 08H, 08H, 1CH  ；"1"
        DB 00H, 1CH, 22H, 02H, 02H, 3CH, 20H, 3EH  ；"2"
        DB 00H, 1CH, 22H, 02H, 1CH, 02H, 22H, 1CH  ；"3"
        DB 00H, 04H, 0CH, 14H, 24H, 3EH, 04H, 04H  ；"4"
        DB 00H, 3EH, 20H, 3EH, 02H, 22H, 22H, 1CH  ；"5"
        DB 00H, 1CH, 22H, 20H, 3CH, 22H, 22H, 1CH  ；"6"
        DB 00H, 3CH, 04H, 04H, 08H, 08H, 08H, 08H  ；"7"
        DB 00H, 1CH, 22H, 22H, 1CH, 22H, 22H, 1CH  ；"8"
        DB 00H, 1CH, 22H, 22H, 1CH, 02H, 22H, 1CH  ；"9"
        DB 00H, 00H, 00H, 00H, 00H, 00H, 00H, 00H  ；清屏
        END
```

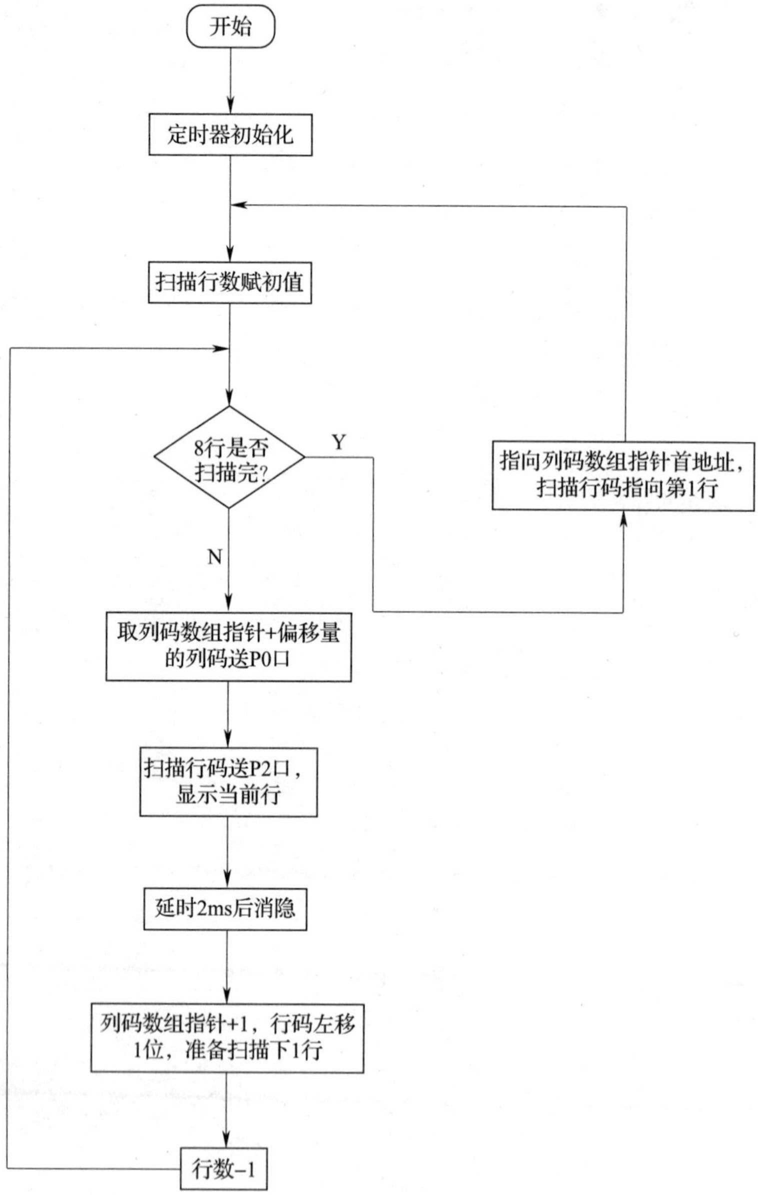

开始

定时器初始化

扫描行数赋初值

8行是否扫描完?

Y

指向列码数组指针首地址，扫描行码指向第1行

N

取列码数组指针+偏移量的列码送P0口

扫描行码送P2口，显示当前行

延时2ms后消隐

列码数组指针+1，行码左移1位，准备扫描下1行

行数–1

图 7—4—16　数字“0 ~9”向上滚动显示主程序流程图

任务实施

一、16 ×16 LED 点阵显示屏硬件电路设计

汉字显示需要 16 ×16 LED 点阵显示屏，电路设计上采用 4 个 8 ×8 LED 点阵显示屏拼

接组成16×16 LED点阵显示屏，为增加驱动能力，实现“欢迎”汉字左右移入移出效果，设计采用列扫描方式，选用4－16译码器作为列驱动电路，选用锁存器作为行驱动电路，单片机采用STC89C51RC。电路设计将拼成的16×16 LED点阵显示屏的左半部分的两个8×8 LED点阵显示屏的列引脚一一对应相连接，作为列扫描的第1~8列引脚，右半部分的另两个8×8 LED点阵显示屏的列引脚也一一对应连接，作为列扫描的第9~16列引脚，单片机的P2口通过译码器和第1~16列扫描引脚相连接。16×16 LED点阵显示屏的上半部分的两个8×8 LED点阵显示屏的行引脚一一对应连接，作为列扫描的第1~8行引脚，下半部分的两个8×8 LED点阵显示屏的行引脚也一一对应连接，作为列扫描的第9~16行引脚，P0口通过两个锁存器和第1~16行引脚相连接。16×16 LED点阵显示屏显示汉字电路如图7—4—17所示。

二、16×16 LED点阵显示屏显示移动汉字程序设计

1. 16×16 LED点阵显示屏显示移动汉字设计思路

根据任务设计要求，LED点阵显示屏左右滚动显示“欢迎”两字，程序设计上采用列扫描方式实现左右滚动。首先逐列提取“欢迎”字模数组，前后添加清屏数组信号。扫描从第1列开始，从字模数组中取出上半部分的第1列1~8行行码送到P0口，通过1~8行的锁存器保存并送到上半部分8×8 LED点阵显示屏的1~8行行线上。然后再取出下半部分的第1列9~16行行码送到P0口，再通过9~16行的锁存器保存并送到下半部分的8×8 LED点阵显示屏的9~16行行线上。第1列扫描信号送到P2口，显示第1列，延时2 ms后消隐。接下来，扫描第2列，从字模数组中取出上半部分的第2列1~8行行码送到P0口，锁存后送到上半部分1~8行行线上。然后再取出下半部分的第2列9~16行行码送到P0口，锁存后送到下半部分9~16行行线上。第2列扫描信号送到P2口，显示第2列，延时2 ms后消隐……

如此扫描直到第16列就形成了1帧汉字画面，重复以上扫描将显示稳定的汉字画面。定时器定时0.5 s后，字模数组地址偏移变量加2，16×16 LED点阵显示屏扫描第1列行码数组地址自动加2变为扫描第2列行码数据，第2列以同样方式扫描第3列行码数据，依次扫描完16列的1帧汉字画面，相当于汉字向左移动1格。定时器再过0.5 s后，显示的1帧画面又向左移动1格，依次移动1格直到所有汉字移出16×16 LED点阵显示屏外，再从头开始移入汉字，从而形成了“欢迎”汉字左移入右移出的效果。

2. 16×16 LED点阵显示屏显示移动汉字程序流程图

主程序流程图如图7—4—18所示。定时器T0中断服务子程序流程图如图7—4—19所示。

3. 16×16 LED点阵显示屏显示移动汉字参考程序

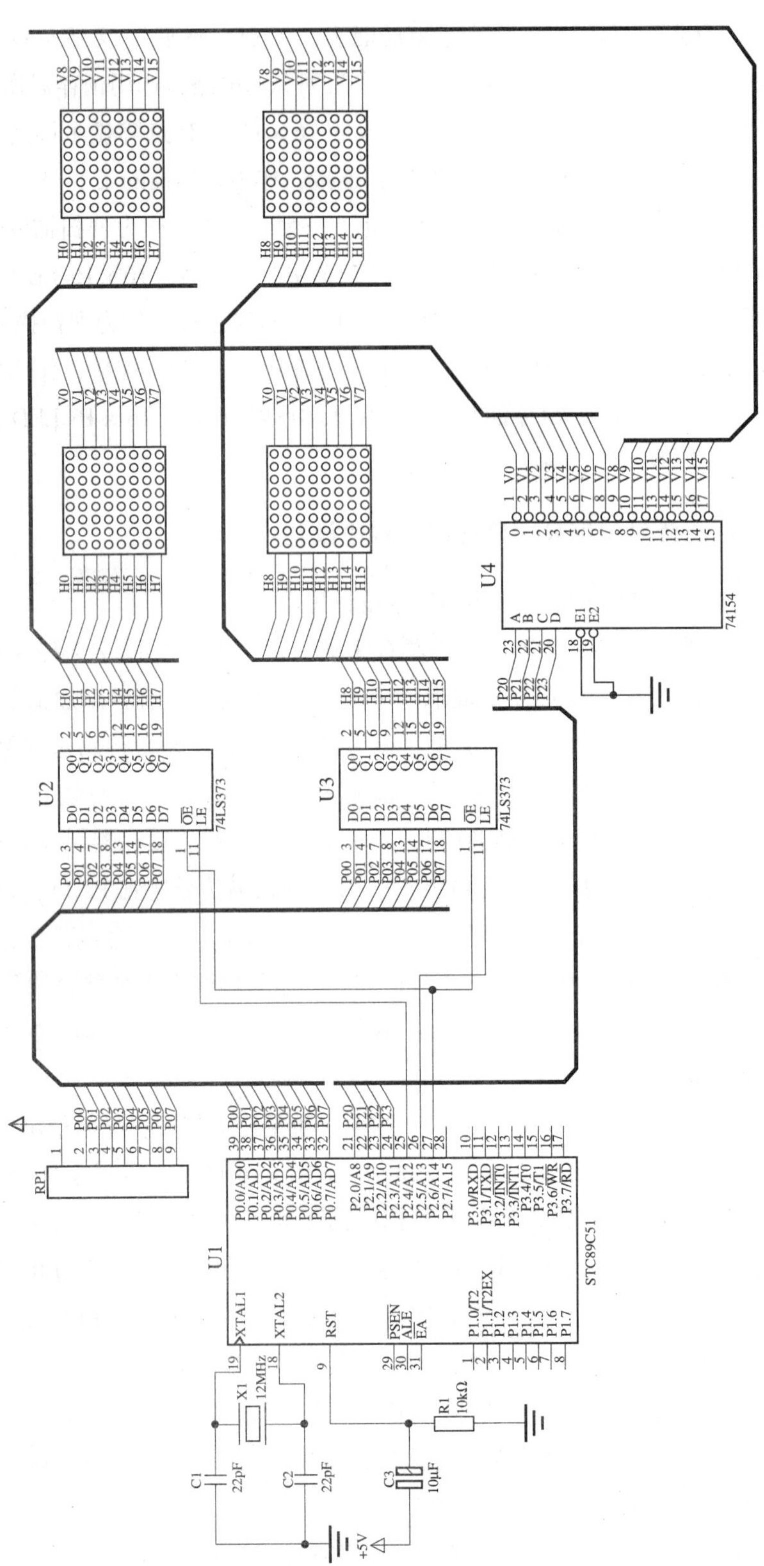

图 7—4—17　16×16 LED 点阵显示屏显示汉字电路

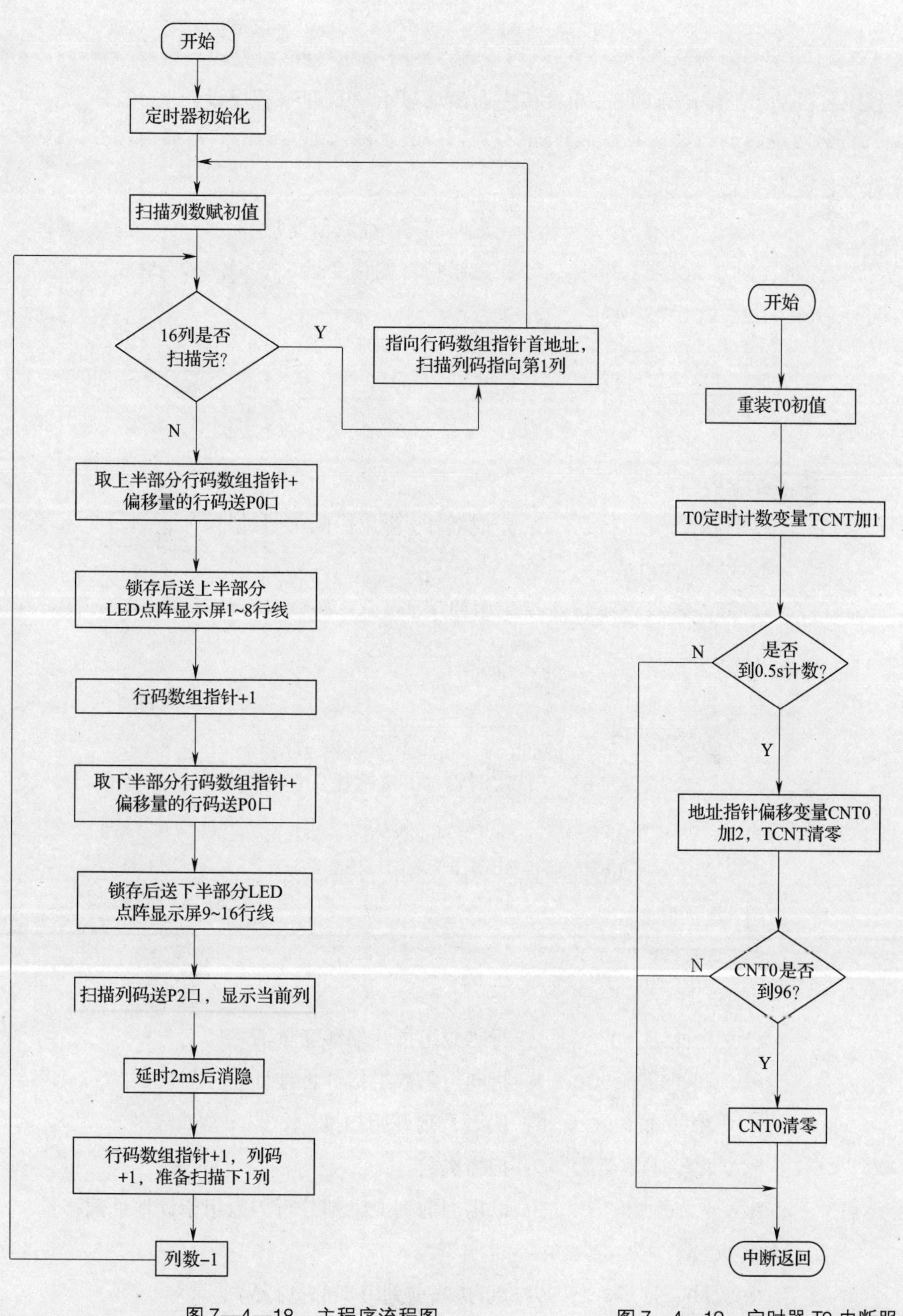

图 7—4—18　主程序流程图

图 7—4—19　定时器 T0 中断服务子程序流程图

```
/*****************************************************************************
* 程序名：基于汇编语言的51单片机左右滚动显示“欢迎”程序设计
*****************************************************************************/
；符号名定义
          TCNT EQU 30H          ；定时器T0计数值变量
          CNT0 EQU 31H          ；数组指针偏移变量
          LE1 EQU P2.4
          LE2 EQU P2.5
          OE EQU P2.6
          ORG 0000H
          AJMP START
          ORG 000BH           ；定时器T0溢出中断矢量地址
          LJMP INT_T0
；******************************** 主程序 ********************************
ORG       0100H
START:    MOV SP, #60H
          MOV TCNT, #0
          MOV TMOD, #01H      ；定时器T0初始化
          MOV TH0, #(65536-50000)/256
          MOV TL0, #(65536-50000) MOD 256
          SETB ET0
          SETB EA
          SETB TR0
          MOV CNT0, #0        ；行码数组指针偏移变量清零
DISP1:    MOV DPTR, #TABLE    ；指向行码数组指针首地址
          MOV R1, #0          ；从第1列开始扫描
          MOV R2, #16         ；扫描次数
DISP2:    MOV A, CNT0         ；取出当前列上半部分行码数组指针地址偏移量
          MOVC A, @A+DPTR
          MOV P0, A           ；P0送当前列上半部分行码
          CLR OE
```

```
          SETB LE1
          NOP
          NOP
          CLR LE1              ；锁存上半部分行码
          MOV A，CNT0
          INC DPTR
          MOVC A，@ A + DPTR   ；P0 送当前列下半部分行码
          MOV P0，A
          SETB LE2
          NOP
          NOP
          CLR LE2              ；锁存下半部分行码
          MOV P2，R1           ；P2 送列扫描列码，显示当前列
          MOV R7，#2           ；延时 2 ms
          LCALL DELAY
          SETB OE              ；锁存器输出高阻行码，消隐
          INC DPTR             ；指向下一列行码地址，准备送下一列行码
          INC R1               ；列码加 1，准备扫描下一列
          DJNZ R2，DISP2
          AJMP DISP1
；*** 定时器中断服务子程序（每 5 ms 中断一次），0.5 s 循环移动显示 ***
INT_T0：  PUSH ACC
          MOV TH0，#（65536 -5000）/256     ；重装定时器 T0 初值
          MOV TL0，#（65536 -5000）MOD 256
          INC TCNT
          MOV A，TCNT
          CJNE A，#50，RETUNE      ；定时 0.5s
          MOV TCNT，#0
          INC CNT0                    ；地址偏移量 +2，指向下一列行码地址
          INC CNT0
          MOV R3，CNT0
          CJNE R3，#96，RETUNE     ；“欢迎”汉字数组扫描完毕后重新循环开始
```

```
            MOV CNT0，#0
RETUNE:     POP ACC
            RETI
；******* 带参数的延时子程序 *******
DELAY:      MOV R6，#5
DE1:        MOV R5，#100
            DJNZ R5， $
            DJNZ R6，DE1
            DJNZ R7，DELAY
            RET
；***** "欢迎"汉字纵向取模行码数组 ****
TABLE:      DB 00H，00H，00H，00H，00H，00H，00H，00H  ；清屏
            DB 00H，00H，00H，00H，00H，00H，00H，00H
            DB 00H，00H，00H，00H，00H，00H，00H，00H
            DB 00H，00H，00H，00H，00H，00H，00H，00H

            DB 14H，20H，24H，10H，44H，4CH，84H，43H  ；"欢"
            DB 64H，43H，1CH，2CH，20H，20H，18H，10H
            DB 0FH，0CH，0E8H，03H，08H，06H，08H，18H
            DB 28H，30H，18H，60H，08H，20H，00H，00H

            DB 40H，40H，41H，20H，0CEH，1FH，04H，20H；"迎"
            DB 00H，40H，0FCH，47H，04H，42H，02H，41H
            DB 02H，40H，0FCH，5FH，04H，40H，04H，42H
            DB 04H，44H，0FCH，43H，00H，40H，00H，00H

            DB 00H，00H，00H，00H，00H，00H，00H，00H  ；清屏
            DB 00H，00H，00H，00H，00H，00H，00H，00H
            DB 00H，00H，00H，00H，00H，00H，00H，00H
            DB 00H，00H，00H，00H，00H，00H，00H，00H
            END
```

三、程序编译与仿真

程序编写完成后，用 Keil 编译软件进行编译生成 hex 文件。在 Proteus 仿真软件中按图 7—4—17 所示电路图绘制硬件电路（仿真时，单片机 STC89C51RC 用 AT89C51 代替），并将 hex 文件载入单片机中进行仿真运行，观察单片机运行结果，检验程序和电路设计是否达到设计的要求。图 7—4—20 所示为点阵汉字显示仿真效果图。

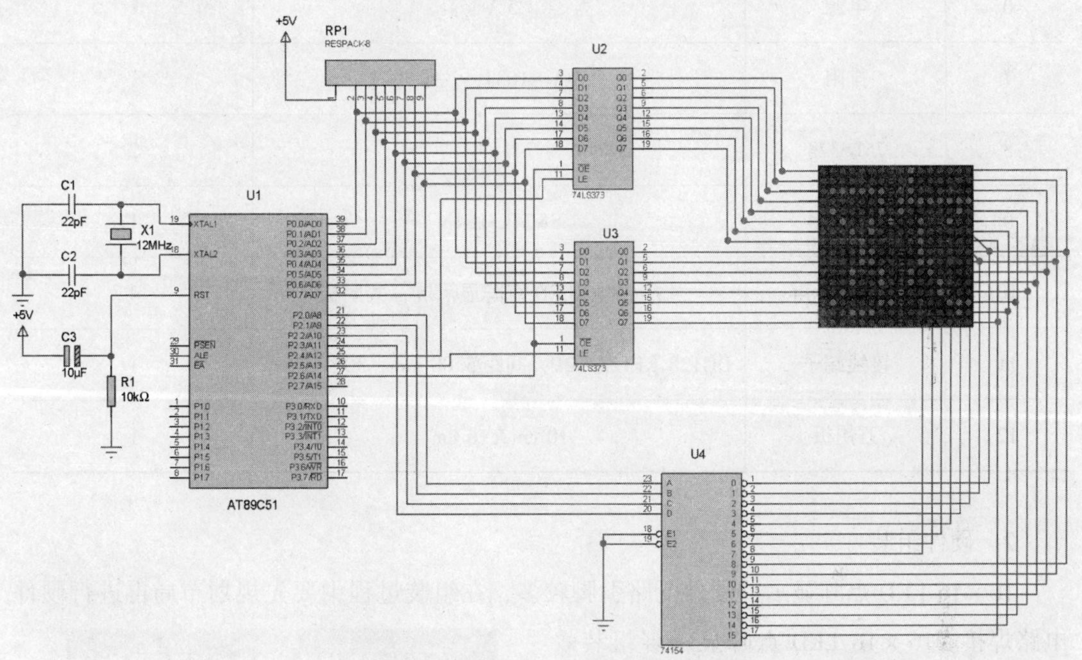

图 7—4—20　点阵汉字显示仿真效果图

四、硬件组装和测试（选做）

1．元器件清单

组装 16×16 LED 点阵显示屏所需元器件清单见表 7—4—1。

表 7—4—1　　组装 16×16 LED 点阵显示屏所需元器件清单

序号	元器件名称	规格型号	数量
1	单片机	STC89C51RC	1
2	瓷片电容	22 pF	2
3	电解电容	10 μF，16 V	1

续表

序号	元器件名称	规格型号	数量
4	电阻	10 kΩ，1/4 W	1
5	晶振	12 MHz	1
6	电源	5 V	1
7	排阻	9A－103J，9 脚	1
8	75LS373	SN74LS373N	2
9	74LS154	SN74LS154N	1
10	点阵显示屏	3 mm 8×8LED 点阵显示屏，共阴极	4
11	接线端子	DG128 KF128－2P，间距 5.08 mm，300V/10A	1
12	万用板	10 cm×16 cm	1

2．硬件组装

16×16 LED 点阵显示屏硬件电路引脚较多，在组装过程中要先规划布局再进行硬件电路焊接。16×16 LED 点阵显示屏组装效果图如图 7—4—21 所示。

图 7—4—21　16×16 LED 点阵显示屏组装效果图

3．程序烧录下载

将汇编语言源程序经过 Keil 编译软件编译生成的 hex 文件通过数据线下载到 STC89C51RC 单片机中。

4．功能测试

将已下载 hex 文件数据的 STC89C51RC 单片机芯片插装到 IC 座上，打开电源，查看点阵是否正常显示字符，如果显示不正常需查看点阵方向是否正确或电路有无虚焊等。

职业能力培养

在指导教师帮助下，通过小组合作等方式，根据项目任务要求撰写项目设计报告（参考图 7—1—7），要求条理清楚、重点突出、结构合理。

任务评价

根据任务考核评分表（见表 7—1—2）进行任务评价。

附录 MCS－51 系列单片机指令表

附表 1　　算术运算指令（共 24 条）

助记符	功能	对标志位影响				字节数	周期数
		P	OV	AC	CY		
ADD A，Rn	(A)+(Rn)→A	√	√	√	√	1	1
ADD A，direct	(A)+(direct)→A	√	√	√	√	2	1
ADD A，@Ri	(A)+((Ri))→A	√	√	√	√	1	1
ADD A，#data	(A)+data →A	√	√	√	√	2	1
ADDC A，Rn	(A)+(Rn)+CY →A	√	√	√	√	1	1
ADDC A，direct	(A)+(direct)+CY →A	√	√	√	√	2	1
ADDC A，@Ri	(A)+((Ri))+CY →A	√	√	√	√	1	1
ADDC A，#data	(A)+data +CY →A	√	√	√	√	2	1
SUBB A，Rn	(A)-(Rn)-CY →A	√	√	√	√	1	1
SUBB A，direct	(A)-(direct)-CY →A	√	√	√	√	2	1
SUBB A，@Ri	(A)-((Ri))-CY →A	√	√	√	√	1	1
SUBB A，#data	(A)-data-CY →A	√	√	√	√	2	1
INC A	(A)+1 →A	√	√	√	√	1	1
INC Rn	(Rn)+1→Rn	×	×	×	×	1	1
INC direct	(direct)+1 →direct	×	×	×	×	2	1
INC @Ri	((Ri))+1 →(Ri)	×	×	×	×	1	1
INC DPTR	(DPTR)+1 →DPTR	×	×	×	×	1	2
DEC A	(A)-1 →A	√	√	√	√	1	1
DEC Rn	(Rn)-1→Rn	×	×	×	×	1	1
DEC direct	(direct)-1 →direct	×	×	×	×	2	1
DEC @Ri	((Ri))-1 →(Ri)	×	×	×	×	1	1
MUL AB	(A)·(B)→AB	√	√	√	√	1	4
DIV AB	(A)/(B)→AB	√	√	√	√	1	4
DA A	对 A 进行十进制调整	√	√	√	√	1	1

注：表格中“√”表示执行该指令时对标志位有影响，“×”表示没有影响，下同。

附表2　　逻辑运算指令（共25条）

助记符	功能	对标志位影响				字节数	周期数
		P	OV	AC	CY		
ANL A，Rn	(A)∧(Rn)→A	√	×	×	×	1	1
ANL A，direct	(A)∧(direct)→A	√	×	×	×	2	1
ANL A，@Ri	(A)∧((Ri))→A	√	×	×	×	1	1
ANL A，#data	(A)∧data→A	√	×	×	×	2	1
ANL direct，A	(direct)∧(A)→direct	×	×	×	×	2	1
ANL direct，#data	(direct)∧data→direct	×	×	×	×	3	2
ORL A，Rn	(A)∨(Rn)→A	√	×	×	×	1	1
ORL A，direct	(A)∨(direct)→A	√	×	×	×	2	1
ORL A，@Ri	(A)∨((Ri))→A	√	×	×	×	1	1
ORL A，#data	(A)∨data→A	√	×	×	×	2	1
ORL direct，A	(direct)∨(A)→direct	×	×	×	×	2	1
ORL direct，#data	(direct)∨data→direct	×	×	×	×	3	2
XRL A，Rn	(A)⊕(Rn)→A	√	×	×	×	1	1
XRL A，direct	(A)⊕(direct)→A	√	×	×	×	2	1
XRL A，@Ri	(A)⊕((Ri))→A	√	×	×	×	1	1
XRL A，#data	(A)⊕data→A	√	×	×	×	2	1
XRL direct，A	(direct)⊕(A)→direct	×	×	×	×	2	1
XRL direct，#data	(direct)⊕data→direct	×	×	×	×	3	2
CLR A	0→A	√	×	×	×	1	1
CPL A	$\overline{(A)}$→A	√	×	×	×	1	1
RL A	A循环左移一位	×	×	×	×	1	1
RLC A	A带进位循环左移一位	√	×	×	√	1	1
RR A	A循环右移一位	×	×	×	×	1	1
RRC A	A带进位循环右移一位	√	×	×	√	1	1
SWAP A	A半字节交换	×	×	×	×	1	1

附表 3　　数据传送指令（共 28 条）

助记符	功能	对标志位影响				字节数	周期数
		P	OV	AC	CY		
MOV A，Rn	(Rn)→A	√	×	×	×	1	1
MOV A，direct	(direct)→A	√	×	×	×	2	1
MOV A，@Ri	((Ri))→A	√	×	×	×	1	1
MOV A，#data	data →A	√	×	×	×	2	1
MOV Rn，A	(A)→Rn	×	×	×	×	1	1
MOV Rn，direct	(direct)→Rn	×	×	×	×	2	2
MOV Rn，#data	data→Rn	×	×	×	×	2	1
MOV direct，A	(A)→direct	×	×	×	×	2	1
MOV direct，Rn	(Rn)→direct	×	×	×	×	2	2
MOV direct1，direct2	(direct2) →direct1	×	×	×	×	3	2
MOV direct，@Ri	((Ri))→direct	×	×	×	×	2	2
MOV direct，#data	data→direct	×	×	×	×	3	2
MOV @Ri，A	(A)→(Ri)	×	×	×	×	1	1
MOV @Ri，direct	(direct)→(Ri)	×	×	×	×	2	2
MOV @Ri，#data	data→(Ri)	×	×	×	×	2	1
MOV DPTR，#data16	data16→DPTR	×	×	×	×	3	1
MOVC A，@A+DPTR	((A)+(DPTR))→A	√	×	×	×	1	2
MOVC A，@A+PC	((A)+(PC))→A	√	×	×	×	1	2
MOVX A，@Ri	((Ri)) →A	√	×	×	×	1	2
MOVX A，@DPTR	((DPTR)) →A	√	×	×	×	1	2
MOVX @Ri，A	(A)→(Ri)	×	×	×	×	1	2
MOVX @DPTR，A	(A)→(DPTR)	×	×	×	×	1	2
PUSH direct	(SP)+1→SP，(direct)→SP	×	×	×	×	2	2
POP direct	(SP)→direct，(SP)-1→SP	×	×	×	×	2	2
XCH A，Rn	(A)←→(Rn)	√	×	×	×	1	1
XCH A，direct	(A)←→(direct)	√	×	×	×	2	1
XCH A，@Ri	(A)←→((Ri))	√	×	×	×	1	1
XCHD A，@Ri	$(A)_{0\sim3}$←→$((Ri))_{0\sim3}$	√	×	×	×	1	1

附表 4 位操作指令（共 12 条）

助记符	功能	对标志位影响				字节数	周期数
		P	OV	AC	CY		
CLR C	0→CY	×	×	×	√	1	1
CLR bit	0→bit	×	×	×	×	2	1
SETB C	1→CY	×	×	×	√	1	1
SETB bit	1→bit	×	×	×	×	2	1
CPL C	$\overline{(CY)}$→CY	×	×	×	√	1	1
CPL bit	$\overline{(bit)}$→bit	×	×	×	×	2	1
ANL C，bit	(CY)∧(bit)→CY	×	×	×	√	2	2
ANL C，/bit	(CY)∧$\overline{(bit)}$→CY	×	×	×	√	2	2
ORL C，bit	(CY)∨(bit)→CY	×	×	×	√	2	2
ORL C，/bit	(CY)∨$\overline{(bit)}$→CY	×	×	×	√	2	2
MOV C，bit	(bit)→CY	×	×	×	√	2	1
MOV bit，C	(CY)→bit	×	×	×	×	2	1

附表 5 控制转移指令（共 22 条）

助记符	功能	对标志位影响				字节数	周期数
		P	OV	AC	CY		
ACALL addr11	(PC)+2→PC (SP)+1→SP addr11→$PC_{10\sim0}$	×	×	×	×	2	2
LCALL addr16	(PC)+2→PC (SP)+1→SP addr16→PC	×	×	×	×	3	2
RET	((SP))→PCH (SP)－1→SP ((SP))→PCL (SP)－1→SP	×	×	×	×	1	2
RETI	((SP))→PCH (SP)－1→SP ((SP))→PCL (SP)－1→SP 从中断返回	×	×	×	×	1	2
AJMP addr11	addr11→$PC_{10\sim0}$	×	×	×	×	2	2
LJMP addr16	addr16→PC	×	×	×	×	3	2
SJMP rel	(PC)+(rel)→PC	×	×	×	×	2	2
JMP @A+DPTR	(A)+(DPTR)→PC	×	×	×	×	1	2

续表

助记符	功能	对标志位影响				字节数	周期数
		P	OV	AC	CY		
JZ rel	(PC)+2→PC 若（A）=0，(PC)+(rel)→PC	×	×	×	×	2	2
JNZ rel	(PC)+2→PC 若（A）≠0，(PC)+(rel)→PC	×	×	×	×	2	2
JC rel	(PC)+2→PC 若（CY）=1，(PC)+(rel)→PC	×	×	×	×	2	2
JNC rel	(PC)+2→PC 若（CY）=0，(PC)+(rel)→PC	×	×	×	×	2	2
JB bit，rel	(PC)+3→PC 若（bit）=1，(PC)+(rel)→PC	×	×	×	×	3	2
JNB bit，rel	(PC)+3→PC 若（bit）≠1，(PC)+(rel)→PC	×	×	×	×	3	2
JBC bit，rel	(PC)+3→PC 若（bit）=1，0→bit，（PC）+(rel)→PC	×	×	×	×	3	2
CJNE A，direct，rel	若(A)=(direct)，则（PC)+3→PC 若（A）>(direct)，则（PC）+3+rel→PC，且0→CY 若（A）<(direct)，则（PC）+3+rel→PC，且1→CY	×	×	×	√	3	2
CJNE A，#data，rel	若（A）= data，则（PC）+3→PC 若（A）>data，则（PC）+3+rel→PC，且0→CY 若（A）< data，则（PC）+3+rel→PC，且1→CY	×	×	×	√	3	2
CJNE Rn，#data，rel	若（Rn）= data，则（PC）+3→PC 若（Rn）>data，则（PC）+3+rel→PC，且0→CY 若（Rn）< data，则（PC）+3+rel→PC，且1→CY	×	×	×	√	3	2

续表

助记符	功能	对标志位影响				字节数	周期数
		P	OV	AC	CY		
CJNE @Ri，#data，rel（其中：i=0 或 1）	若（(Ri)）=data，则（PC）+3→PC 若（(Ri)）>data，则（PC）+3+rel→PC，且 0→CY 若（(Ri)）<data，则（PC）+3+rel→PC，且 1→CY	×	×	×	√	3	2
DJNZ Rn，rel	(Rn)-1→Rn 若（Rn）=0，则（PC）+2→PC 若（Rn）≠0，则（PC）+2+rel→PC	×	×	×	×	2	2
DJNZ direct，rel	(direct)-1→direct 若（direct）=0，则（PC）+3→PC 若（direct）≠0，则（PC）+3+rel→PC	×	×	×	×	3	2
NOP	空操作	×	×	×	×	1	1

附表 6　　伪指令（共 7 条）

伪指令	功 能	格 式
ORG	规定本条指令下面的程序和数据的起始地址	ORG addr16
EQU	将一个常数或汇编符号赋给字符名	字符名 EQU 常数或汇编符号
BIT	将 BIT 之后的位地址赋给字符名	字符名 BIT 位地址
DB	从指定的 ROM 地址开始存入 DB 后面的数据，这些数据可以是用逗号隔开的字节串，也可以是括在单引号中的 ASCII 字符串	DB 8 位数据表
DW	从指定的 ROM 地址开始，在连续的单元中定义双字节数据	DW 16 位数据表
DS	从指令地址开始保留 DS 之后表达式的值所规定的存储单元数，以备后用	DS 表达式
END	用来指示源程序到此全部结束	END